JN441017

건축구조학

유원대 · 이용재 공저

일진사

건축구조학

머리말

건축물은 자연의 기상조건이나 각종 재해에 대해 안전하고 쾌적한 생활을 유지할 수 있도록 설계 및 시공이 되어지지 않으면 안 된다. 따라서 건축물을 구축함에 있어 이와 같은 목적을 완전히 만족시키기 위해서 구조적으로 합리적인 설계와 계획이 이루어져야 한다. 그러므로 건축을 처음 접하게 되는 사람들이 먼저 배워야 하는 것이 건축일반구조로, 이것이 건축의 설계와 기술 전체의 기초가 되는 까닭이다. 건축에서 구조는 건축물의 기능과 관련해서 건축재료, 구조역학, 건축의장, 건축환경, 건축시공, 건설공학, 건축법규 등 건축기술 전반에 대해 그 뿌리를 두고 있다.

이 책은 오랫동안의 강의 및 실무경험을 토대로 건축구조 전반에 관한 일반적인 지식이 필요한 대학생들의 교재는 물론, 각 계층 사회인의 참고서 목적으로 집필하였다.

제1장에서는 건축물에 대한 정의 및 건축 구조학의 의의 등의 내용을 수록하였으며, 이어서 기초구조, 조적구조, 목구조, 철근콘크리트구조, 철골구조, 지붕구조, 방수 및 방습, 수장공사, 창호공사, 마감공사로 구분하여 건축물이 축조되기까지의 전 과정을 공사별로 구분하여 도면위주로 서술함으로써 이해를 쉽게 하여 각종 국가 자격시험 대비에 도움이 되도록 하였다.

끝으로 본문의 도면은 간은진 양의 수고가 있어 완성되었고, 도면 및 그림이 다른 교재보다 많이 삽입되어 편집에 많은 어려움이 있었으나, 이 번거롭고 어려운 작업에도 개의치 않고 좋은 책을 만들기 위해 힘써 주신 출판사 편집부 여러분께 감사를 드립니다.

구로구 고척동에서 저자

차 례

1장 총 론

2장 기초구조

3장 조 적 조

4장 목 구 조

5장 철근콘크리트 구조

6장 철골구조

7장 지붕잇기

8장 방수 및 방습

9장 수 장

10장 창문틀과 창호

11장 마무리(미장·도장·온돌)·각종 구조물

1 총 론

1.1 건 축(建築)

건축(建築, Architecture)은 영어로 어원상 'Architecture' 라고 하는데, 이는 '으뜸이다' '우두머리' 의 뜻을 가진 'Arch-' 라는 접두어와 기술(技術)을 뜻하는 '-technique' 가 합쳐진 합성어(合成語)로서 '큰 기술, 모든 기술의 으뜸'이라는 뜻을 가지고 있으며, 그리스의 'Architekten' 과 라틴의 'Architetura' 에서 유래된 말이기도 하다.

또한 예로부터 건축가(建築家)를 거장(巨匠, Master-builder)이라고 불러 그 역할을 중요시 해 왔다. 즉 건축가는 기술자(技術者)이면서 디자이너(designer)이다. 그러므로 건축을 전공하는 건축가들은 우수한 건축물의 창조에 힘써야 할 것이다.

건축의 행위는 신축(new construction), 증축(Enlargement of a building, Addition), 개축(Rebuilding), 재축(Reconstruction), 이전(Removal, Removing) 등으로 구분하고 있다.

1.2 건축물(建築物)의 정의

건축물이란 토지에 정착하여 수평으로는 지붕을, 수직으로는 기둥·벽 등의 부재에 의해 공간을 막아 거주(居住), 작업(作業), 저장(貯藏) 등의 용도로 쓰이는 것을 말한다. 또한 지붕이나 벽이 없는 것이라도 이에 부속되는 대문·담장·굴뚝·기타 지상 지하에 구축된 모든 공작물을 포함한다.

건축물과 관계되는 용어(用語)의 정의는 다음과 같다.

① 주택(住宅, 住家) : 일반 주거의 용도로 쓰이는 것으로 살림집 이라고 한다.
② 가옥(家屋) : 주택 외에 사무소, 상점, 관공서, 공장 등이 포함된다.
③ 건물(建物) : 가옥보다 더욱 광범위한 지칭이며, 벽이 없는 정자 등도 포함된다.
④ 건축물(建築物) : 건물보다 더욱 광범위한 것으로 대문, 담장, 굴뚝, 탑 등과 같이 지붕이 없는 것도 포함된다.
⑤ 건조물(建造物) : 건설물이라고도 하는데, 건축물보다 더욱 광범위하게 쓰이는 용어로 건축물 이외에도 전주(電柱)와 같은 지상 지하의 모든 공작물을 말하며, 경기장의 스탠드, 전망대 같은 관람시설 등이 포함된다.
⑥ 공작물(工作物) : 인공적 작업으로 지상 지하에 축조된 모든 시설물을 말하는데, 그 중 특정 국가행정 목적에 쓰이는 공작물을 영조물(營造物)이라 하며, 조명 철탑, 조각물 등을 포함하여 건조물 보다 더 광범위한 뜻으로 쓰인다.

이와 같이 이론상으로는 여러 가지로 구분할 수 있으나, 일반적으로 건물 또는 건축물이란 말로 통용된다.

1.3 건축학(建築學)

건축학이란 건축물의 3대 요소인 구조(構造, Construction), 기능(機能, Function), 미(美, Aesthetics)를 합리적으로 구현하여 가장 예술적인 공작물을 창조하기 위한 건축적 구성기술(構成技術)을 연구하는 학문이다.

1.3.1 건축학의 분야

(1)구조적(構造的) 분야

수학 · 역학 등을 기초로 건축물에 작용하는 각종 힘에 대해 건축물의 안전성에 치중하는 분야로 구조역학, 철근콘크리트구조, 철골구조, 특수 구조학 등의 분야가 이에 속한다.

(2)기능적(機能的) 분야

건축 계획 등을 근본으로 하는 일조·음향·환경 등 주로 건축물의 기능성에 치중하는 분야로 건축계획, 인간공학, 건축설비, 건축환경, 건축법규 등의 분야가 이에 속한다.

(3) 미적(美的) 분야

건축물의 미적 표현을 할 수 있는 의장학(design), 미학, 색체, 소묘, 실내장식(interior), 조경 등 주로 건축물의 예술성에 치중하는 설계분야로 건축의장, 표현기법, 건축사, 건축설계 등의 분야가 이에 속한다.

(4) 시공(施工) 분야

위 세 분야를 합리적인 구현체로 완성시키는 건설업 분야로 건축재료, 건축시공, 건축적산, 건설경영 등의 분야가 이에 속한다.

1.4 건축 구조학(建築 構造學)

1.4.1 건축 구조학의 의의

건축 구조학은 미와 기능을 잘 조화해서 합리적인 건축물을 구현하기 위한 필수적인 구성요소로서, 건축 구조학은 이러한 건축물을 가장 안전하고 경제적으로 이룩할 수 있는 건축적 구성기술을 연구하는 학문이다.

건축 구조학은 우수한 성능을 가진 재료의 생산과 이에 따른 역학해법과 합리적이고 견고한 구조법을 창안하여 설계와 시공에 잘 조화되도록 노력하여 우수한 건축물의 창조에 힘쓰는 일이다.

1.4.2 건축 구조학의 목적

대자연 속에 있는 모든 물체는 풍우(風雨), 지진(地震), 한열(寒熱), 화재(火災), 수재(水災), 충해(蟲害) 등 자연적인 재해와 기타 인위적(人爲的)인 사고로 인하여 반드시 파괴되는 작용을 받게 되며, 심지어는 생활의 안전을 위태롭게도 한다. 건축구조에서 중요한 것은 이와 같은 자연적, 인위적인 파괴 작용으로부터 건축물을 보호하는 일이다.

건축 구조학의 목적은 건축물을 위협하는 이와 같은 파괴력에 대하여 안전하고 견고하게 건설하여 그 본래의 사명을 완전히 발휘시킴과 동시에 내구성(耐久性), 즉 사용연한을 연장시키는데 있다.

그러나 건축물은 단순히 역학적 조건이나 내구성만으로 결정되는 것이 아니라, 미, 기능, 경제성 등도 동시에 고려하여 한쪽에 치우치지 않고 잘 조화된 건축물을 형태화 하는데 그 목적이 있다.

1.5 건축구조의 분류

건축 구조는 건물 뼈대의 재료, 구성방식, 시공과정, 재해방지에 따라 다음과 같이 분류할 수 있다.

1.5.1 주체(主體)구조부의 사용 재료에 따른 분류

건축물의 뼈대(骨造)에 사용하는 재료에 따라 그 명칭을 붙이는데 대개 바깥벽(外壁)의 주요 구조부(構造部)의 축조재료(築造材料)로써 분류한다.

(1) 나무구조(木構造, wooden construction)

건물의 뼈대(骨造)를 목재로 접합(接合) 연결한 것으로 접합부분은 철물로 보강하여 구성한 것으로 목조(木造)와 목골조(木骨造)로 대별할 수 있다. 목조의 벽체는 심벽(心壁)과 평벽(平壁)이 있고 목골조의 벽체는 목골 벽돌조, 목골 블록조, 목골 석조(木骨石造) 등이 있다.

(2) 벽돌구조(brick construction)

벽돌을 쌓아 구축(構築)한 것으로 바깥벽은 치장 쌓기로 할 때도 있다. 지붕, 바닥 등은 목조 또는 철근 콘크리트조로 한다.

(3) 블록구조(block construction)

모르터(mortar) 또는 콘크리트로 만든 블록을 쌓아 구축한 것으로 때로는 철근을 넣고 콘크리트를 채워 보강(補强)하면 내화, 내구적인 벽체를 구성할 수 있다.

(4) 돌구조(石構造, stone construction)

바깥벽을 돌로 쌓아 구축한 것으로 모두 돌만 써서 할 때는 거의 없고, 보통 돌의 뒷면은 벽돌 또는 철근 콘크리트조로 한다. 칸막이벽은 벽돌이나 블록 또는 목조로 하고 지붕, 바닥 등은 벽돌조와 같이 한다.

(5) 철근(鐵筋) 콘크리트 구조(reinforced concrete construction)

거푸집(형틀, form)을 짜고 여기에 철근을 배근(配筋)한 다음 콘크리트를 부어 경화시켜 일체식(一體式)으로 구성된 구조로서 내구(耐久), 내화(耐火), 내진(耐震)상 가장 안전한 구조체이다. 벽은 대개 벽돌이나 블록 또는 조립식(組立式) 패널(panel) 등으로 써서 마무리 한다.

(6) PS 콘크리트 구조(Prestressed concrete construction)

철근 대에 잭(jack)으로 인장력이 가해진 케이블(cable)를 사용한 콘크리트를 말하며, 케이블에는 고강도의 강선(鋼線, 피아노선) 또는 강봉(强捧)을 사용한다. 콘크리트가 굳기 전에 케이블을 가력(加力)한 것을 프리텐션 공법(Pre-tensioning System)이라고 하며, 콘크리트가 굳은 후에 케이블을 인장 가력하는 것을 포스트텐션 공법(Post-tensioning system)이라고 한다.

(7) 철골구조(鐵骨構造, 鋼構造, steel construction, skeleton construction)

앵글(angle)·찬넬(chennel) 등의 형강과 H형강(wide flange shape) 등을 리벳(Rivet), 고력(高力)볼트 또는 용접(welding) 등으로 접합한 구조로서 고층건물 또는 넓은 스팬(span)을 가진 건축에 주로 쓰인다. 불에 약하므로 내화 피복을 잘 해야 하는 결점이 있다.

경량철골조(輕量鐵骨造, light gauge steel construction) 및 강관구조(鋼管構造, pipe truss structure)로 된 입체구조(立體構造, space frame structure) 등도 이에 속한다.

(8) 철골·철근콘크리트 구조(steel framed reinforced concrete construction)

철골조의 각 부분을 철근 콘크리트로 내화피복(耐火被覆)한 구조로서 철골과 철근 콘크리트가 함께 힘을 받는 경우와 철근 콘크리트는 단순한 내화피복으로만 사용하게 되는 경우의 두 가지 방식이 있다.

1.5.2 주체 구조부의 구성양식(構成樣式)에 의한 분류

건축물 뼈대의 힘을 받는 역학적 구조 방식상으로 다음과 같이 분류할 수 있다.

(1) 조적식 구조(組積式構造, masonry structure, wall bearing construction)

벽돌, 블록, 돌구조와 같이 개개의 재료를 교착재(cement mortar)로 쌓아올린 구조로서 벽체 자체가 힘을 받게 된다.

(2) 가구식 구조(架構式構造, framed structure, post and lintel construction)

목구조, 철골구조와 같이 비교적 가늘고 긴 부재를 조립하여 구축한 것으로서 뼈대는 내풍, 내진적 등 안전한 구조체로 하기 위하여 삼각형으로 짜 맞춘다.

(3) 일체식 구조(一體式構造, monolithic structure, rigid frame construction)

철근 콘크리트구조, 철골·철근 콘크리트구조와 같이 전 구조체가 일체가 되게 구축한 구조로서 라멘(rahmen)구조라 하는데 기둥과 보가 고정단(固定端)으로 강접합(强接合)된 가장 합리적인 구조이다.

(4) 입체(立體)트러스 구조(space truss frame)

넓은 평지붕 등을 종횡으로 트러스를 짜서 일체식으로 넓은 평판을 구성한 구조물로서 체육관 같은 넓은 공간을 덮는데 많이 쓰인다. 트러스는 삼각형, 사각형(矩形) 등으로 짠다.

(5) 박판구조(薄板構造,thin plate)

얇은 판으로 힘을 받을 수 있게 된 구조물로서 재료는 보통 철근 콘크리트를 사용한다.

① 절판구조(折板構造, folded plate)

얇은 평면판을 일정하게 접어서 외력(bending moment)에 저항할 수 있도록 일체화한 구조로서 지붕구조에 사용한다.

② 곡면구조(曲面構造, thin shell)

철근 콘크리트 등의 엷은 판이 곡면을 이루어서 외력을 받게 되는 지붕구조로서 쉘(shell)과 돔(dome)구조가 있다.

(6) 현수구조(縣垂構造, suspension structure)

지붕 및 바닥 등의 하중을 케이블(cable)로 매단 구조를 말하는데 부재의 응력은 오직 인장응력 뿐이다. 이 구조는 주요 요소에 압축 또는 휨을 받을 수 있는 지지 구조물이 필요하다.

(7) 막구조(膜構造, membrance)

텐트와 같은 원리를 이용한 것으로서 와이어로프 등을 이용한 합성수지 계통의 반투명 텐트를 설치한 구조물과 같은 것이다. 넓은 체육관의 지붕을 이와 같은 막으로 덮고 내부에 공기를 불어넣어 풍선 모양으로 만든 지붕구조를 공기 막구조(空氣膜構造, pneumatic roof)라 한다.

1.5.3 시공과정(施工過程)에 의한 분류

건축구조는 시공 할 때에 물을 사용하는 정도 또는 일정한 현장생산의 정도에 따라서 다음과 같이 분류 할 수 있다.

(1) 습식구조(濕式構造, wet construction)

벽돌쌓기, 콘크리트와 같이 물을 사용하여 현장시공으로 건축하는 건축구조이다.

(2) 건식구조(乾式構造, dry construction)

구조물의 구조체를 가구식(架構式)으로 하여 짜 맞추어 축조하는 형식으로 물은 거의 사용하지 않고 겨울에도 시공할 수 있다.

(3) 현장구조(現場構造, field construction)

대부분의 건축자재를 현장에서 제작, 가공하여 조립·설치하는 구조이다.

(4) 조립구조(組立構造, prefabricated construction)

건축구조 부재를 공장에서 생산가공 또는 부분 조립하여 현장에서는 짜 맞추는 정도의 조립만 필요한 구조로서 공장구조 라고도 한다. 계절에 관계없이 시공할 수 있고 공기단축, 대량생산, 저렴한 건축 생산을 도모한 구조법이다.

1.5.4 재해방지(災害防止) 성능상의 분류

건축물의 주변을 여러 재해에 대하여 방비하는 성능(性能)으로 구별하여 분류한 것으로 내화(耐火), 내구(耐久), 내진(耐震), 내풍(耐風), 방한(防寒), 방서(防暑), 방화(防火), 방공(防空) 등의 구조로 대별된다.

조적식(組積式)구조는 내화·내구적이지만 내진적이지 못하고, 가구식(架構式)구조는 내풍·내진적으로 할 수 있으나 내화적이지 못하다. 그러나 내화피복을 하여 방화구조로 할 수 있다. 모든 재해에 대하여 가장 우월한 방화성능(防火性能)을 가진 구조는 일체식(一體式) 구조라고 할 수 있다.

1.6 건축물의 주요 구성부분

(1) 기초(基礎, foundation)

건물 지하부의 구조로서 건축물에 작용하는 하중(荷重)을 지반에 전달하여 건축물을 안전하게 지탱할 수 있게 한 것으로 지정(地定)을 포함한 구조이다.

(2) 기둥(柱, column, post)

지붕, 바닥판 등의 하중을 받는 수직재로서 벽체를 구성할 수 있는 골조(骨造)이다.

(3) 벽체(壁體, wall)

건물의 공간을 막은 수직 구조재로서 외벽(外壁)과 내벽(內壁, 칸막이벽)으로 구별한다. 상부에서 오는 하중(荷重, load)을 그대로 받는 내력벽(耐力壁, bearing wall)과 철근 콘크리트 라멘(Rahmen)구조 내에 칸막이벽으로 쌓아 자체 중량만을 지지하는 비내력벽 또는 장막벽(帳幕壁, curtain wall)이 있다.

(4) 바닥(床, floor, slab)

건물의 공간을 수평으로 막아 놓은 수평체로서 그 위에 실리는 사람이나 물건 등의 적재하중을 받아 기둥 또는 내력벽으로 전달하게 한다.

(5) 지붕(roof)

건물의 최상부를 경사 또는 수평으로 덮어 우설(雨雪)을 막는 구조체로서 경사지붕과 수평으로 된 평지붕(flat roof) 등이 있다.

(6) 천장(天障, ceiling)

지붕 및 상부층의 밑을 막아 열차단, 음향방지 및 장식을 겸하여 구성하는데 천정(天井)이라고도 하며 그 구조체를 반자라고 한다.

(7) 계단(階段, stairs, stair way)

상부층과 하부층 사이에 연결하는 통로가 되는 구조부분으로서 층층대 또는 층계라고도 하며 층단 없이 된 경사로(傾斜路, ramp, slope way)로 된 것도 있다.

(8) 수장(修裝, fixture)

주로 장식을 목적으로 구조체에 붙여 대는 것의 총칭으로서 벽면, 바닥, 천장에 붙여 대는 것을 말한다. 창문틀과 걸레받이도 이에 속한다.

(9) 창호(窓戶, windows and doors)

출입, 채광, 통풍, 기타 목적으로 벽체, 지붕, 천장 등에 개구부를 설치한 것으로 창과 문을 창문 또는 창호라고 하는데, 이 개구부(開口部)를 통털어 문꼴(opening)이라고 한다.

(10) 마무리(finishing)

건축물의 마감일로서 구조체를 덮어씌워 내구적이고 장식적이면서 더러워지지 않게 하는 일이다. 이것은 수장보다 나중에 작업하거나 병행해서 시공하기도 한다.

2 기 초 구 조

2.1 기초(基礎, foundation)의 정의

건축물의 고정하중 · 적재하중 · 적설하중 · 풍하중 · 지진하중 및 기타의 외력을 안전하게 지반에 전달하는 건축물의 하부 지중 구조 부분을 기초라고 한다. 기초는 건물 준공 후에는 보강 및 보수가 어렵기 때문에 정확한 지반조사를 하고, 기초판 하부의 지정(地定)을 강대하게 구축해야 한다. 경량건물의 경미한 기초라도 반드시 동결선(凍結線) 이하에 구축해야 한다.

2.2 기초의 명칭

기초는 그림 2.1에 표시한 바와 같이 기초판(基礎板, footing, foundation slab)과 지정(地定)을 총칭한다.

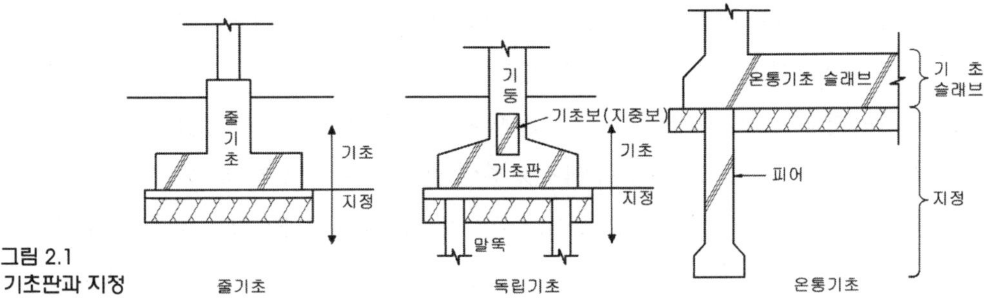

그림 2.1
기초판과 지정

기초판은 상부구조의 응력을 지반 또는 지정에 전달하고자 만든 구조물이고, 지정은 지반다지기·잡석다짐·말뚝(pile) 또는 피어(pier) 등을 설치한 부분으로 기초판 밑을 받쳐주고 지반을 보강하는 구조부분을 말한다.

2.3 기초의 분류

기초는 기초판의 형식과 지정의 형식에 의해 다음과 같이 분류한다.

(1) 기초판(footing)의 형식에 의한 분류

① 연속기초(줄기초, continuous footing) : 그림 2.2(a)와 같이 벽 또는 기둥 간격이 좁은 1열의 기둥을 받치는 기초

② 독립기초(single footing) : 1개의 기둥을 1개의 기초판으로 지지하는 기초.

③ 복합 기초(combined footing) : 2개 이상의 기둥을 1개의 기초판으로 지지하는 기초형식으로 기둥간격이 비교적 좁을 때 사용가능하다.

④ 온통기초(mat foundation) : 건물 하부의 전체를 받치는 기초로서 지하실이 있는 경우의 기초로 그림 2.2(d)와 같은 형식의 기초를 말한다.

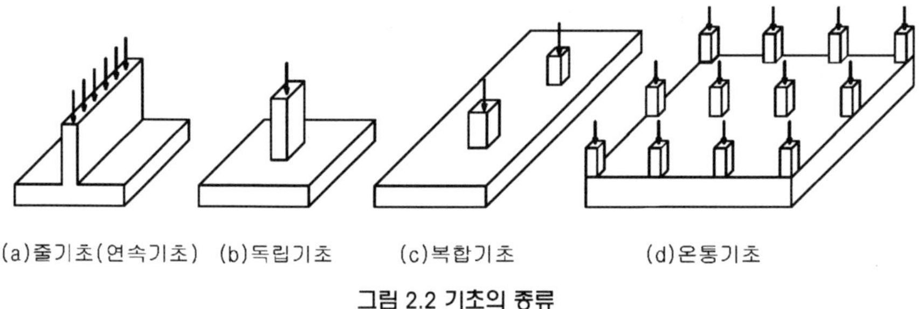

그림 2.2 기초의 종류

(2) 지정(地定)의 형식에 의한 분류

① 직접기초(spread foundation) : 기초판이 직접 지반 또는 잡석다짐 위에 있는 기초의 형식으로 그림 2.3(a)와 같은 기초이다.

② 말뚝기초(pile foundation) : 기초판 밑에 말뚝을 박아서 지지시키는 기초

③ 피어기초(pier foundation) : 기초판 밑에 피어(우물통)로 지지하는 기초

④ 잠함기초(潛函 : caisson foundation) : 기초판 밑에 잠함(caisson)을 써서 우물통으로 만드는 기초

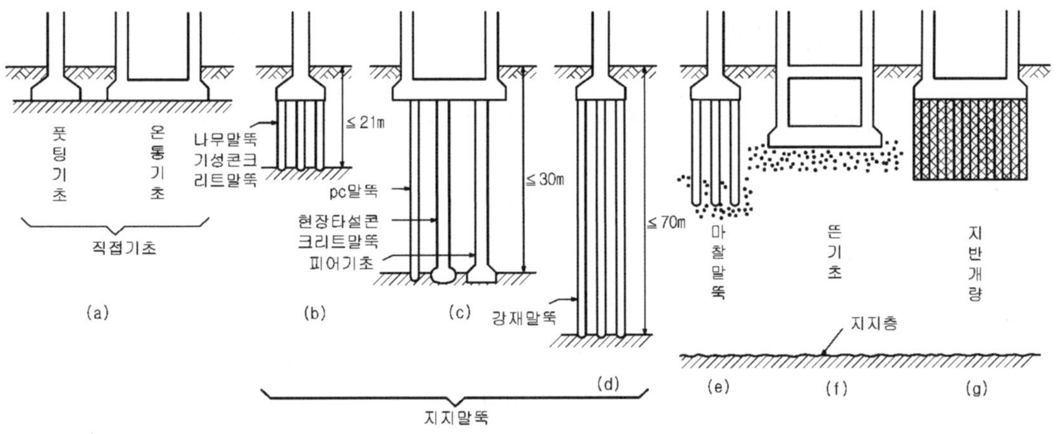

그림 2.3 지정의 형식에 따른 기초 분류

(3) 말뚝과 피어의 차이

말뚝기초(pile foundation)는 공법이 주로 쳐 박기를 위주로 하고, 피어기초(pier foundation)는 공법이 주로 굴착을 위주로 한다.

2.4 지반조사

2.4.1 지반조사 하기 전에 준비할 사항

(1) 대지측량(垈地測量)

대지경계에 대해 명시측량을 하여 대지 경계선이 확정되면, 평판측량 또는 고저측량을 하여 지형의 등고선을 1m 간격으로 표시하고, 대지정지작업, 기초파기 등 높이에 대한 기준이 될 기준점을 설정한다. 동시에 전면도로, 인접 건축물, 방향 등도 표시한다.

(2) 기존시설 조사

상하수도, 전기, 전화케이블, 전주, 인접건축물, 수목, 가스시설 등을 조사하여 도면에 표시한다.

(3) 건축관계법 조사

공사할 대지가 건축법상 어떠한 지역·지구에 속하는지, 건축물의 넓이와 높이 등의 제한규정, 방화규정, 주차규정 기타 모든 대지관계 규정을 조사하여 공사에 지장이 없도록 유의한다.

2.4.2 지반의 종류

지반(地盤, ground, sub-surface)은 암반(岩盤)과 흙(土)으로 분류된다.

(1) 암반에는 경암반(硬岩盤)과 연암반((軟岩盤)이 있다.

(2) 흙은 입자의 대소에 따라 돌, 모래, 실트(silt), 진흙, 로옴(loam), 부식토 또는 개흙 등으로 구분한다.

실트는 모래보다 입자가 작아 육안으로 헤아릴 수 없으나, 모래와 성질이 비슷하며 입자는 구형에 가깝고 진흙처럼 끈기는 없다. 진흙(粘土, clay)은 실트보다 작은 알로 뭉쳐서 물이 잘 투과하지 못하며, 로움(loam)은 진흙·실트·모래 등이 대략 균등하게 섞인 흙으로 지지력이 작다.

흙은 이것들이 둘 이상 섞여 있는 것이 보통이고, 진흙이 많고 그에 가까운 성질이면 진흙질 모래(粘土質砂, clayey sand : 모래보다 진흙이 많고 진흙 성질에 가까움)라 하고, 반대로 된 것을 모래질 진흙(砂質粘土, sandy clays : 진흙보다 모래가 많고 모래성질에 가까움)이라 한다.

2.4.3 지반의 성질

(1) 모래질 지반(砂質地盤, sandy soil)

모래분이 많고 접착력이 비교적 적거나 무시할 수 있는 정도로 된 지반이다. 모래질 지반의 접지압은 그림 2.4에서와 같이 하중을 가하면, 접지압은 단부가 최소이고 중앙이 최대로 된다.

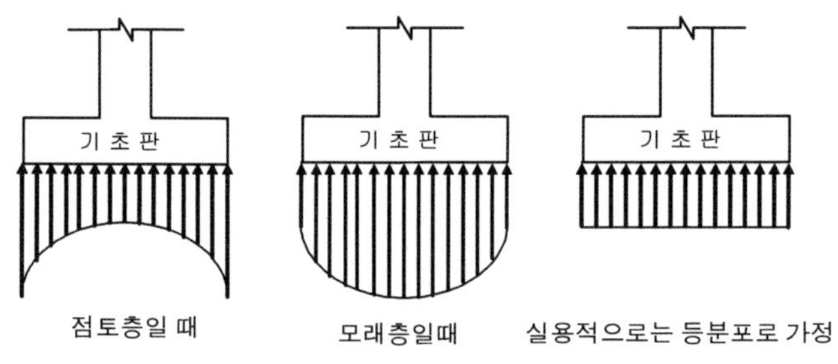

그림 2.4 지반의 접지압

(2) 진흙질 지반(粘土質地盤, clayey soil)

진흙분이 많고 내부 마찰각이 적거나 무시할 수 있는 정도의 지반이다. 탄성체에 가까운 경질점토에 하중이 가해지면 그 압력은 그림 2.4와 같이 단부가 최대이고, 중앙이 최소로 된다.

2.4.4 지반조사 목적 및 순서

(1) 조사 목적

기초를 안전하게 설계하기 위해 지층 표면의 변천 상황(경사지 · 우물 · 연못 · 하천 · 저습지), 지층의 구성, 토질, 경질 지반의 깊이, 치밀성, 지내력, 지하수, 상수면 위치, 용수량, 수질, 지하유수 방향, 동결선 등을 조사한다. 또한 건물의 침하 · 슬라이딩(sliding) 등을 조사하여 기초의 종류, 기초파기 방법, 기초의 넓이 및 깊이와 설치방법 등을 결정하기 위하여 지반을 조사한다.

(2) 조사 순서

지반 조사는 표 2.1과 같이 사전조사, 예비조사, 본조사, 추가조사의 순서로 실시한다.

표 2.1 지반 조사 순서

사 전 조 사	예 비 조 사	본 조 사	추 가 조 사
• 문헌조사 • 현지답사 • 기존 구조물의 조사 • 설계 대상건물의 중요도 등 예비지식으로 지반의 개황을 추정한다.	• 보오링, 표준관입시험 등을 실시하여 지반구성의 개황을 구함 • 건물 배치계획 • 기초구조의 형식을 결정 • 본조사의 방법, 규모, 실시방침 등을 결정한다.	• 보오링, 표준관입시험, 토질시험 등을 실시하여 다음과 같은 사항을 조사 • 지반 물리적 성질 조사 • 지반 역학적 성질 조사 • 재하시험, 말뚝시험	• 재 조 사 : 추정 지지층과 기초구조 형식에 부적합할 때 • 보충조사 : 본조사의 결과를 보완하기 위해 실시한다.

2.4.5 지반조사 방법

(1) 시험파기(試堀, test pit, digging)

우물을 파듯이 직접 구덩이를 파보고 지반의 상태를 판단하는 방법이며, 가장 확실한 방법이다.

5~10m 정도 깊이의 지반조사에 많이 사용되며, 토질시험 등에 필요한 흐트러지지 않은 시료채취가 용이하고, 각종 지층별 지질의 상태를 쉽게 식별할 수 있으며, 이를 근거로 지반의 지내력을 구할 수 있다.

(2) 짚어보기 (sounding rod)

끝이 뾰족한 쇠막대 (φ2.5cm ~ 4cm)를 지중에 꽂아 그 때의 감각으로 지반의 상태나 지내력 등을 추정한다.

상부 지층이 무르고 굳은 층이 비교적 얕게 있을 때 사용하는 것으로 지하 장애물 등에 대해서는 비교적 정확한 판단을 할 수 있으나, 예비 조사에 지나지 않으므로 중요한 공사에는 사용할 수 없다.

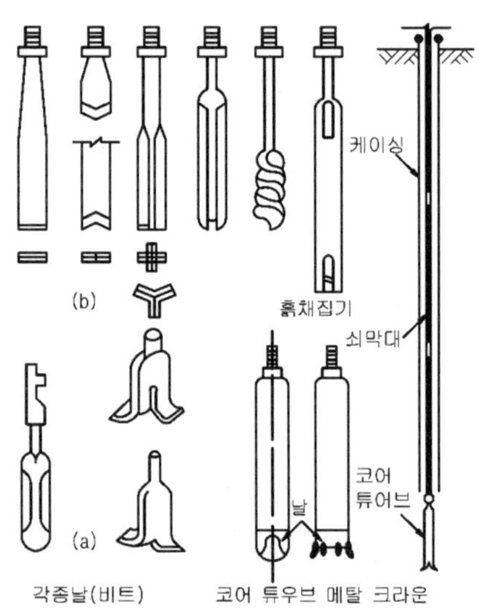

그림 2.5 보오링용 공구

(3) 보오링(boring)

굳은 층이 깊이 있는 지반 조사에 적합한 방법으로 지중에 구멍을 뚫는 방법으로 지질이나 지층의 상태, 지하수위의 측정, 토질 시험용 시료 채취 등의 목적에 쓰인다.

보오링용 공구는 그림 2.5에서와 같이 케이싱(casing), 쇠막대(rod), 코어 튜우브(core tube), 각종 날(bit)로 구성된다.

① 수세식 보오링
(水洗式, wash boring, wet sample boring)

그림 2.6(a)와 같이 지하에 내·외관(내관지름 2.5~6cm, 외관지름 6.5~18cm)을 박고 내관 끝에서 고압수를 뿜어 내·외관 사이로 토사와 아울러 물이 다시 돌아 나오게 하는 동시에 구멍을 파서 철관을 땅속에 박아가며 보오링 하는 방법이다.

굳은 땅에는 적합하지 않으므로 회전식 보오링과 주로 겸용할 수 있으나, 수세식만으로는 30m 정도의 연질층에 적합하다. 씻어 올린 흙은 지상 침전통에 침전시켜 지질 상태를 조사한다.

② 충격식 보오링(衝擊式, percussion boring)

굳은 지층의 시료채취에 사용되는 방법으로 그림 2.6(b)와 같이 지하에 철관을 박고 동력에 의하여 로드 선단에 설치한 드릴 비트를 상하로 충격과 함께 회전시켜 토석을 분쇄하면서 구멍을 뚫어 내려간다. 시료는 토사 채취용 공구로 채취한다.

여러 가지 형태의 무거운 긴 철주를 와이어로프로 매달아 떨어뜨려서 땅에 구멍을 내는 방법도 있으나, 진동이 심하므로 도심지에서는 많이 사용되지 않는다.

③ 회전식 보오링(回轉式, rotary boring)

속이 빈 강철제 코어 튜우브를 회전시켜 시료를 원통상으로 채취한다. 지질의 상태를 알기 위한 가장 정확한 방법이므로, 가장 많이 쓰이는 보오링 방식이다. 암반 등도 뚫을 수 있으므로, 원주형의 암반샘플인 코어(core)도 채취할 수 있다.

④ 오거 보오링(auger boring)

끝에 나사가 붙은 어스 오거(earth auger)를 사용하여 보오링 하는 방법이며, 소형은 수동식이 있고 대형은 동력을 사용하는 기계식이 있다. 굳은 지반은 뚫기 어려우므로 많이 사용되지 않으나, 양호한 샘플을 채취할 수 있는 이점이 있다.

(4) 표준 관입시험
(standard penetration test)

보오링 구멍을 이용하여 쇠막대 끝에 그림 2.7과 같은 지름 5cm, 길이 81cm의 시료 채취용 스플릿 스푼 샘플러(split spoon sampler)를 끼워대고 무게 63.5kg의 추를 낙하고 76cm의 높이에서 자유 낙하시켜 관입깊이 30cm에 대한 타격회수 N치를 구하고 흙 중의 강도를 조사하는 방법이다. 그리고 샘플러로 시료를 채취한다. N치가 많을수록 굳은 층이라고 추정할 수 있다.

시료의 종류는 수세 시료(wash sampler), 코어 시료(core sampler), 건 시료(dry sampler), 불교란 시료(흩어지지 않는 시료 : non dispersing sampler) 등이 있다.

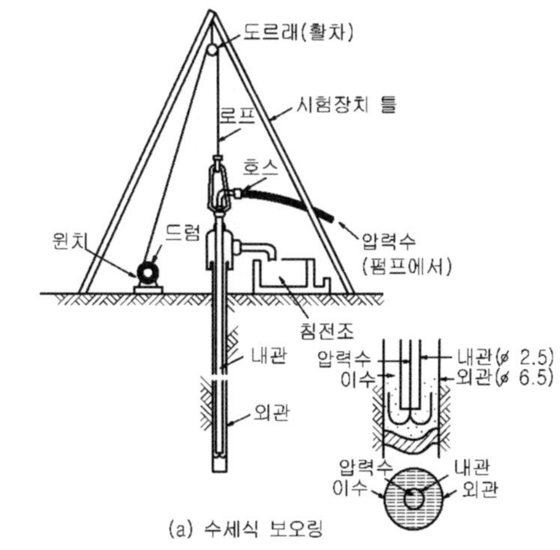

(a) 수세식 보오링

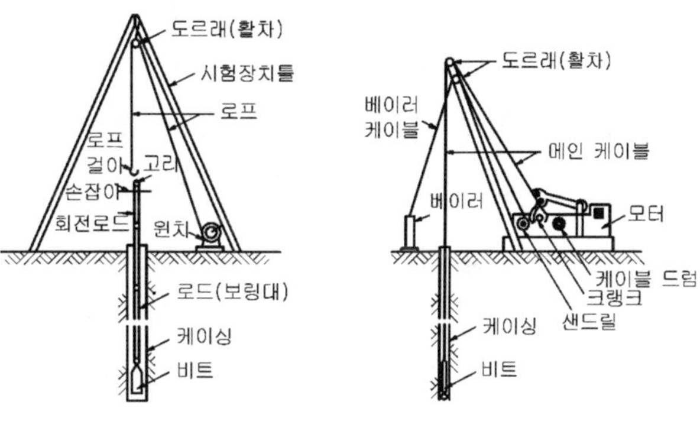

(b) 충격식 보오링

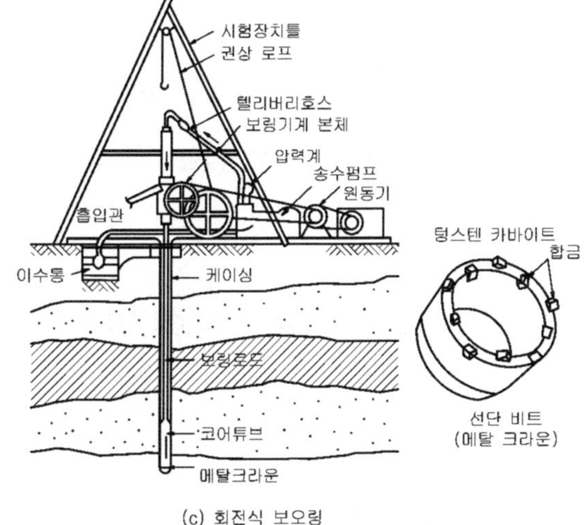

(c) 회전식 보오링

그림 2.6 각종 보오링 방법

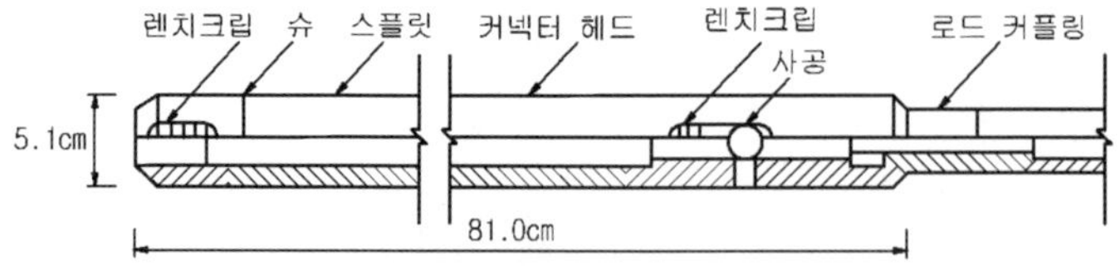

렌치크립 슈 스플릿 커넥터 헤드 렌치크립 사공 로드 커플링
5.1cm
81.0cm

그림 2.7 스플릿 스푼 샘플러(split spoon sampler)

표 2.2 N값에 의한 지반상태

N 값	모래의 상대밀도
0 ~ 4	몹시 느슨하다.
4 ~ 10	느슨하다.
10 ~ 30	보 통
50 이상	다진 상태

(5) 물리적 지하탐사(geophysical-prospecting underground)

건축분야에서는 많이 사용되지 않는 방법으로 시험방법으로는 다음과 같은 것이 있다.

① 탄성파식 지하탐사(seismic prospecting, PS검층법)

화약폭발 등으로 인공적인 지진동을 일으켜 보링 구멍 내에 설치한 수진기로 측정하여 발생하는 탄성파의 속도분포를 측정하여 지층의 성질을 파악하는 방법이다. 진동이론에 의하여 굳은 층의 위치, 형상, 경도 등의 지하 구조를 판단한다.

② 전기 저항식 지하탐사(electric resistivity prospecting)

전기 탐사법과 전기 검층법이 있다. 전기 탐사법은 비저항탐사법(比坻杭探査法)이라고도 하며, 지표면에 설치한 2개의 전극(電極)을 통하여 전류(電流)를 보내고 전극간격에 따른 비저항을 측정하여 지층의 성질을 파악하는 방법이다. 전기 검층법은 보링구멍을 이용하여 지층의 전기저항으로 지층의 성질을 판단하는 방법이다.

③ 방사능 검층법(放射能 檢層法)

코발트 60 등의 방사성 물질을 이용하여 땅속을 통과하는 강도로써 지층의 밀도 및 지반의 함수량(含水量) 등을 측정하는 방법이다.

2.5 지내력(地耐力)

2.5.1 지반의 내력(bearing power of soil)

지반이 하중을 지지하는 능력을 지지력(支持力)이라 하고 이 지지력과 침하(변형)의 개념을 합쳐 생각할 때의 능력을 지반의 내력이라고 한다. 또 직접 기초에 대한 지반의 내력을 지내력(地耐力)이라 하고, 지지력 또는 내력에 안전율을 적용한 것을 허용지지력, 허용내력 또는 허용지내력이라 한다.

표 2.3 지반의 허용 지내력도

(단위 : tf/m^2)

지반		장기응력에 대한 허용 지내력도	단기응력에 대한 허용 지내력도
경암반	화강암, 석록암, 편마암, 안산암 등의 화성암 및 굳은 역암 등의 암반	400	장기응력에 대한 허용 지내력도 각각의 값의 1.5 배로 한다.
연암반	판암, 편암 등의 수성암의 암반	200	
	혈암, 토단반 등의 암반	100	
자갈		30	
자갈과 모래와의 혼합물		20	
모래 섞인 점토 또는 롬토		15	
모래 또는 점토		10	

2.5.2 지내력 시험(地耐力 試驗, testing soil for bearing and compression)

기초 저면까지 판자리의 허용지내력을 구하는 시험방법으로 그림 2.8과 같이 지반을 소요의 위치까지 파내려 가서 하중대(荷重坮)를 설치한다. 하중대는 내압판(耐壓板)과 재하판(載下板)으로 구성되며, 내압판은 클수록 정확한 결과를 얻을 수 있지만 보통 45㎝각(면적 0.2025㎡)의 강판을 사용한다. 하중은 모래·벽돌·고철·레일·물 등을 사용한다.

예상되는 지반의 파괴 하중을 W(kg)라 하면, 매회의 재하는 1tf 이하 또는 W/5이하로 하고 각 재하에 의한 침하가 중지할 때까지의 침하량을 측정한다.

허용 지내력의 판정은 총 침하량이 2㎝에 도달했을 때의 전 하중으로 구한 응력도를 단기(短期) 하중에 대한 허용 지내력도로 하고, 장기(長期) 하중에 대한 허용 지내력도는 단기허용지내력의 1/2로 한다. 여기서 총 침하량이란 24시간 경과 후의 침하의 증가가 0.1㎜ 이하로 될 때까지의 침하량을 말한다.

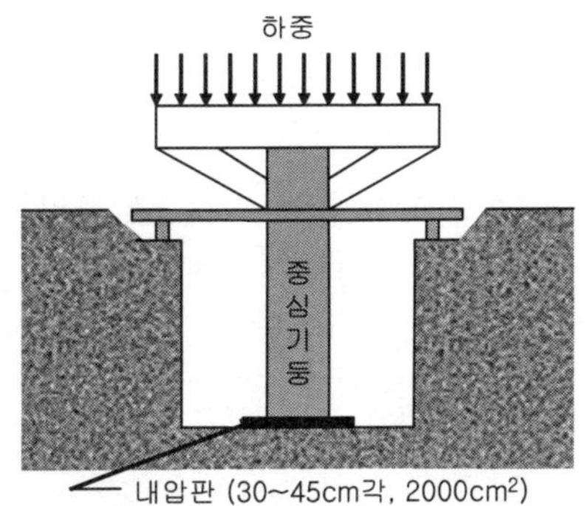

그림 2.8 지내력 시험 장치

예제

재하시험을 한 결과 총 침하량이 2cm일 때까지의 하중(p)이 16tf이다. 이러한 지반의 허용 지내력을 구하시오. (단, 이때 사용된 내압판은 40cm×40cm이다.)

【풀이】 지반의 허용 지내력 : fe = P/A = 16/0.4×0.4 = 100 (tf/m^2)

2.5.3 말뚝 시험 (testing Pile)

말뚝의 지지력을 결정하기 위한 시험으로 말뚝시험은 다음과 같이 두 가지로 분류된다.

(1) 말뚝 재하시험(載荷試驗, pile load test)

현장에서 사용되는 말뚝을 실제와 같은 상태로 설치한 후에 재하장치(載荷裝置: 하중 및 침하량 측정장치)를 사용하여 시험하는 방법으로, 지내력 재하시험과 유사하다. 제자리 콘크리트말뚝을 비롯하여 어떤 형식의 말뚝에도 적용되며 가장 신뢰성이 높은 시험방법이다.

(2) 말뚝 박기시험(杭打試驗, pile driving test)

실제 말뚝 박기와 같은 방법으로 시험말뚝을 박아서 그 침하량과 추의 무게 등으로 말뚝의 허용지지력을 산출하는 방법이며 이는 타격공법(打擊工法)에 한하여 시험이 가능하다. 이는 시험방법이 간단하며, 시공 중에도 지지력을 점검해 가며 박을 수 있다.

말뚝의 장기허용지지력은 다음과 같이 산정한다.

단동공이 일 때 $R_a = \dfrac{WH}{5S + 0.1}$

복동공이 일 때 $R_a = \dfrac{F}{5S + 0.1}$

여기서, R_a : 말뚝의 장기허용지지력(tf)

S : 말뚝 최종침하량(m)

W : 추의 무게(tf)

H : 추의 낙하고(m)

F : 타격에너지로 디젤해머이면 2WH, 드롭해머는 WH, 관입량은 5㎜ 이상.

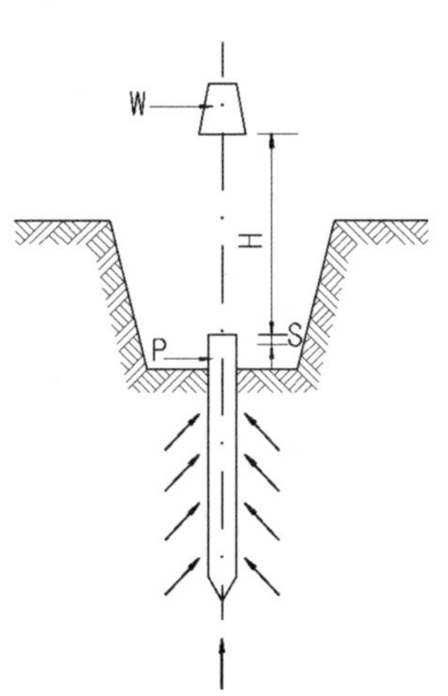

그림 2.9 시험말뚝

(3) 말뚝 박을 때 주의사항

① 시험말뚝은 말뚝박기 전에 말뚝길이, 지지력 등을 조사하는 시험으로 실제 사용할 말뚝과 동일한 조건으로 박는다.

② 시험말뚝은 3개 이상으로 한다.

③ 시험 말뚝은 수직으로 박아야 한다.

④ 휴식시간 없이 연속적으로 박아야 한다.

⑤ 최종 관입량은 5회~10회 타격한 평균 침하량으로 한다.

⑥ 소정의 최종 침하량에 도달하면 그 이상 무리하게 박아서는 안된다.

단, 진흙층과 같이 응집력이 있는 경우에는 10일 후에 다시 박아 말뚝의 내력을 측정한다.

(4) 지지말뚝과 마찰 말뚝

말뚝이 굳은 지반에 지지되어 있는 경우를 지지말뚝(bearing pile)이라 하고, 연약한 지반에서 주로 마찰력에 의해 힘을 전달하는 말뚝을 마찰말뚝(friction pile)이라 한다.

말뚝 저항 중심은 지지말뚝은 말뚝끝에 있고, 마찰 말뚝은 그림 2.10과 같이 말뚝 끝에서 1/3위에 있다.

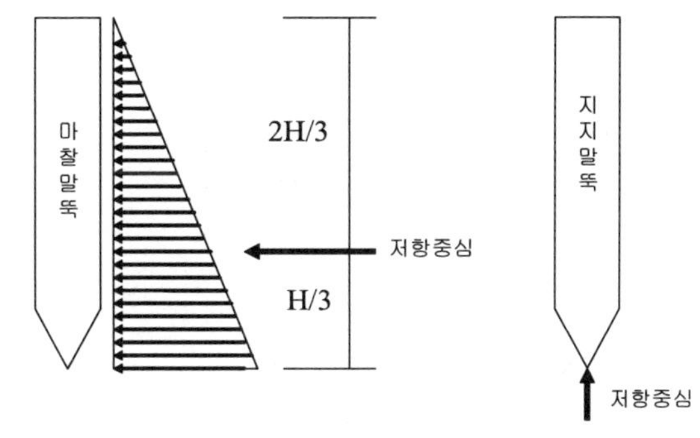

그림 2.10 말뚝 저항 중심

2.6 기초구조의 선정

기초구조는 상부구조의 계획을 할 단계에서 지반·상부구조·기초구조의 제 조건을 충분히 고려하여 계획하여야 한다.

2.6.1 부동침하(不同沈下)

(1) 기초의 부동침하의 원인

① 지반이 연약한 경우

② 연약층의 두께가 상이한 경우

③ 건물의 이질 지층에 걸쳐 있는 경우

④ 건물이 절개지에 접근되어 있을 경우

⑤ 부주의한 일부 증축을 하였을 경우

⑥ 지하수위가 변경되었을 경우

⑦ 지하에 매설물이나 구멍이 있는 경우

⑧ 지반이 메운 땅일 경우

⑨ 이질 지정을 하였을 경우

⑩ 일부 지정을 하였을 경우

⑵ 건축물과 지반의 관계(건물 주변 지반의 파괴)

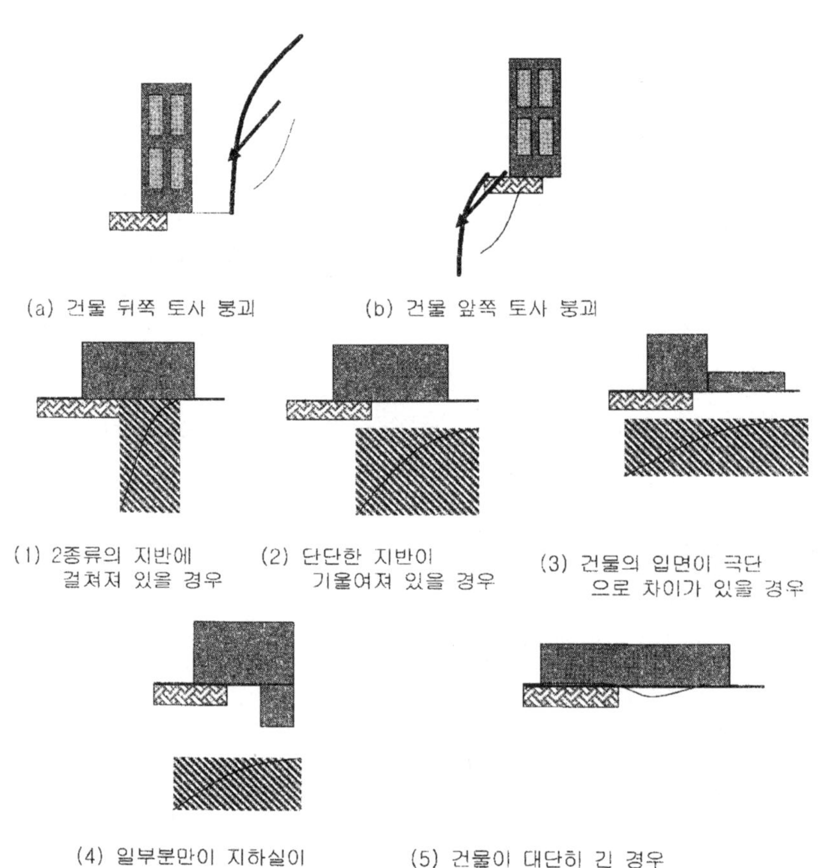

그림 2.11 부동침하가 일어나기 쉬운 예

2.6.2 연약한 지반에 대한 기초 대책

(1) 지반에 대한 대책

흙 다짐, 물빼기(脫水), 고결(固結), 치환(置換) 등의 작업으로 지반을 보강한다. 그 방법으로는 전기적 고결법, 모래지정, 웰 포인트(well point), 시멘트물 주입법(grouting) 등 여러 가지가 있다.

(2) 기초구조에 대한 대책

경질 지반이 깊지 않을 경우는 경질 지반에 지지시키고, 경질 지반이 깊이 있는 경우에는 마찰말뚝을 사용하는 것이 좋다. 또한 지하실을 설치하여 온통기초(floating foundation, 뜬기초)로 하는 것도 좋은 대책이며, 아무리 경미한 구조물의 기초라도 동결선(凍結線, 북부지방 120cm, 중부지방 90cm, 남부 지방 60cm) 이하에 기초구조를 설치하여 동한기의 동결을 막도록 한다.

(3) 상부구조에 대한 대책

건물을 경량화 시키고 강성을 높이며, 중량 분배에 유의해야 한다. 또한 평면상으로 보아 건물의 길이를 길게 한다거나 인접건물과의 거리를 가깝게 하는 것은 부동침하의 원인이 되므로 주의해야 한다.

2.6.3 지반개량(池盤改良)

지반개량은 흙을 다짐, 치환(置換), 탈수(脫水) 등의 방법으로 토질을 인공적으로 개량하여 탄탄하게 하는 방법으로서 토질 안정법(soil stabilization method)이라고도 한다.

일반적으로 지반개량(soil improving) 공법은 사질지반에 대해서는 진동 압축에 의한 다짐방법이 효과적이며, 자갈 섞인 모래지반에는 탈수, 고결방법이 효과적이다. 점토질 지반에 대하여는 압밀(壓密), 치환 등의 방법이 유효하다.

지반개량 공법은 다음과 같이 분류할 수 있다.

(1) 다짐공법

① 바이브로 플로테이션 공법(vibro-flotation method)

모래질 지반 속에 그림 2.12와 같이 바이브로 플로트에 의해 진동을 가하고 선단에 물을 분사(噴射)할 수 있는 기계를 사용하여 진동과 물다짐으로써 지반에 구멍을 내고 모래를 다져 넣어서 지반을 개량하는 공법이다.

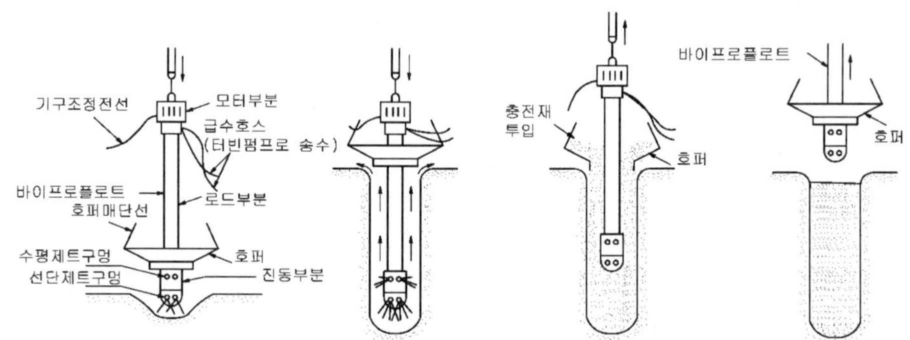

그림 2.12 바이브로 플로테이션 공법

② 바이브로 컴포저 공법(vibro-composer method)

바이브로 플로테이션 공법보다 약 5배 이상 강한 기계를 사용하여 깊이를 바이브로 플로테이션 공법의 2배 이상(약 20m) 까지 모래를 다져 넣는 방법으로 원리는 바이브로 플로테이션 공법과 같고 구멍 간격은 약 2m 내외로 한다.

(2) 압밀 침하공법

점토지반을 개량하는 가장 좋은 방법이다. 상부에서 하중을 가해 압밀된 점토는 하중을 제거하여도 다시 부풀어 오르지 않는 특성이 있으며, 압밀침하가 생기고 나면 강도가 커지는 특성이 있다. 따라서 이 공법은 공사하기 전에 건물 중량 이상의 하중을 가하여 압밀하게 하는 지반개량 공법이다.

① 샌드 드레인공법(sand drain method)

끝의 구멍을 개폐할 수 있는 관을 말뚝 박는 형식으로 땅속에 박고 압축공기로 관 내부에 모래를 넣어가며 관을 빼냄으로써 모래 기둥을 통하여 지중의 수분을 제거시켜 압밀하는 방법이다. 지반이 뒤섞이고 모래기둥이 중간에 절단될 위험성이 있다.

② 백 드레인공법(back drain method)

샌드 드레인의 모래기둥 절단을 방지하기 위해 지름 15㎝ 내외의 망대에 모래를 넣어서 지중에 모래 기둥을 기계로 설치하는 방법이다.

⑶ 탈수공법(脫水工法)

① 재하공법(pre-loading)

이 공법은 압밀공법과 병행하여 사용하는 경우가 많다. 지반 위에 흙(단위체적 중량 : 1.6tf/m^3)을 쌓아 재하(載荷)시켜 탈수하는 공법으로 필요한 성토(盛土)의 높이를 측정한다.

② 웰 포인트 공법 (well point method)

끝에 여과기를 단 철관을 건물 부지 주위에 1m 내외의 간격으로 소정의 깊이까지 박고 윗 끝은 가로로 연결하고 펌프로 양수하여 지반 수위를 낮춘 뒤 굴착하는 방법이다. 자갈·모래질 지반 또는 이들이 섞인 지반에 적합하고 점토질 지반에는 부적합하다.

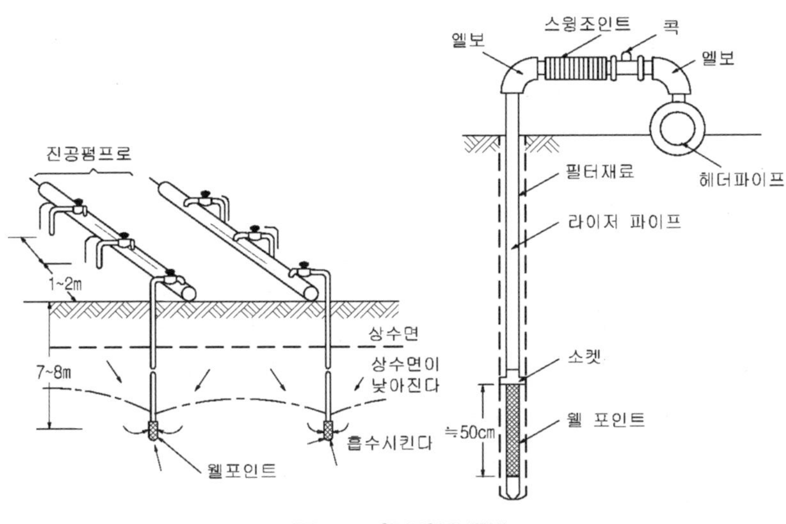

그림 2.13 웰 포인트 공법

⑷ 고결공법(固結工法)

① 주입공법(注入工法) - 시멘트물 주입법(grouting)

시멘트 또는 고결제(固結濟) 등을 지반 속에 박은 파이프를 통해 고압으로 지중에 주입하여 지반을 탄탄하게 하는 방법이다. 자갈·모래질 지반 또는 이들이 섞인 지반에 적합하다.

② 동결공법(凍結工法)

냉각액(冷却液) 등을 여러 개의 파이프로 지중에 주입하여 일정기간 동결하게 하는 방법으로서 지하굴착 등에 일시적 용도로 쓰인다.

(5) 치환공법(置換工法)

지반의 흙을 양호한 흙으로 전면 바꾸는 방법이다.

2.7 기초파기·흙막이

2.7.1 준비공사

(1) 터고르기(grading)

기초파기(excavation)하기 전에 대지 안에 있는 전주·급배수관 등의 이설, 암석·수목·쓰레기 등을 제거하고 높은 곳은 깎아내고 낮은 곳은 돋아 대지를 정리하는 것을 터고르기라 한다. 땅을 돋울 때나 메울 때는 50cm 정도의 흙을 채울 때 마다 잘 다져야 한다.

(2) 기준점(bench mark) 설치

지반면 높이는 일반적으로 평균 지반 높이보다 15cm 이상 높게 하고, 건물의 위치 및 고저를 정확히 하기 위하여 기준점을 설치하는데 이것은 모든 높이를 공사도중 점검할 수 있는 기준이 된다. 대지 부근에 공사 도중 움직일 염려가 없는 곳에 각석(角石) 등을 설치하고 여기에 기준점을 표시한다.

(3) 줄치기(Setting)

건물 각 부의 위치를 실제로 대지에 옮겨 보기 위하여 건물 배치도에 따라 적당한 곳에 작은 말뚝을 박고 줄을 친다. 이것은 수평 규준틀 설치의 기준이 된다.

(4) 수평 규준틀(batter board) 설치

기초를 수평으로 설치하고, 기초 중심선, 기초폭 등을 현장에서 지상에 표시하기 위해서는 그림 2.14의 수평 규준틀을 설치하여야 한다. 수평으로 설치한 수평 꿸대는 2㎝×10㎝ 정도의 널을 규준틀 말뚝(6cm 정도의 각재나 통나무재) 상부에 못을 박아 놓은 것을 말한다. 건물 주위 모서리에는 귀 규준틀, 일반 면에는 면 규준틀(평 규준틀)을 벽에서 1~2m거리에 설치한다.

수평꿸대 윗면은 완전히 직선이 되도록 대패질을 하고, 말뚝의 머리는 충격이나 이동침하를 쉽게 발견하기 위해 오늬모양이나 엇빗내기로 만든다. 수평꿸대 윗면에는 기초 중심선 위치를 표시하고, 그 중심선을 따라 실을 띄워서 정확한 기초의 평면상 위치와 기초푸팅 등의 깊이, 넓이 등을 알아볼 수 있도록 하여야 한다.

수평보기는 수준기(水準機, level) 또는 트랜싯(transit)과 함자(函尺, leveling rod), 물통수준기, 막대수준기 등으로 일정한 수평면을 측정하여 작업한다.

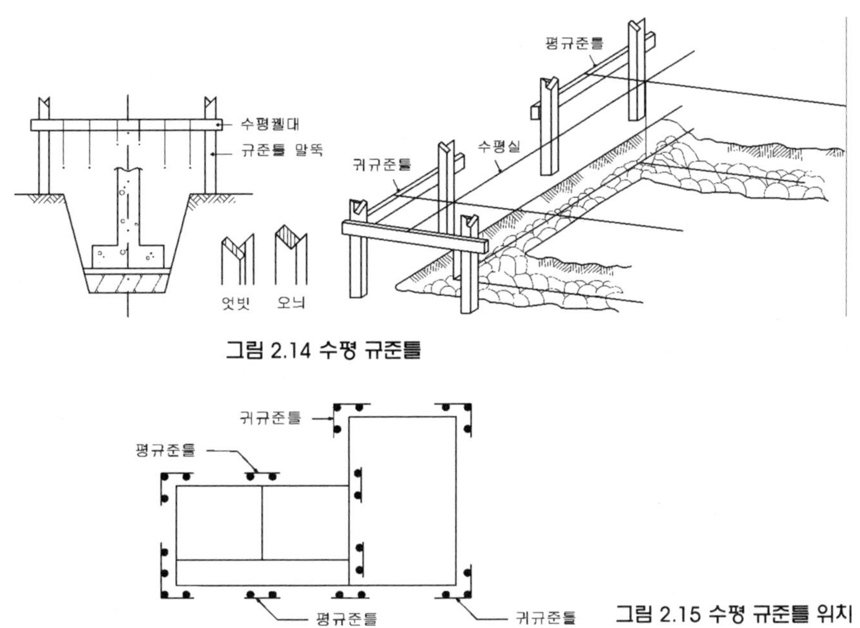

그림 2.14 수평 규준틀

그림 2.15 수평 규준틀 위치

2.7.2 기초파기

기초파기 공사 시 기초 공사 편리성을 위해 기초 콘크리트 좌·우측면은 보통 10~30cm, 깊은 기초는 깊이에 따라 60~120cm 정도의 여유를 두고 파도록 한다. 기초파기 공사를 할 때에는 토질, 지하수, 부지 주위의 상황에 따라 적합한 굴착방법을 택하여 실시한다. 기초파기는 그 모양에 따라 다음과 같이 나눈다.

(1) 구덩이 파기

독립기초 또는 동바리 기초 등에 사용하는 것으로 네모형상이나 원형으로 구멍을 판다.

(2) 줄파기

조적조·벽식 구조의 기초 또는 일 열의 기둥 등의 기초에 사용한다.

⑶ 온통파기

건물 하부 전체를 파내는 것이다.

2.7.3 흙파기 공법

흙파기 공법에는 다음과 같은 종류가 있다.

⑴ 오픈 컷 공법(open cut method)

그림 2.16과 같이 흙막이 없이 흙파기 하는 것으로 흙의 성질에 따라 30° ~40° 의 경사를 두어 흙이 무너지는 것을 방지한다. 자연 상태에서도 흙이 흘러내리지 않는 각도를 휴식각(休息角) 또는 안식각(安息角, angle of repose)이라 한다. 비가 올 때를 대비하여 경사면의 길이가 길면 도중에 단을 지어 구분하고 각 단마다 배수로를 설치하여 흙의 무너짐을 막는다.

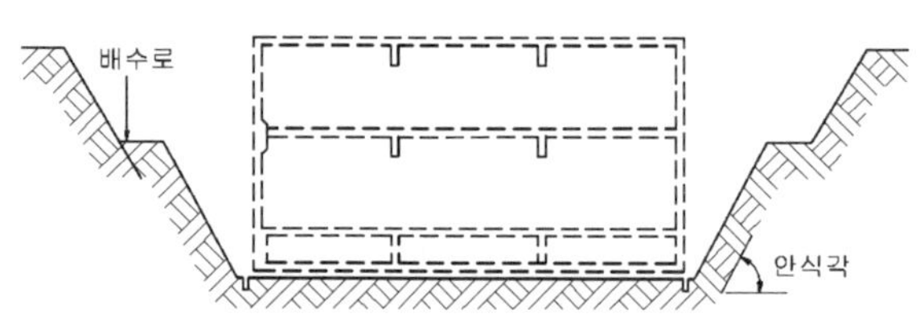

그림 2.16 오픈 컷 공법

⑵ 수평버팀대 공법(strut 工法)

흙이 무너지는 것을 방지하기 위하여 그림 2.17과 같이 흙막이 벽을 설치하고 벽 양측에 띠장을 돌리고 수평버팀대를 설치하고, 토류벽을 지지시키면서 흙을 굴착하는 방법이다. 시가지 공사에서 가장 일반적으로 사용되는 공법이다. 넓은 대지에서는 대지 중간부분에 지지 파일을 세워야 하는 등 가설 구조물들이 필요하므로 이로 인한 중장비 작업이나 토공사 작업 등의 능률이 저하될 수 있다.

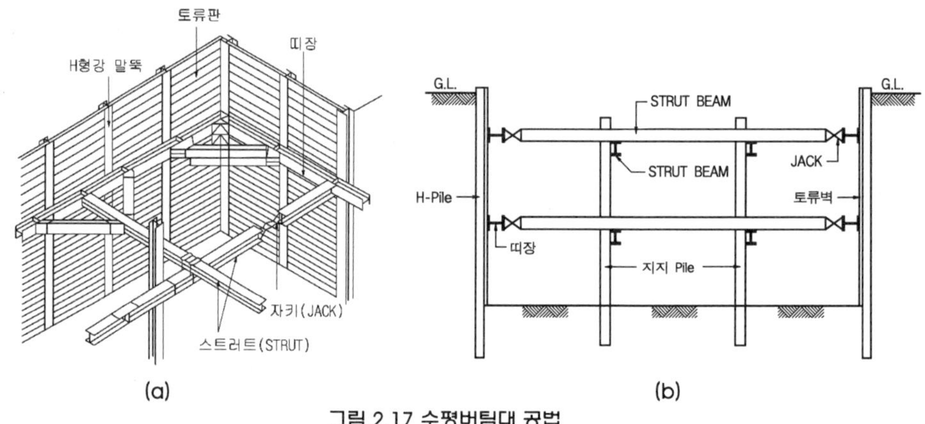

그림 2.17 수평버팀대 공법

(3) 아아치(arch)형 버팀대공법

수평버팀대 중앙 부분을 중심으로 그림 2.18과 같은 아아치형 버팀대를 설치하여 중앙 부분에 넓은 공간을 구성하여 작업을 쉽게 하려는 방법이다.

(4) 아일랜드 공법(island, 경사버팀대 공법)

넓은 대지의 경우에는 중앙 부분에 아일랜드(island, 섬) 모양으로 일부분만 먼저 굴착하고 그 부분의 기초 및 본체를 구축하여 형성한 후 이 구조체에 버팀대(Strut beam)를 이용하여 흙막이벽을 지지시키고 주변의 흙을 굴착하는 공법이다. 공기 및 재료를 절약하려는 방안으로서 과거에 많이 사용되었던 공법이다.

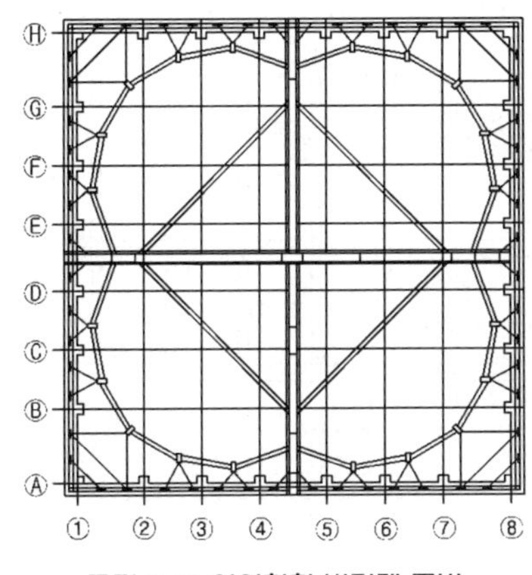

그림 2.18 아아치형 버팀대 공법

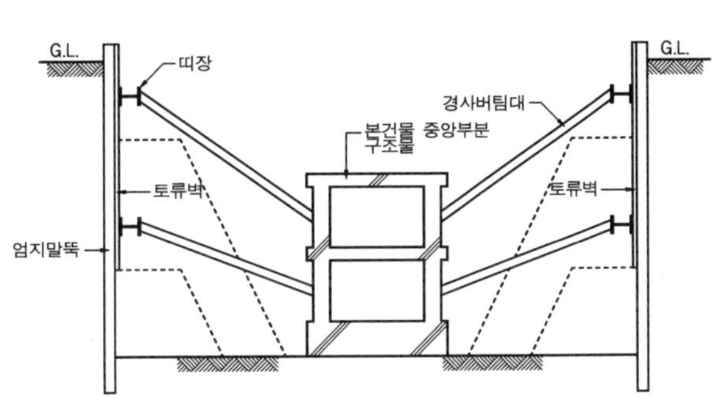

그림 2.19 아일랜드 공법

(5) 어스 앙카(earth anchor)지지공법 (타이박 앵커공법)

엄지말뚝(H-형강)을 일정한 간격(1.8~2m 정도)으로 수직으로 박은 후 굴착과 함께 흙막이 벽(토류벽)을 설치하고, 어스 앙카를 설치하여 흙막이 벽을 지지하는 공법이다.

흙막이벽 뒷면에 보오링에 의해 구멍을 내고 철근 또는 PS 강선 등을 넣은 후 모르타르로 그라우팅(grouting)을 하면 뒷면에서 당겨지는 어스 앙카가 만들어져 흙막이벽을 잡아맨 후에 흙파기를 한다. 버팀대가 없기 때문에

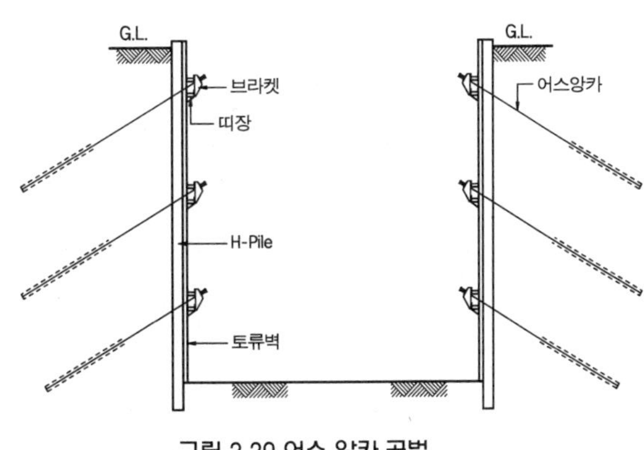

그림 2.20 어스 앙카 공법

넓은 작업공간을 확보할 수 있고, 또한 작업능률도 높일 수 있기 때문에 많이 사용된다. 그러나 인근 구조물이나 지중 매설물에 따라 시공이 어려울 경우도 있다.

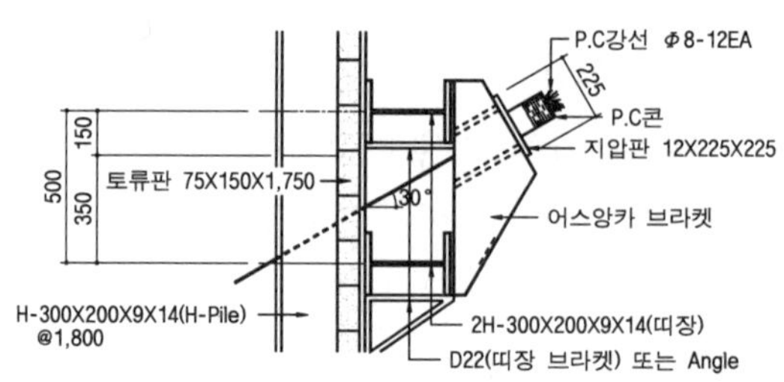

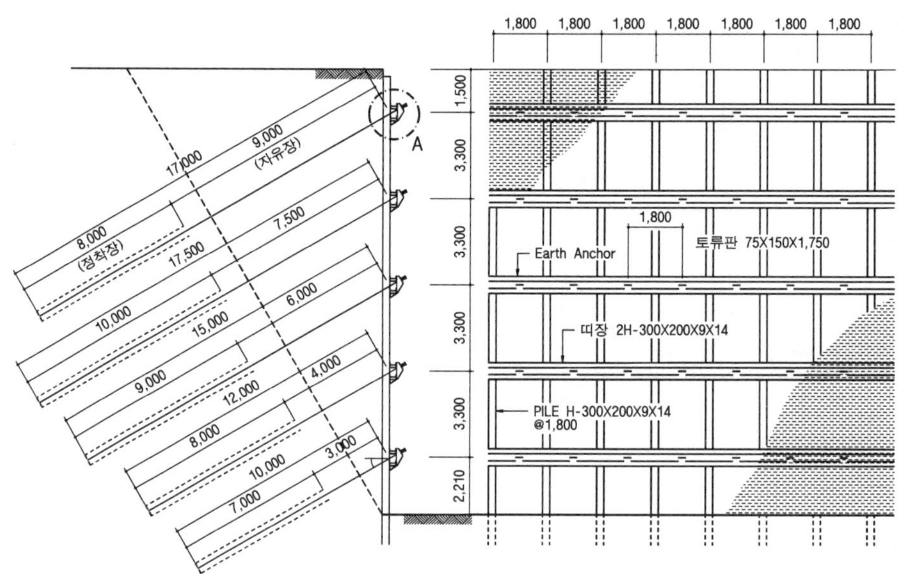

그림 2.21 어스앙카 흙막이 공사 단면도 및 전개도

(6) 콘크리트 연속벽 공법(slurry wall+strut 또는 earth anchor)

지하층 외벽부분(콘크리트 연속벽, slurry wall)을 소요깊이까지 먼저 시공하고 상부에서부터 지지시키면서 굴토하는 방법이다. 지지시키는 방법은 공사조건에 따라 버팀(strut)공법이나 어스앙카 공법으로 한다. slurry wall을 본 구조체로 겸용 사용이 가능하고 먼저 시공하기 때문에 주변의 구조물이나 지반에 영향을 주지 않는다.

(7) 역타설 공법(하향공법, top down 공법)

지하층 콘크리트 외벽인 slurry wall을 소요깊이까지 먼저 시공하고 기둥을 설치한 후 일반적인 기초공사 순서와는 정반대로 지표면부터 굴토하고, 본 구조체를 1층 바닥부터 먼저 시공하면서 한층 한층 차례로 아래로 건축을 하여 내려가는 공법이다. 이때 중간 기둥은 일반적으로 H형강을 사용하며, 각층 바닥은 작업공간으로 활용할 수 있다.

강성이 큰 흙막이(slurry wall) 구조물이므로 주변 구조물이나 지반에 영향이 거의 없어 시가지 건축공사에 유리하다. 각층 바닥틀 구조물이 흙막이용 버팀대가 되므로, strut이나 earth anchor 등을 사용하지 않아도 된다.

단점으로는 굴토 작업이 슬래브 하부에서 진행되므로 능률이 낮고 공기가 지연되고 역 타설에 의한 콘크리트의 이음부분이 많이 발생한다.

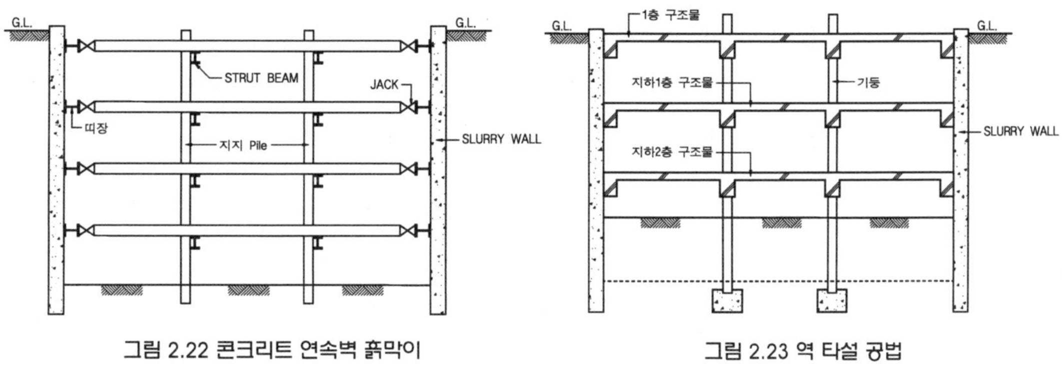

그림 2.22 콘크리트 연속벽 흙막이

그림 2.23 역 타설 공법

(8) 트렌치 컷 공법(trench cut method)

넓은 대지의 경우 중앙부분을 남겨두고, 가장자리 둘레를 먼저 흙파기를 하고 기초를 축조한 후 이 기초를 이용하여 흙막이 벽을 구성하게 하고 나머지 중앙부분의 흙파기를 완성한다. 즉 아일랜드 공법의 정 반대의 공법이다. 건축면적이 매우 넓을 때에는 가장자리 기초공사를 하는 동안 중앙부분은 작업장으로 쓸 수 있는 이점이 있다.

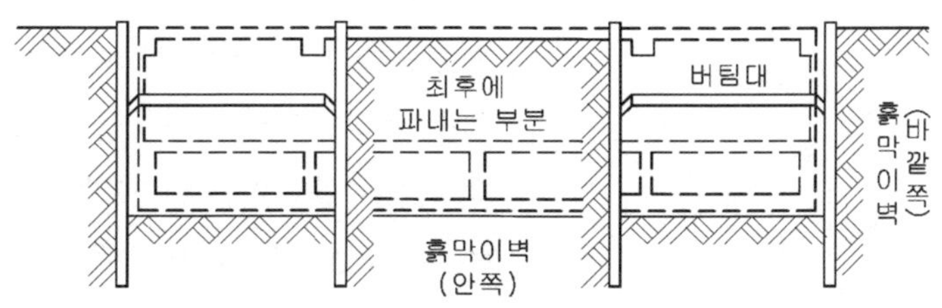

그림 2.24 트랜치 컷 공법

2.7.4 흙막이 벽(breast wall, retaining wall)

깊은 기초나 연약한 지반 또는 지하수 유출이 우려되는 곳에 옆벽의 무너짐 방지로 흙막이를 설치한다. 흙막이가 없을 때는 흙의 휴식각의 2배에 맞추어서 경사지게 판다.

(1) 흙막이 공법

① 수평 흙막이널 방식(breast board, sheating board)

20~30㎝ 각의 H형강을 보통 1~1.8m 간격으로 땅에 때려 박고, 기초파기 진행에 따라 H형강 사이에 흙막이 널(토류판)을 수평방향으로 끼워 넣어서 흙막이 벽을 구성하는 방식이다. H형강에 수평으로 띠장을 돌리고 어스앙카 공법 또는 수평버팀대 공법 등을 적용하여 최근 많이 사용되고 있다.

지하수가 높지 않은 곳에 사용하기 적당한 방식이며, 지하수가 있을 경우는 대책을 세워 탈수공법(웰포인트 등)으로 배수를 하여야 한다.

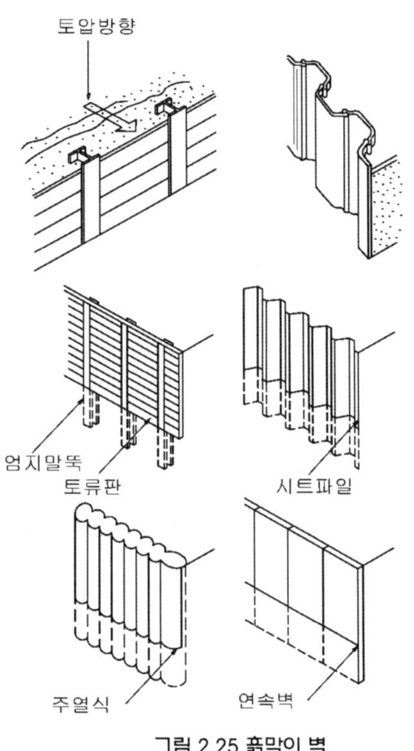

그림 2.25 흙막이 벽

② 스틸시트 파일(steel-sheet pile) 흙막이벽

스틸시트 파일을 한 장씩 서로 물려서 땅에 때려 박는 흙막이 벽으로서 이음부분이 서로 잘 물려서 물이 새지 않으며 굳은 지반에도 박을 수 있는 것이 특징이다.

③ 주열공법(柱列工法) 및 연속 흙막이벽 공법

말뚝 등을 연속으로 박아서 흙막이 벽을 구성하는 방법이며, 다음과 같은 방식이 있다.

ⓐ 제자리 콘크리트 말뚝에 의한 주열공법

베노토말뚝, 어스 드릴말뚝, 리버스 서큘레이션말뚝, PIP말뚝(packed in place pile) 등 각종 현장콘크리트 말뚝을 연속적으로 촘촘히 박아서 흙막이벽을 만드는 방법이다.

ⓑ PS 콘크리트 말뚝에 의한 주열공법

PC말뚝을 촘촘히 연속적으로 매입하여 흙막이 벽을 만드는 방법이다.

ⓒ 연속 흙막이벽 설치공법

연속적으로 철근콘크리트 흙막이벽을 시공하는 방법으로 이코스 공법이라고도 말한다. 이 방법은 장방형으로 길게 굴착하되 벤토나이트 이수(泥水)를 채워 벽이 허물어지지 않게 한 후 굴착을 계속한다. 굴착이 끝나면 이수를 맑은 물로 갈고 원형이음을 만들기 위하여 파이프를 삽입하고 조립한 철근을 집어넣고 도레이관으로 수중 콘크리트를 친다.

콘크리트가 굳은 후에 파이프를 빼냄으로써 이음부분이 반원형으로 물리게 할 수 있게 한다. 현장 콘크리트 대신에 PS 콘크리트 벽판을 집어넣을 수도 있다. 굴착기계는 벽을 설치할 수 있는 엷은 두께의 버킷을 가지고 일정한 방향을 유지할 수 있는 특수 크램셀(clamshell)도 있다.

⑵ 흙막이 벽의 안전

기초파기에서 사고의 가장 큰 원인은 흙막이 벽의 붕괴라 할 수 있다. 따라서 흙막이 벽은 땅속에 묻히는 길이와 지주 및 널두께 등의 힘 받는 부분은 흙 성질에 따른 계산에 의하여 산출하여야 한다. 흙 파기가 깊어질수록 토압이 커짐을 대비하여 가새 등으로 보강하여 버팀대가 힘에 못 견디어 휘어지지 않도록 미연에 방지하여야 한다.

① 히빙(heaving)

시트 파일(sheet pile) 등의 흙막이 벽 내측과 외측의 토압 차로 흙막이 뒷부분의 흙이 흙막이 벽 밑을 돌아서 기초 파기하는 공사장으로 미끄러져 들어오는 현상이다.

② 보일링(boiling)

사질지반에서 흙막이 벽을 설치하고 기초파기를 할 때에 흙막이 벽 뒷면 수위가 높아서 지하수가 흙막이벽 밑을 돌아서 공사장 안 바닥에서 지하수가 물이 끓듯이 움직이며 모래와 같이 솟아오르는 현상을 보일링이라 한다.

③ 파이핑(piping)

흙막이 벽의 부실공사로 인한 흙막이 벽의 뚫린 구멍이나 이음새를 통하여 물이 공사장 내부바닥으로 파이프작용을 하여 보일링 현상이 생기는 것을 파이핑이라 한다.

이러한 히빙, 보일링, 파이핑 등은 초기에 예방을 하지 않으면 인근 건축물이나 인근 도로의 침하 등을 가져오게 되므로 사전에 토질검사에 의한 안전도 계산을 하여 검토해야 한다.

2.8 지정(地定)

2.8.1 보통지정

⑴ 잡석지정

지름 10~25cm 정도의 잡석(雜石)을 세워서 밀집하게 나란히 깔고, 사춤자갈과 모래 반섞인 자갈(잡석의 20~30% 정도)을 고루 펴서 견고하게 다진 지정이다. 굳은 사질층, 견경한 자갈층, 견경한 롬(loam)층 등에서는 하지 않을 수도 있다. 이 잡석 다짐층은 기초 또는 바닥 밑의 배수에 유리하고, 콘크리트를 절약하는 목적으로도 유효하다.

⑵ 모래지정(sand foundation)

기초 밑의 지반이 연약하지만 그 하부 2m 이내에 굳은 지층이 있어 말뚝을 박을 필요가 없을 때에는 그 부분을 굳은 층까지 파내어 모래를 넣고 30cm 마다 물을 주면서 충분히 다져서 밀실한 모래층을 만드는 것이다. 간단한 기계기초에도 이용된다.

⑶ 자갈지정

두께 6~12cm 정도의 자갈을 깔고 다지는 것으로, 밑창콘크리트를 평평하게 고르며 배수를 하는 목적으로 사용되며 밑창콘크리트 량을 줄이는데 사용된다.

⑷ 긴 주춧돌 지정

비교적 간단한 건물에서 사용되며 말뚝을 쓸 수 없고 비교적 지반이 깊을 때에 긴 주춧돌을 세워서 하는 지정으로 과거에 쓰였던 지정이다.

⑸ 밑창(버림) 콘크리트지정

잡석지정·자갈지정 등의 기초 저부에 먹매김을 용이하게 하기 위하여 두께 5~6cm정도의 콘크리트를 치는 것이다. 이때 지하실 방수가 안방수 일 때에는 밑창 콘크리트는 말뚝머리 밑에 두고, 밖방수 일 때에는 밑창 콘크리트가 방수의 바탕이 되므로 여기서 끊어야 한다.

2.8.2 말뚝지정

⑴ 말뚝의 종류

1) 재료상 분류

① 나무말뚝 ② 기성 철근콘크리트 말뚝 ③ 제자리 콘크리트 말뚝 ④ 합성말뚝

⑤ 철재(鋼)말뚝

2) 기능상 분류

① 지지말뚝((支持杭, bearing pile) : 말뚝의 끝이 굳은 지반에 지지된 말뚝

② 마찰말뚝((摩擦杭, friction pile) : 연한 지반에서 주로 마찰력으로 힘을 전달하는 말뚝

3) 시공상 분류

① 타격식 말뚝 ② 굴착식 말뚝 ③ 제자리 콘크리트 말뚝

(2) 말뚝의 배치

말뚝은 필요에 따라 정방형으로 반복 배치하는 정열식 배치방법과 정 3각형으로 배치하는 마름모식 배치방법이 있다. 말뚝과 말뚝의 중심 간격은 일반적으로 다음과 같이 한다.

① 나무말뚝(wooden pile) : 두부(頭部)지름의 2.5배 이상이며 60㎝ 이상

② PC말뚝(precast concrete pile) : 두부지름의 2.5배 이상이며 75㎝ 이상

③ 제자리 콘크리트 말뚝 : 두부지름 또는 나비의 2배 이상이며, 두부지름에 1m를 감한 값 이상

④ 철재(鋼)말뚝(steel pile) : 두부지름 또는 나비의 2배 이상 (강관하단이 막힌 경우는 2.5배)이며 75㎝ 이상

⑤ 매설(埋設)공법에 의한 말뚝 : 두부지름의 2배 이상

(3) 말뚝박기

1) 나무말뚝(wooden pile)

나무말뚝은 경미한 공사 이외에는 잘 사용되지 않으며, 반드시 상수면 이하에 설치한다. 재종은 소나무 또는 낙엽송으로 곧고 긴 생나무(生松)가 좋고 말뚝의 길이는 보통 6m 정도이다. 말뚝 끝은 연필 모양으로 깎아 뾰족하게 하여 쇠신을 신기고, 머리는 추로 때려 박을 때에 파손되지 않도록 쇠가락지 또는 두겁 등으로 보호한다.

2) 기성 철근 콘크리트 말뚝(precast concrete pile)

말뚝의 재료는 원심력을 이용하여 흄관을 만드는 방식으로 만든 원심력 PC말뚝과 프리텐션 방식의 PS(pre-stress)를 도입하고 원심력 콘크리트로 다지고 고온 고압 보일러 속에서 양생한 고강도 PC말뚝 등이 있다.

말뚝의 외경은 25~50cm정도, 길이는 지름의 45배 이하 15m 이하로 하고, 말뚝 머리를 절단할 때는 균열이 생기지 않게 밴드를 설치해서 안에서 잭으로 부수며 절단하거나 톱으로 자른다.

말뚝설치 방법에는 타격공법, jet공법, 굴착공법, 진동공법, 압입공법 등이 있으며, 기타 두 가지 이상의 공법을 겸용하는 공법이 있다.

① 타격공법(打擊工法)

단동 낙추(drop hammer)·디젤 해머(diesel pile hammer)·뉴매틱 해머(pneumatic hammer) 등으로 말뚝을 때려서 박는데 주로 디젤 오일을 사용하는 디젤 해머가 가장 많이 쓰인다.

② Jet 공법

말뚝 선단에서 물을 뿜어내며 흙을 씻어내어 말뚝을 침하시키는 방식으로, 말뚝 선단의 형상에 따라 개방형(開放型) jet과 패쇄형(閉鎖型) jet 공법이 있다. 이 공법은 10kg/㎠의 대량의 물이 필요하며 물은 재순환시켜 다시 사용할 수 있다.

③ 굴착공법(掘鑿工法, drilling methods)

어스 오거(earth auger) 또는 버킷형 어스드릴(earth drill or bucket drill, 어스 드릴말뚝 참조) 등으로 땅에 구멍을 내고 말뚝을 설치하는 방법이다.

④ 진동공법(振動工法)

말뚝의 최상부에 진동기로 상하 진동을 주어 말뚝을 지중으로 관입시키며 굴착공법 및 타격공법을 겸용하는 경우가 많다. 연한 지층에 적합하나 인근에 진동을 전파하게 되는 단점이 있다.

⑤ 압입공법(壓入工法)

약 20tf 내외의 무게를 가하여 말뚝을 지중에 압입시키는 방식이며, 이것만으로는 큰 지지력을 얻을 수가 없으므로 다른 공법과 같이 쓰인다.

3) 제자리(현장) 콘크리트 말뚝 (cast in place pile or pier)

대규모 중량 건물의 건축에 쓰이며, 굳은 층이 지하 깊이 있어서 기성 말뚝을 지지층까지 도달시킬 수 없을 때 제자리에 구멍을 내고, 그 자리에 배근을 하고 콘크리트를 부어 말뚝을 만드는 방법으로 말뚝의 크기와 길이를 자유롭게 할 수 있다. 지름이 큰 것은 피어기초(pier foundation)라 할 수 있다.

제자리 콘크리트 말뚝의 종류는 매우 다양하며 그 중 다음과 같은 것들이 있다.

① 어스드릴 말뚝공법(bucket drill or earth drill method)

미국에서 개발된 공법으로 점토층에 적합하다. 지름이 0.45~2m이고 깊이가 24~44m 정도인 말뚝으로, 장비 사용이 간편하고, 기동성이 있고 굴삭속도가 빠르므로 시공 및 경제성이 우수하다.

어스드릴을 설치하고 케이싱(casing) 위치까지 굴착용 회전버킷으로 굴착하는 것으로, 이때 공벽(孔壁)이 무너지는 것을 방지하기 위하여 벤토나이트 이수(泥水)를 주입하면서 굴착을 계속한다.

굴착이 완료되면 조립된 철근을 삽입하고 트레미관을 통하여 콘크리트를 타설하고 케이싱을 빼낸다. 사질층에서는 물이 빠져 나가기 쉬우므로 벤토나이트 이수가 효력을 발휘하지 못한다.

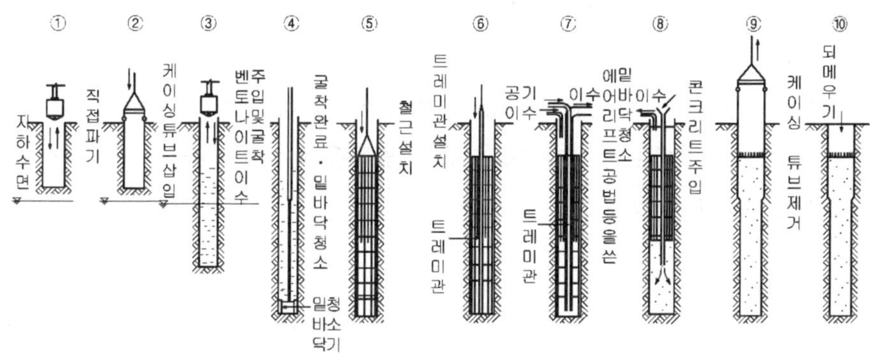

그림 2.26 어스 드릴 말뚝 시공순서

② 베노토 말뚝공법(benoto pile method)

프랑스에서 개발된 공법으로, 지름이 2m, 깊이 50m 까지의 피어를 만들 수 있다. 여러 토질의 시공이 가능하나 장비가 고가이고 굴삭 속도가 1시간에 1m 정도로 좀 늦다. 외관(casing)을 지중에 때려 박고 그 속에 베노토 기계를 작동시키는데 크램셀(clamshell) 모양으로 생긴 해머 그래브를 낙하시켜 외관 내부의 흙을 파서 올린다.

굴착이 완료되면 조립된 철근을 삽입하고 트레미관을 통하여 콘크리트를 타설하고 케이싱을 빼낸다.

③ 프리팩트 콘크리트말뚝(pre-packed concrete pile)

일명 CIP(cast in place) 말뚝이라고도 한다. 땅에 파놓은 말뚝구멍 중심에 그라우팅

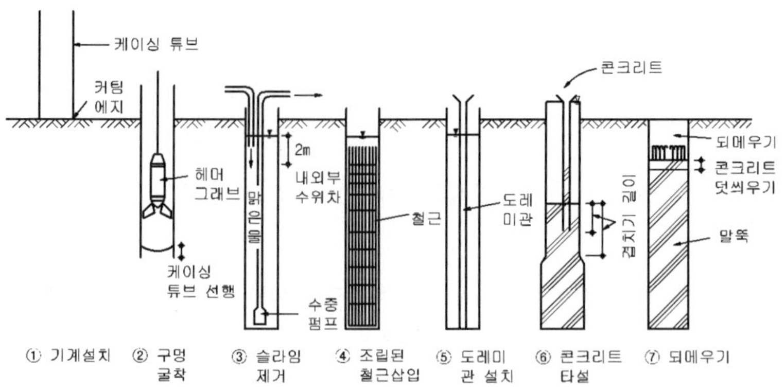

그림 2.27 베노토 말뚝 시공순서

(grouting)을 하기위한 파이프를 집어넣고 자갈을 다져넣은 후 파이프를 빼내면서 그라우팅을 하여 콘크리트말뚝을 형성한다.

④ PIP 말뚝(packed in place pile)

일종의 특수 모르타르 말뚝으로서 어스 오거로 착공을 하고 조립된 철근을 집어넣은 후 모르타르를 오거 선단으로 그라우팅을 하여 말뚝을 형성한다. 지름 30~70㎝, 깊이 20m 정도까지 시공할 수 있다.

⑤ 재래식 말뚝공법

소음·진동 기타 결점이 많아서 최근에는 잘 사용하지 않으나 그 종류는 다음과 같다.

ⓐ 페데스탈 말뚝(pedestal pile)

내관과 외관을 동시에 소정의 깊이까지 박고 내관을 빼 올린 후 콘크리트를 부어넣고 내관으로 다지는 작업을 반복하면서 외관을 서서히 빼낸다. 말뚝 끝에 구근(球根)을 형성하여 지지력을 증대시킨다.

ⓑ 심플렉스 파일(simplex pile)

끝에 마개가 붙은 강관을 소정의 깊이까지 박고 콘크리트 타설과 함께 추로 다짐하면서 강관을 서서히 빼낸다.

ⓒ 레이몬드 말뚝(raymond pile)

얇은 철판의 외관에 내관을 넣고 소정의 깊이까지 박은 후 내관을 빼내고 콘크리트 타설하여 말뚝기초 완성한다. 습한 지반에 사용되나 외관을 지중에 남게 되어 비경제적이다.

ⓓ 컴프레솔 말뚝(compressol pile)

원추형 추를 낙하에 의해 구멍을 뚫고 콘크리트 다져넣는 원시적인 공법으로 거의 사용 안한다.

ⓔ 프랭키 말뚝(franky pile)

내관과 외관을 동시에 소정의 깊이까지 박고 내관을 빼 올린 후 콘크리트를 부어넣고 추로 다지는 작업을 반복하면서 외관도 서서히 빼낸다. 컴프레솔 말뚝과 페데스탈 말뚝을 병용한 형식이다.

4) **합성(合成) 말뚝**(composite pile)

나무말뚝, 기성 콘크리트말뚝, 제자리 콘크리트말뚝 등에서 두 종류 이상의 말뚝을 이어서 만드는 말뚝이다. 상수면 이하에서는 나무말뚝을 쓰고 그 위에는 다른 말뚝을 이어서 쓰기도 하지만 이음부분이 불완전하여 잘 쓰이지 않는다.

5) **철재(鋼)말뚝** (steel pile)

H형강, 강관(鋼管) 등이 주로 쓰이며, 형강은 단면 30cm각, 길이는 18m 정도이나 이어서 쓸 수 있으며, 강관말뚝도 길이 6m 정도이나 이어서 사용할 수 있고, 강관의 지지면을 크게 하기 위하여 전(flange)을 붙인 전철관 말뚝이 있고, 나사형으로 된 나선관도 있다.

철재말뚝은 다음과 같은 특징이 있다.

① 인장 압축에 대한 강도가 크다.

② 이음이 용접 등으로 용이하며 길이 60m 이상 깊이의 경암반층까지도 도달시킬 수 있다.

③ 관입성이 양호하며 말뚝 상부의 파손이 없다.

④ 강관말뚝의 경우 지름이 60~90㎝가 많이 사용되며, 두께는 9~19mm가 많이 쓰인다.

⑤ 호수, 바다, 강 속 등에서는 말뚝을 선박을 이용하여 박을 수도 있다.

2.8.3 뗏목지정(raft foundation)

상당히 깊은 진흙지반이거나 기타 연약한 지반에 나무를 뗏목모양으로 엮든가 또는 속이 비어있는 철근 콘크리트 박스(box) 같은 것을 놓고 그 위에 건축물을 올려놓는 공법으로 매우 특수한 경우 이외에는 별로 쓰이지 않는다.

2.8.4 피어지정(pier foundation)

기둥 밑의 기초판(footing)을 피어(pier)로써 굳은 지층까지 힘을 전달하게 하는 지정이다. 피어는 우물을 파듯이 통을 이어 대면서 지반을 파내고 통을 침하시키면서 기초파기를 계속하는 것으로 우물기초(well foundation)라고도 한다. 이러한 피어 중 원형피어들은 나선형으로 배근을 하는 경우가 많다.

피어의 길이가 지름의 12배 미만이거나 지름이 2m 이상인 경우는 배근이 필요 없지만 피어의 크기를 줄이기 위해서는 배근을 하는 것이 좋다. 피어가 암반에 도달하지 않았을 때에는 힘을 더 받게 하기 위하여 피어 밑을 더 넓혀 버섯모양으로 확대시킨다.

피어기초를 설치하는 방법에는 다음과 같은 방법이 있다.

(1) 개정법(開井法, open well method)

보통 우물파는 방식으로 기초파기를 하는 경우로 다음과 같은 것들이 있다.

① 단순굴착(單純掘鑿, simple excavation)

흙이 무너질 염려가 없는 탄탄한 지반에 아무런 흙막이도 없이 구멍을 파고 피어를 설치하는 방법이다.

② 직관식 굴착(直管式 掘鑿)

중심축이 될 철관을 소요의 위치까지 박고 중심축 철관을 중심으로 지름 1.5~2m의 목재 또는 콘크리트제의 통을 놓은 다음 내부를 파내서 통이 내려앉게 한다. 소정의 위치에 도달하면 밑바닥을 넓게 파고 나무통을 철거하면서 콘크리트를 부어 넣는다.

③ 심초식 굴착(深礎式 掘鑿)

지름 1~2m의 통을 골절판에 앵글로 테를 둘러 짜 만들면서 직관식 기초파기와 같이 파내려가서 기초 구성을 한다.

(2) 잠함공법(潛函, caisson method)

속이 빈 콘크리트 구조체를 지상에 설치하고 사람이 그 속에 들어가서 밑바닥 흙을 파 올림으로써 콘크리트 구조체를 땅속에 침하시켜 매설하는 방법을 말하며 잠함을 케이슨(caisson)이라고 한다.

지층의 성질, 용수의 다소와 건물의 규모 등에 따라 개방잠함과 용기잠함으로 구분된다.

① 개방잠함(開放潛函, open cassion)

일명 오픈 케이슨이라고 하며, 규모에 따라 다음 2종으로 구분된다.

ⓐ 우물통 침하법

끝에 밑 날을 둔 철근콘크리트관을 지상에 설치하고 관 내부의 흙을 파내려가며 관의 침하에 따라 차례로 관을 올려놓아 여러 개를 이어 나가며 암반에 도달할 때까지 깊은 기초파기를 하는 방법이다. 철근콘크리트관은 자중에 의하거나 하중을 실어 가라앉히면서 흙을 파 올린다.

우물통 하부에는 사출구를 내어 물 또는 공기를 사출시키거나 모래나 잔자갈을 넣어 내려갈 때 마찰을 적게 한다. 암반이 없을 경우에는 기초 밑을 원추형으로 확대시키고 철근콘크리트 내부 전체를 채워서 완성시킨다.

ⓑ 지하실 침하법

지하실 전체를 지상에서 구축하고 이를 소정 위치까지 굴착하면서 침하시키는 방법으로, 침하가 끝나면 더 침하하지 않도록 밑 바닥판 콘크리트를 설치한다. 지하실 외벽 하단에는 밑날(발톱날)을 설치하여 침하를 돕게 한다.

이 공법은 흙막이 설비 없이 기초파기가 가능하고 소음·진동 등의 공해가 없는 이점이 있으나, 반면에 침하가 잘 안 되는 경우가 있고 전체가 기울면 바로잡기가 힘든 결점 등이 있다.

② 용기잠함(用器潛函, pneumatic caisson)

일명 뉴머틱 케이슨(空氣潛函)이라고도 하며, 토압이나 수압이 큰 지층을 깊게 굴착할 때 사용하는 방법이다.

속이 빈 콘크리트 잠함(caisson)통을 만들고 맨 밑부분에 작업실의 출입구나 기타 모든 개구부를 막아버리고 잠함속의 작업실에 압축공기를 넣어 그 압력으로 물·토사 등의 유입을 막으며 굴착한다.

침하는 잠함통 자중에 의하지만 침하를 돕기 위하여 구체안에 물을 넣거나 잠함 밑에 밑 날을 만든다. 작업실에 기압이 걸려 있어서 침하가 잘 안 되므로 가끔 사람들을 다 내보내고 압력을 줄이고 침

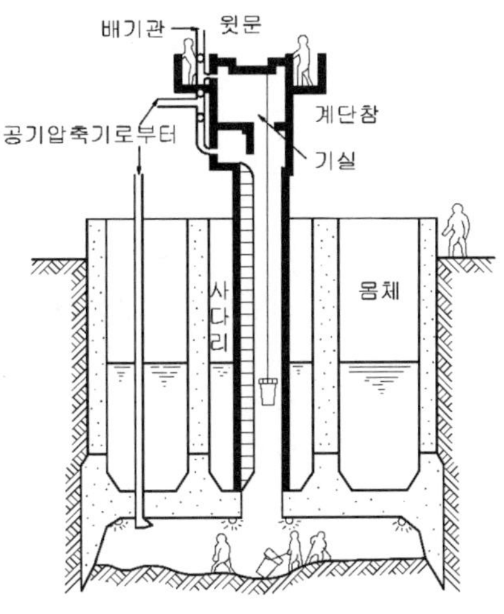

그림 2.28 용기 잠함 기초

하를 시키는데 이러한 작업을 반복하며 작업을 계속해야 한다.

대량의 압축공기를 필요로 하므로 너무 큰 규모는 실시가 곤란하며 사람이 외부로 나올 때 너무 빨리 나오면 기압차(氣壓差)로 인해 케이슨병(病)에 걸리므로 주의해야 한다. 공사 진행에 따라 콘크리트를 상부에서 타설하여 구조체를 이어 나간다.

2.9 기초의 산정

(1) 기초의 설치 및 산정상의 유의사항

① 기초는 상부구조의 하중을 충분히 지중에 전달할 수 있는 구조이어야 한다.

② 지하실은 가급적 건물 전체에 균등히 설치하여 침하를 줄이는데 유의한다.

③ 지중보를 충분히 크게 하여 강성을 높여 부동침하를 방지하도록 한다.

④ 기초판은 그 지방의 동결선 이하에 설치한다.

⑤ 네거티브 프릭션(negative friction: 負의 摩擦力)이 염려되는 지반에 건축된 건물은 지반에 직접 설치한 콘크리트 바닥판 등이 지반침하로 인하여 가라앉을 염려가 있으므로 유의한다.

⑥ 다른 형태의 기초나 말뚝을 동일건물에 혼용하면 부동침하의 위험성이 많다.

⑦ 말뚝공사로 인하여 인근건물이 밀려나지 않도록 유의한다.

⑧ 땅속의 경사가 심한 굳은 지반에 올려놓은 기초나 말뚝은 슬라이딩의 위험성이 있다.

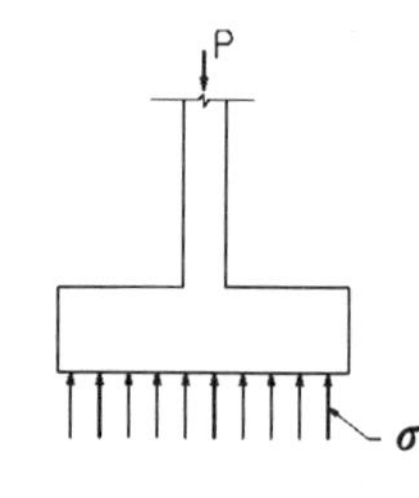

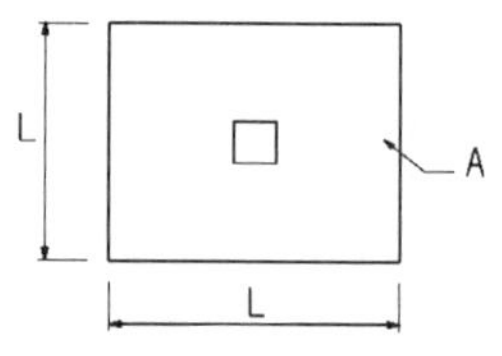

그림 2.29 독립기초의 접지압

(2) 직접기초의 산정

① 접지압(接地壓)에 대한 검토

독립기초의 기초 저면(底面)의 중심에 작용하는 수직하중에 대한 접지압이 균등히 분포할 때는 다음 공식에 의하여 그 접지압을 점검하여야 한다.

$$\sigma = P/A < fe \quad (\mathrm{tf/m})$$

여기서, σ : 접지압(tf/㎡)

P : 기초판에 작용하는 자중을 포함한 모든 수직하중(tf)

A : 기초판의 밑면적(㎡)

fe : 허용지내력도(tf/㎡)

예제

독립기초의 부담하중이 60 t 일때 침하되지 않게 하기 위한 경제적인 기초판의 면적(㎡)을 계산하시오.(단, 허용지내력도 f_e=20 tf/㎡이다.)

【풀이】 $f_e = P/A$ 에서 $A = P/f_e = 60/20 = 3$ ㎡

② 줄기초에서 기초판 콘크리트의 나비는 다음 식으로 구하고, 두께는 휨모멘트와 전단력으로 구하지만 간단히 기초 저면과 60° 밖으로 하고 기초판 나비의 1/3 정도로 한다.

$$b = P/fe \text{ (m)}$$

여기서, b : 기초의 나비(m)

P : 벽의 단위길이(L=1m)에 실리는 하중(tf/m)

f_e : 허용지내력도(t/㎡)

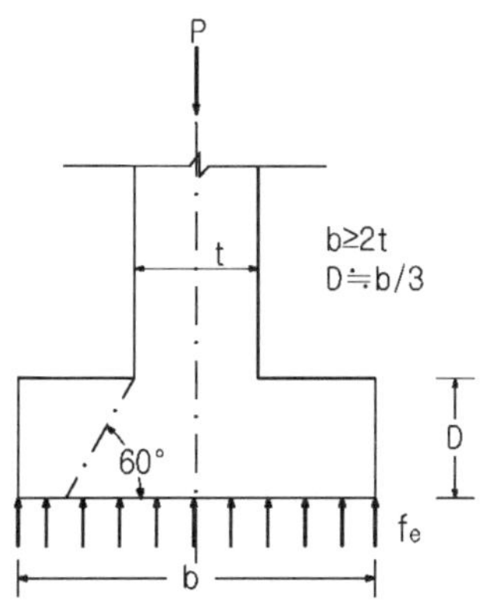

그림 2.30 줄기초판 나비와 두께

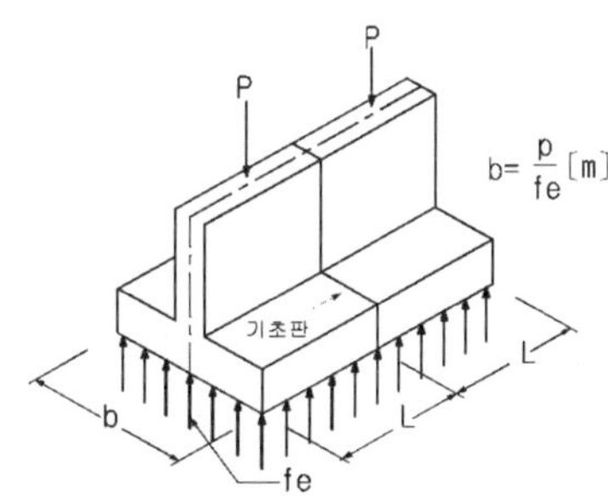

그림 2.31 기초판의 나비

예제

줄기초의 폭이 80㎝이고 허용지내력도가 25tf/㎡일 때 기초 길이 1m당 저항할 수 있는 하중은 얼마인가?

【풀이】 $b = \frac{P}{fe}$ 에서 $P = b \cdot fe = 0.8 \times 25 = 20$ tf/m

(3) 말뚝기초 산정상의 유의사항

① 말뚝기초의 허용지지력의 산정은 기초판 및 슬래브의 지지력은 받지 않는 것으로 계산하고 말뚝만이 힘을 받는 것으로 계산하여야 한다.

② 하중의 편심을 고려하여 3개 이상의 말뚝을 박는 것을 원칙으로 한다. 만일 1개만을 박을 때는 지중보를 크게 하는 등의 대책을 세워야 한다.

③ 발전기 등에 의한 진동의 영향으로 그 지반이 액상화(液狀化)의 우려가 없는지를 조사한다.

④ 동일건물에 지지말뚝과 마찰말뚝을 혼용하지 말고, 기성말뚝과 제자리 콘크리트 말뚝 등을 혼용하지 말아야 부동침하를 방지할 수 있다.

3 조 적 조

3.1 개 론

조적조(組積造, masonry structure)는 기둥이나 벽 등의 부재를 벽돌(brick)·블록(block)·돌(石材, stone) 등의 재료를 각각 모르타르 등의 교착재로 부착시켜 쌓아올려 만든 구조이다. 조적조 건축물에서 지붕틀·층보·마루·천장 등의 수평재들은 목조나 철근 콘크리트조 또는 철골조로 한다.

조적조의 특징은 구조·시공법이 비교적 간단하고 방화적이지만 바람하중·지진하중 등 수평하중에 약하며 고층 및 대규모 건축물에는 부적합하다. 그러나 고층 건물이라도 일체식 구조물 내의 비 내력벽 쌓기에는 많이 사용된다. 조적조에 사용되는 개체는 압축력에는 비교적 강하지만 인장력에 대해서는 약하며, 조적조에는 벽돌구조, 시멘트 블록 구조, 보강 블록조, 돌구조가 있다.

3.2 벽돌구조

3.2.1 벽돌구조의 특성

벽돌구조(brick construction)는 조적조의 단점인 수평하중(풍하중·지진하중)에는 약하여 균열이 생기기 쉽고, 벽의 두께가 커지므로 실내 면적이 줄어들게 되며, 건물의 무게가 크고 안벽에 습기가 발생하기 쉽다. 그러나 벽돌은 자연과의 조화가 가능하고 색감이 좋아 미적인 공간 연출이 가능하다. 또 내화 및 내구적이며, 구조법이나 시공법이 간단하고 경제적이어서 주택 등 소규모 건축물에 많이 쓰인다.

3.2.2 벽 돌(壁乭, brick)

(1) 벽돌의 종류와 규격

벽돌은 점토를 소성한 붉은 벽돌(赤壁乭, red brick)과 시멘트와 모래를 섞어 경화시켜 만든 시멘트벽돌(cement brick)이 주로 쓰이며, 이외에 특수한 재료와 모양의 것도 사용되는데 그 종류는 보통벽돌, 이형벽돌, 경량벽돌, 보도용 벽돌, 오지벽돌, 내화벽돌, 아스벽돌(cinder brick), 광재벽돌(鑛滓, slag brick), 날벽돌 등이 있다.

KS에서 정하는 벽돌은 소성 정도에 따라 1급과 2급으로 구분하며, 형상에 따라 1호와 2호로 구분한다.

표 3.1 벽돌의 강도 및 흡수율

종 별	흡 수 율	압축강도	허용압축강도	무 게
1 급	20% 이하	150kgf/cm^2 이상	22kgf/cm^2 이상	2.2kg/장
2 급	23% 이하	100kgf/cm^2 이상	15kgf/cm^2 이상	2.0kg/장

표 3.2 벽돌의 치수 및 허용 값

(단위 : mm)

종 별	길 이	나 비	두 께	허 용 값
A (재래) 형	210	100	60	+3 −2
B (표준) 형	190	90	57	
C 형	190	90	90	

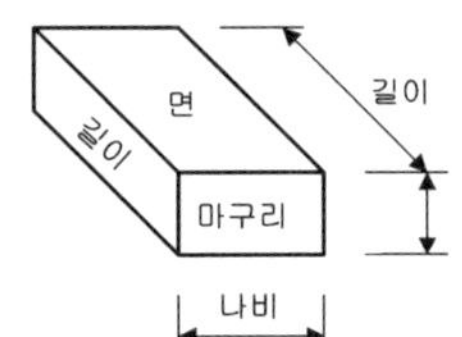

(2) 벽돌 마름질(cutting)

벽돌을 필요에 따라 깨뜨려 사용하는 것을 벽돌 마름질이라 하며, 그 모양은 그림 3.1과 같다.

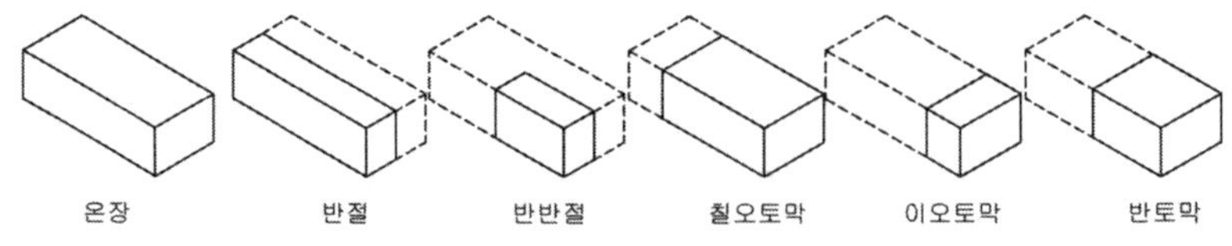

그림 3.1 벽돌의 마름질

3.2.3 모르타르(mortar)

모르타르는 시멘트와 모래를 섞어 물로 반죽하여 만든다. 조적용 모르타르의 용적 배합비는 시멘트 : 모래 = 1 : 3 ~ 1 : 5 정도로 하고, 아아치(Arch) 쌓기와 같은 특수 부분쌓기에 사용되는 모르타르의 용적배합비는 1 : 1 또는 1 : 2 로 한다.

표 3.3 벽돌 쌓기법에 따른 모르타르 배합비

종 류	사 용 성	배 합 비 (시멘트 : 모래)
일반 쌓기용 모르타르	내력벽, 장막벽(비내력벽)	1 : 3
특수 쌓기용 모르타르	아아치쌓기, 특수부분 쌓기	1 : 1 ~ 1 : 2
치장 줄눈용 모르타르	치 장 쌓 기	1 : 1 1 : 1 : 3 (시멘트 : 석회 : 모래)

3.2.4 벽돌 쌓기법

(1) 줄 눈(masonry joint)

벽돌과 벽돌사이의 교착재(모르타르) 부분을 줄눈이라고 하는데. 줄눈에는 가로 줄눈과 세로줄눈이 있으며, 세로줄눈에는 막힌 줄눈과 통 줄눈으로 구분한다.

막힌줄눈(breaking joint)은 벽체 상부 하중을 그림 3.2(a)와 같이 아래로 골고루 퍼져 작용하기 때문에 응력 분포 면에서 이상적인 쌓기법이지만, 통줄눈(straight joint)은 그림 3.2(b)와 같이 벽체 상부 하중을 균등하게 전달하지 못하기 때문에 적합하지 못하며, 지중에서 습기가 스며들기 쉽다.

줄눈의 두께는 가로 · 세로 모두 10mm로 하는 것이 보통이다.

벽돌 벽면 마감을 벽돌면으로 제물치장으로 하는 치장쌓기일 때의 치장줄눈은 벽돌

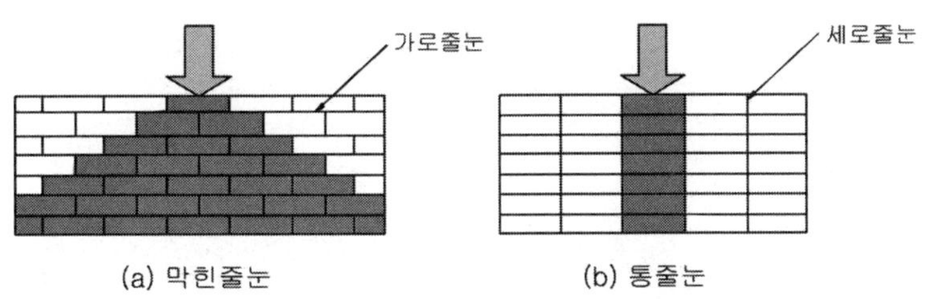

그림 3.2 벽돌줄눈과 하중전달

쌓기가 끝난 직후에 벽돌면에서 10mm 정도까지 줄눈 모르타르를 파내고 1 : 1 모르타르를 눌러 바른다.

치장줄눈의 종류는 그림 3.3과 같다.

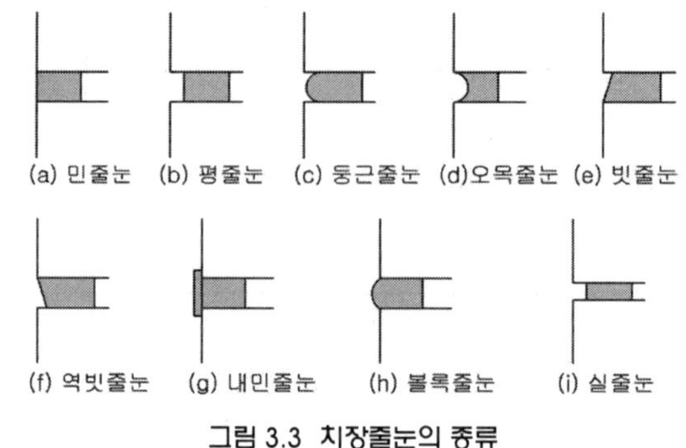

그림 3.3 치장줄눈의 종류

(2) 벽돌나누기

벽돌쌓기 전에 벽돌을 줄눈의 나비가 일정하게 벽의 시작부터 끝까지 나란히 놓아 보는 일을 벽돌나누기라고 하는데, 이것은 강도, 경제 및 외관상 중요하며, 벽돌나누기를 함으로써 토막 벽돌 발생을 방지할 수 있다.

(3) 벽돌벽 쌓기법의 종류

벽돌벽을 쌓을 때에 그림 3.4와 같이 입면상 길이가 내 보이게 쌓는 것을 길이쌓기라 하고, 마구리가 내 보이게 쌓는 것을 마구리쌓기라고 한다.

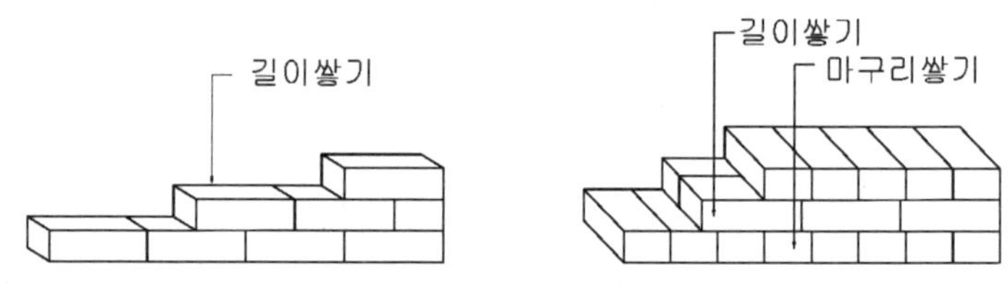

그림 3.4 길이쌓기, 마구리 쌓기

벽돌 쌓기법은 다음과 같이 분류할 수 있다.

① 영식 쌓기(英式積 English bond)

길이 쌓기켜와 마구리 쌓기켜를 번갈아서 쌓아 올라가는 방법으로 벽의 모서리나 끝에는 마구리 켜에 반절이나 이오토막 벽돌을 사용하여 상하가 일치되도록 한다. 통줄눈이 생기지 않고 튼튼한 쌓기법으로 널리 사용되는 방법이다.

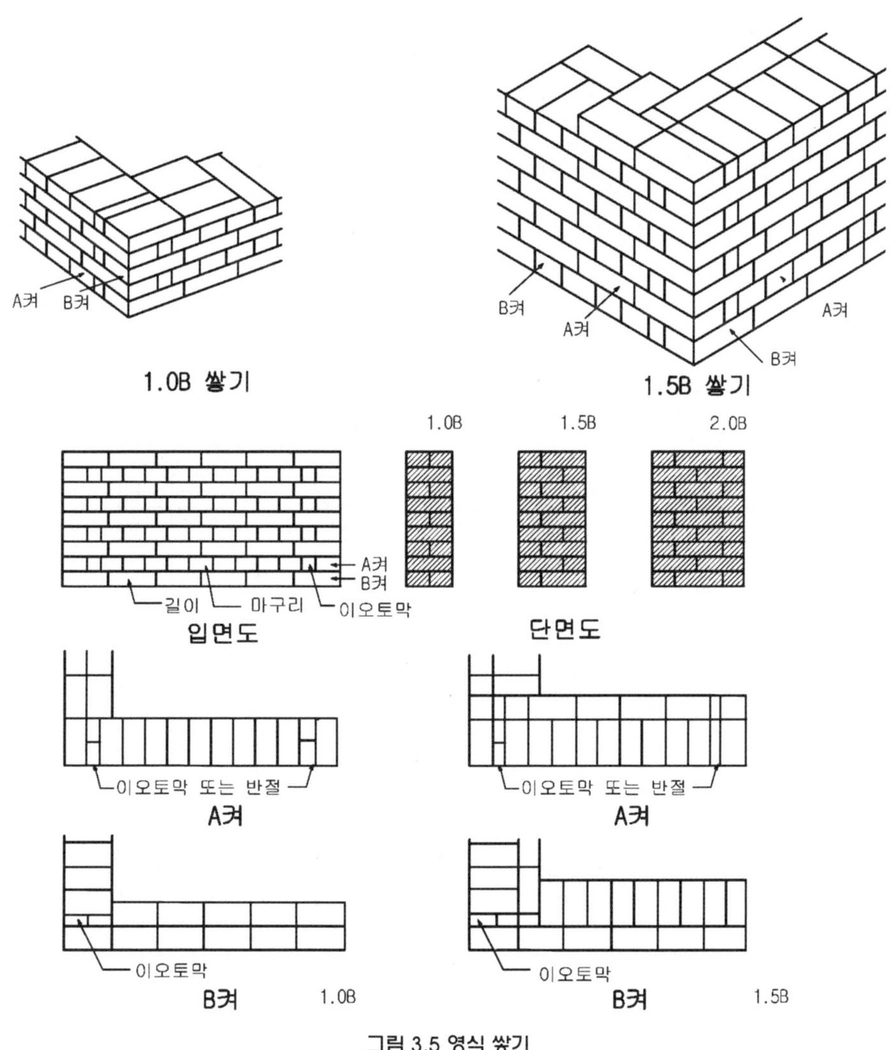

그림 3.5 영식 쌓기

② 네덜란드식 쌓기(和蘭式積, Dutch bond)

영식쌓기와 동일한 방법으로 길이쌓기와 마구리쌓기를 번갈아서 쌓는 방법으로, 모서리나 끝에는 길이 켜에 칠오토막 벽돌을 사용하여 상하가 일치되도록 한다. 다른 쌓기법에 비해 일하기 쉽고, 모서리가 견고하여 영식쌓기와 함께 널리 사용한다.

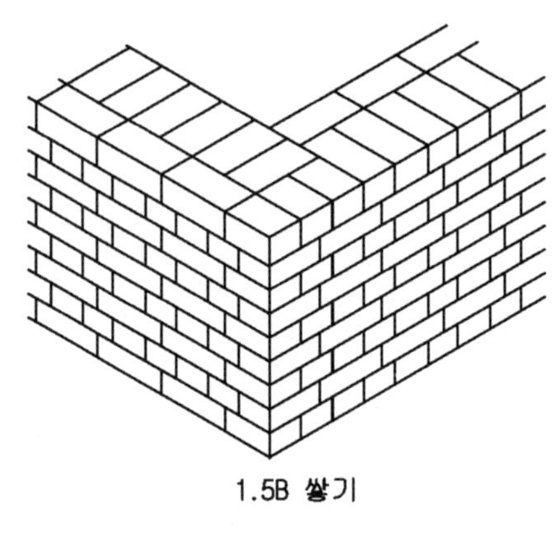

1.5B 쌓기

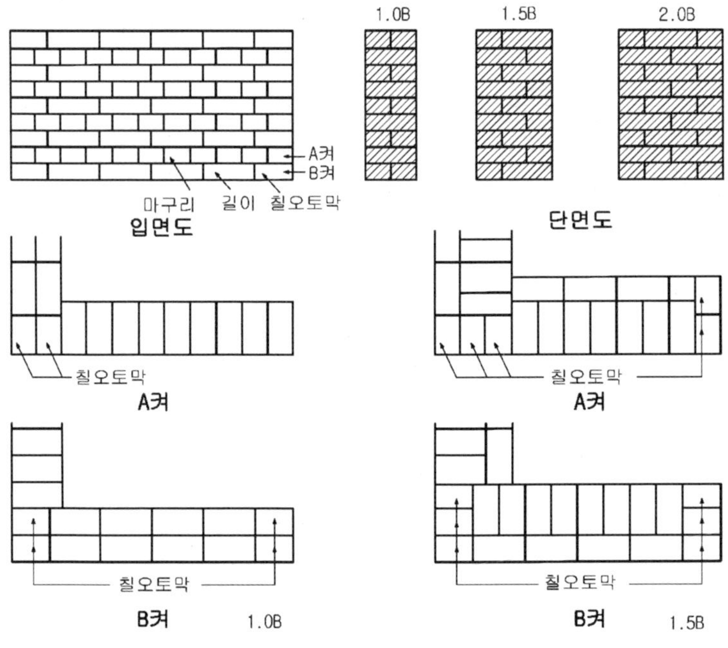

그림 3.6 네덜란드식 쌓기

③ 프랑스식 쌓기(佛式積 Flemish bond)

입면상 벽돌의 길이와 마구리가 한 켜에서 번갈아 나오게 하며, 벽의 모서리나 끝 부분에는 이오토막·반절 또는 칠오토막을 쓴다. 반 토막 벽돌이 많이 사용되어 통줄눈이 생길 우려가 있어 강도는 떨어지나 무늬 쌓기 등 외관상 아름답게 할 때 사용한다.

전면은 프랑스식 쌓기로 하고 뒷면은 영식 쌓기로 하는 한면 프랑스식 쌓기가 있고, 전면과 뒷면을 모두 프랑스식 쌓기로 하는 양면 프랑스식 쌓기도 있다.

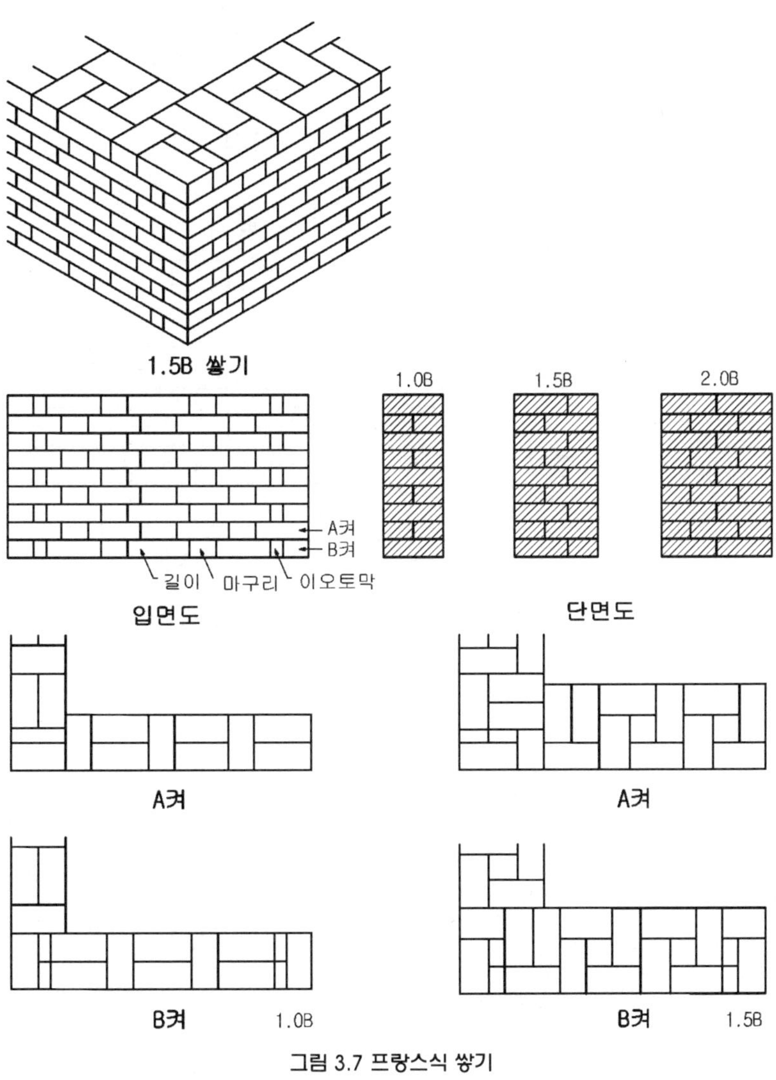

그림 3.7 프랑스식 쌓기

④ 미식쌓기(美式積, American bond)

뒷면은 영식쌓기로 하고 전면은 치장 벽돌을 써서 길이쌓기를 5켜 정도 쌓고, 그 다음 한 켜는 마구리쌓기로 하여 뒷벽돌에 물리게 쌓는 방법이다.

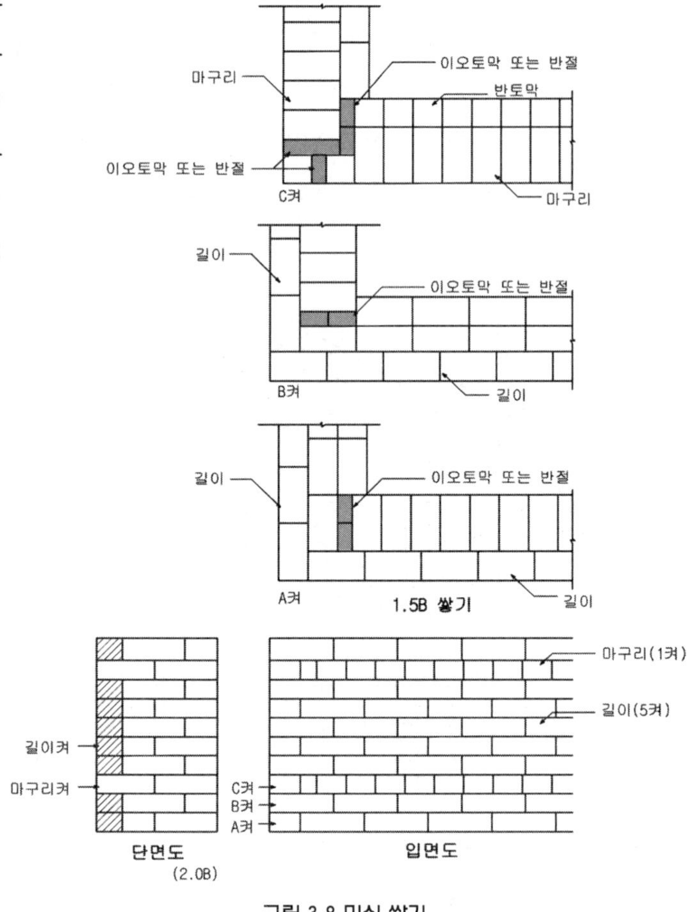

그림 3.8 미식 쌓기

4) 기타 쌓기

① 기초 쌓기(footing course)

잡석다짐이나 말뚝 박기 위에 콘크리트 기초판을 만들고 그 위에 벽돌로 쌓아 만든 기초를 벽돌기초라고 한다. 기초판(footing)을 넓히는 각도는 60°이상으로 하고, 벽체에서 한 켜씩 내쌓을 때에는 1/8B, 두 켜씩 내쌓을 때는 1/4B로 내쌓으며,

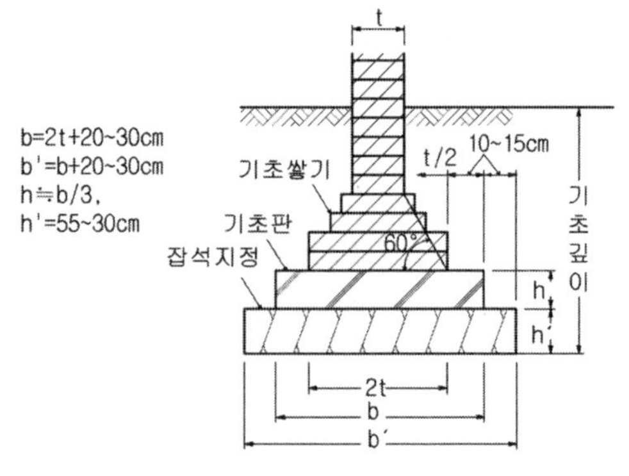

그림 3.9 벽돌 기초 쌓기

맨 밑의 나비는 벽체 두께의 2배 정도로 한다.

기초판의 나비는 벽돌면보다 100mm이상 내밀고 그 두께는 나비의 1/3정도로 하고 철근으로 보강하기도 한다. 잡석다짐은 두께 200~300mm, 나비는 기초판 면보다 100mm이상 넓힌다. 또한 습기 방지를 위해 아스팔트 또는 방수 모르타르 등으로 방습층을 설치한다.

② 내쌓기(corbel)

마루틀을 설치하거나 또는 방화벽으로 처마 부분을 가리기 위하여 벽돌을 벽면에서 내밀어 쌓는 것을 내쌓기라고 한다.

내쌓기는 한 켜씩 내쌓을 때에는 1/8B 내밀고, 두 켜씩 내쌓을 때는 1/4B로 내쌓는다. 이 때 내미는 정도는 2B를 한도로 한다.

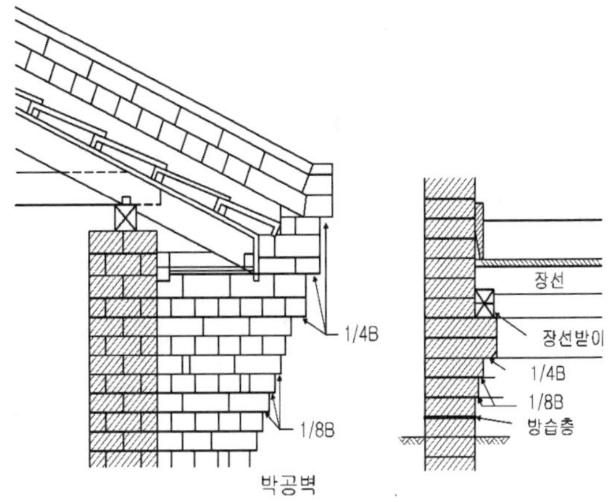

그림 3.10 벽돌 내쌓기

③ 기둥쌓기

벽돌에 의한 기둥은 횡력에 약하므로 일반적으로 단면이 커지므로 철근콘크리트조 또는 철골조로 하고 가장자리를 벽돌로 쌓는 것이 유리하다.

높고 긴 벽돌 벽체를 보강하기 위해 붙임기둥이나 부축벽을 설치하기도 한다.

④ 세워쌓기

개구부 상하부에 벽돌을 수직으로 세워 쌓는다. 상부에는 길이가 내보이게 세워쌓기로 하고, 하부에는 마구리가 내보이게 옆세워 쌓기로 한다.

창대나 아치 등에 장식을 겸하여 구조적으로 효과가 있게 하는 부위로서, 창대 옆세워 쌓기는 일반 벽면보다 1/4B정도 내밀어 쌓고, 물흘림 물매 15~30° 정도 경사를 두어 쌓으며 치장줄눈 부분은 방수가 잘 되게 한다.

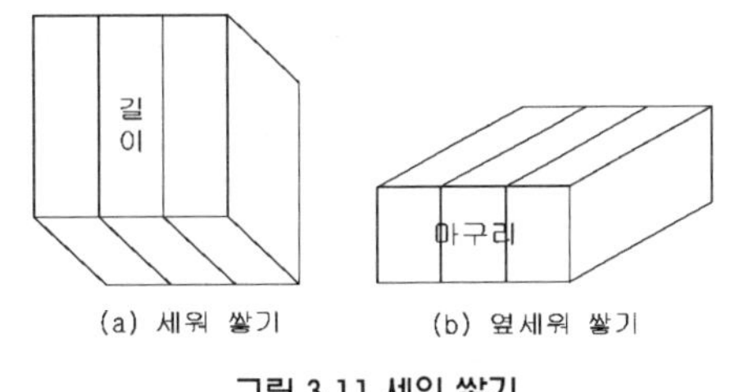

그림 3.11 세워 쌓기

⑤ 모서리 및 교차부 쌓기

벽 모서리 또는 교차부 등 서로 맞닿는 면에는 통줄눈이 발생하지 않도록 한켜 걸러 벽돌나비의 반절 정도를 한쪽 벽체에 물려 쌓는다. 예각이나 둔각의 모서리에 작은 토막 벽돌이 많이 생기지 않도록 유의하여 쌓는다.

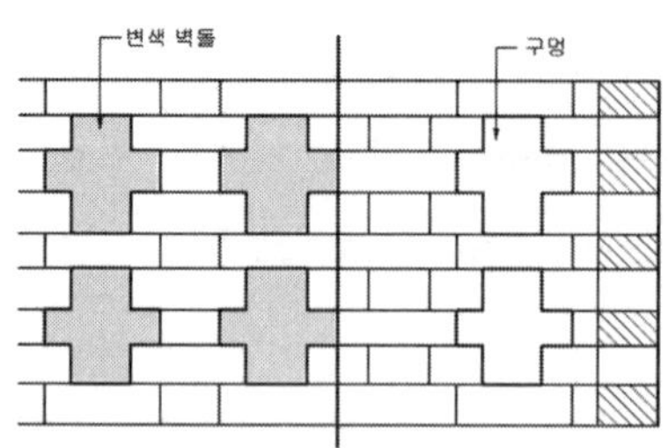

그림 3.12 무늬쌓기와 영롱 쌓기

⑥ 영롱쌓기(玲瓏積)

담장 등의 벽돌벽에 장식적으로 구멍을 내어 쌓는 것으로 구멍 모양은 사각형, －자형, ＋자형 등 여러 가지 형태로 할 수 있다.

⑦ 무늬쌓기

벽돌벽면에 벽돌을 1/4B 혹은 1/8B를 도드라지게 무늬를 놓아 쌓거나, 벽면에 부분적으로 사각형, －자형, ＋자형, 亞자형 등의 모양을 일정한 간격으로 변색 벽돌을 끼워 쌓기도 한다.

⑧ 엇모쌓기

담 또는 처마부분 정상부에 외관을 장식하기 위하여 45° 각도로 벽돌 모서리가 면에 나오도록 쌓는 것이다. 이때의 벽돌은 주로 옆세워 쌓기로 한다.

⑨ 공간쌓기(cavity wall bond)

방습, 방음, 방한, 방서의 효과를 내기 위해 벽돌벽을 안벽·밖벽으로 구분하고 중간에 공간을 두어 쌓는 법으로 공간은 5~12cm 정도로 하고, 어느 한쪽의 벽은 0.5B 두께로 쌓으며, 안벽과 바깥벽은 벽돌 또는 방청된 연결 철물을 500~700mm 거리 간격으로 배치한다.

공간쌓기와 같이 이중벽으로 하는 경우 벽두께는 이중벽 중 하나의 벽두께를 내력벽으로 적용한다. 다만, 건축물의 최상층(1층인 건축물의 경우에는 1층을 말한다)에 위치하고 그 높이가 3m를 넘지 않는 이중벽인 내력벽으로서 그 각벽 상호간에 가로·세로 각각 40cm이내의 간격으로 보강한 내력벽은 그 각벽 두께의 합을 내력벽의 두께로 한다.

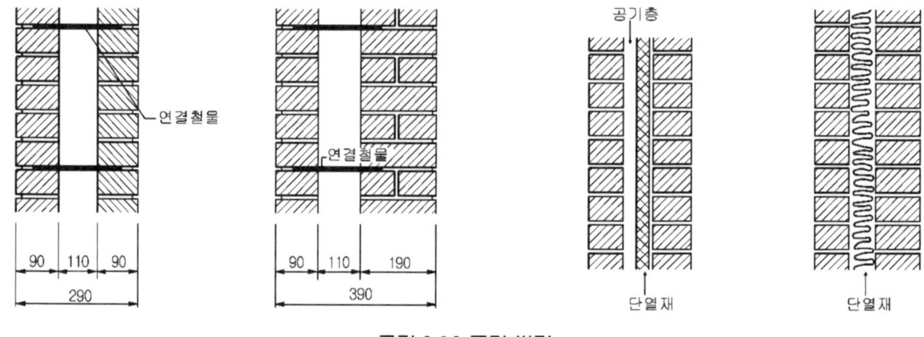

그림 3.13 공간 쌓기

(5) 벽돌 쌓을 때의 주의사항

① 벽돌 품질을 검사한 후 품질 등급별로 구분하여 사용하는 순서별로 쌓아 둔다.

② 쌓기 전에 충분히 물 축여 둔다. 시멘트 벽돌은 물을 축여 두면 쌓는 손이 상하기 쉬우므로 쌓으면서 물을 뿌리거나 쌓기 전날 물을 축여 표면이 마른 상태에서 사용하면 좋다.

③ 굳기 시작한 모르타르(1시간 내)는 써서는 안 된다. 모르타르의 강도는 벽돌의 강도와 동일하게 한다.

④ 줄눈 사춤 모르타르나 부움 모르타르는 벽돌 주위에 모르타르가 빈틈없이 꽉 차게 채워야 한다.

⑤ 세로 규준틀에는 줄눈과 창문틀은 물론 매설물(볼트·나무벽돌)의 위치를 정확히 그려 움직이지 않도록 설치한다.

⑥ 벽돌나누기를 반드시 실시한다.

⑦ 벽돌쌓기는 먼저 기준이 되는 모서리와 구석 또는 중간 요소에 규준틀, 수평실, 다림추, 수준기 등을 써서 정확한 위치에 서너 켜 쌓고 나머지는 여기에 준하여 쌓는다.

⑧ 하루벽돌 쌓기의 높이는 1.5m(21켜) 이내 보통 1.2m(17켜) 정도로 하고, 모르타르가 굳기 전에 무거운 하중이 가해지지 않도록 한다.

⑨ 벽돌벽은 균일한 높이로 쌓아 올라가야 한다. 작업을 일시 중지하는 경우에는 층단 들여쌓기를 하여야 하며, 벽이 직각으로 만나는 부분은 켜 들여쌓기로 한다.

⑩ 치장줄눈은 벽체를 완전히 청소한 후, 가능한 빠른 시간 내에 실시한다.

⑪ 쌓기 작업이 완료되면 거적 등을 씌워 보양하고 충격을 주거나 압력 등을 주어서는 안 된다.

3.2.5 개 구 부

(1) 아아치 (홍예 Arch)

1) 아아치의 원리

창문 등의 문꼴 위에 설치하는 것으로 상부에서 오는 수직 하중이 좌우 축선(軸線)으로 나누어져 밑으로는 직압력만으로 전달되게 되어 부재의 하부에는 인장력이 생기지 않게 된 구조이다.

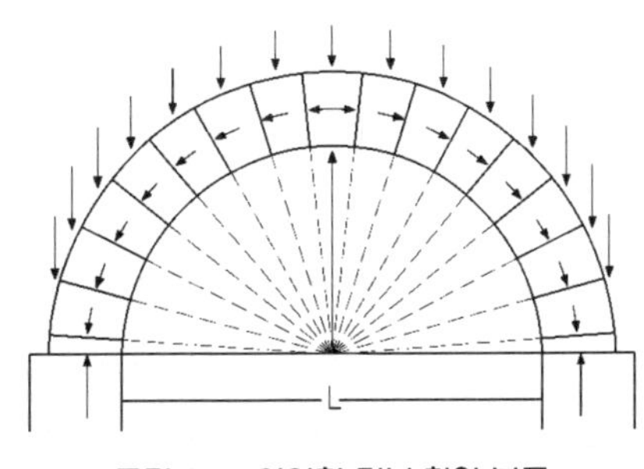

그림 3.14 아아치 각부 힘의 분포

2) 아아치의 종류

반원아아치, 상심원 아아치, 결원 아아치, 타원 아아치, 삼심 아아치, 포물선 아아치, 뾰족 아아치, 평 아아치, 말굽 아아치, 파총 아아치 등이 있다.

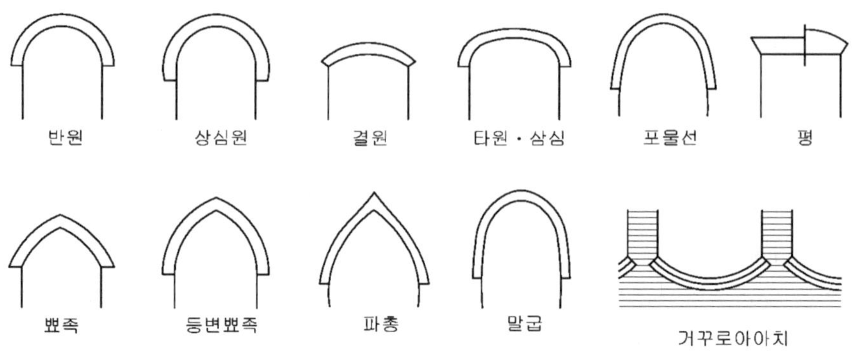

그림 3.15 아아치의 종류

3) 아아치 틀기 방법에 따른 종류

① 본 아아치 : 특별히 주문한 아아치용 벽돌을 사용하여 만든 아아치

② 막만든 아아치 : 보통 벽돌을 쐐기 모양으로 다듬어서 만든 아아치

③ 거친 아아치 : 보통 벽돌을 그대로 쓰고 줄눈을 쐐기 모양으로 한 아아치

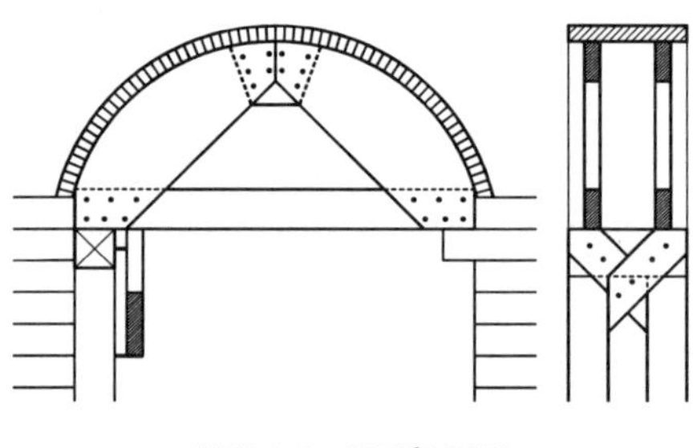

그림 3.16 아아치 틀기

④ 층두리 아아치 : 아아치의 나비가 넓을 때에 반장별로 층을 지어 겹쳐 쌓는 것

⑤ 캠버어드 아아치 : 평아아치의 일종으로 아아치의 윗부분이 조금 올려진 아아치이다.

⑥ 이중 아아치 : 개구부와 개구부의 사이 벽이 좁을 때에는 상부의 하중을 받는 것이 무리가 되므로 이들 개구부 아아치 위에 또 하나의 아아치를 트는 것을 말한다.

이들 모든 아아치의 세로줄눈은 아아치의 곡선에 대해 수직으로 되어야 한다.

4) 아아치 쌓기법

먼저 아아치 틀을 견고히 설치하고 그 위에 벽돌을 좌우 대칭으로 균등히 쌓아 올라간다. 쌓기 모르타르 배합은 1 : 2 로 하여 충분히 사춤하고 모르타르가 완전히 굳은 후에 틀을 철거한다.

개구부의 나비가 1m 정도 일 때는 평아아치를 틀 수 있으며, 개구부의 나비가 1.8m 이상 일 때는 인방보를 써서 보강해야 한다. 조적조에 있어서 환기구와 같은 작은 문꼴 상부일지라도 아아치를 트는 것을 원칙으로 한다.

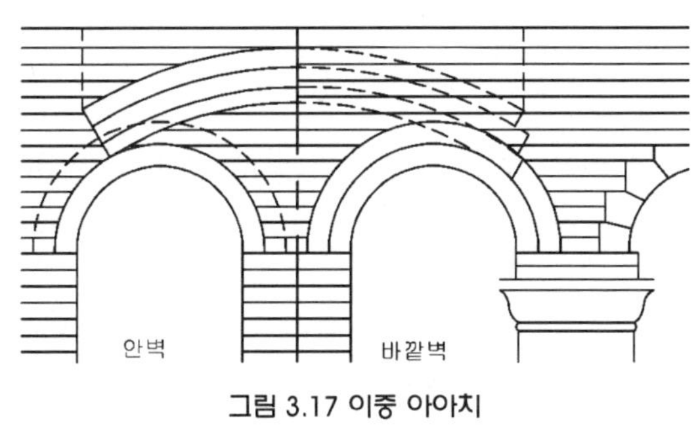

그림 3.17 이중 아아치

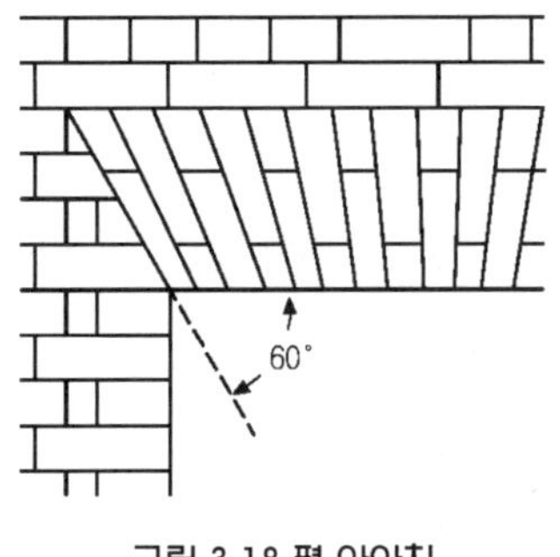

그림 3.18 평 아아치

(2) 인방보 · 창대 · 창문틀

1) **인방보**

개구부 상부에서 오는 하중을 좌·우 벽으로 전달시키기 위해 개구부 상부에 수평으로 대는 보로서 철재, 철근콘크리트, 석재, 목재 등이 쓰인다.

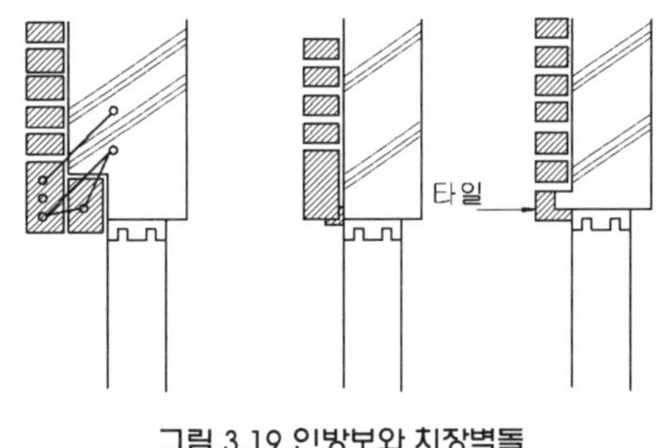

그림 3.19 인방보와 치장벽돌

철근 콘크리트 위에 치장벽돌을 쌓는 경우가 있는데 그 방식에는 다음의 3가지 방법이 있다.

① 유공(有孔)벽돌을 이용하여 철끈으로 잡아매는 방식

② 끝에 철판을 대어 벽돌을 지지하는 방식

③ 끝에 턱을 만들어 벽돌을 물려 지지하는 방식

2) **창 대**(window sill)

창 밑에 창대돌을 수평으로 놓거나 또는 벽돌을 옆세워 쌓거나 철근 콘크리트 보를 설치하는 것등이 있다. 창대의 윗면은 경사지게 하여 빗물 등이 잘 흐르도록 하는데 이것을 물흠림(weathering)이라 하고, 그 끝 아래에는 홈을 파서 물이 벽에 흘러 닿지 않게 물끊기(throating)를 둔다.

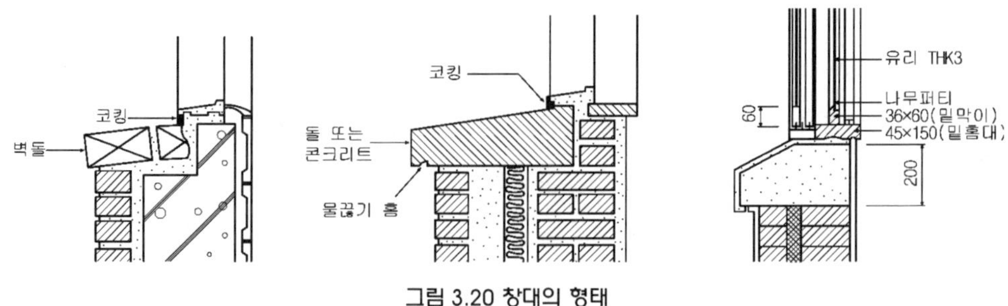

그림 3.20 창대의 형태

창문틀 갓 둘레에는 빗물이 스며들지 않는 구조로 하되 코오킹 컴파운드(calking compound) 등으로 채워 마무리 한다.

3) 창문틀

창문틀 세우기는 먼저 세우기와 나중 세우기로 구분한다.

① 먼저 세우기 : 창문틀 옆의 벽돌을 쌓기 전에 창문틀을 먼저 세우고 창문틀 상하 측면에 600mm 이내마다 큰못 2개, 또는 꺽쇠, ㄱ자쇠 등으로 벽에 고정시키면서 벽돌을 쌓는다.

② 나중 세우기 : 가 창문틀을 세워서 벽돌을 쌓은 후에 본 창문틀을 나중에 대는 것으로, 가 창문틀의 연결 철물은 먼저 세우기의 경우와 동일하게 한다.

3.2.6 바닥틀 · 지붕틀 걸기

벽돌조의 바닥이나 지붕에 사용되는 재료로는 보통 철근 콘크리트 슬래브, 목조, 철골조 등이 있다. 바닥틀, 지붕틀 등의 설치 위치는 튼튼한 벽체 위에 하도록 하며, 개구부 등은 피하는 것이 좋다.

(1) 바닥틀 걸기

① 1층 마루인 경우

벽돌 내쌓기를 한 위에 멍에받이나 장선받이를 대고 멍에나 장선 등을 걸어 벽체에 고정시킨다.

② 2층 마루인 경우

보를 걸기 위해 벽체 위에 철

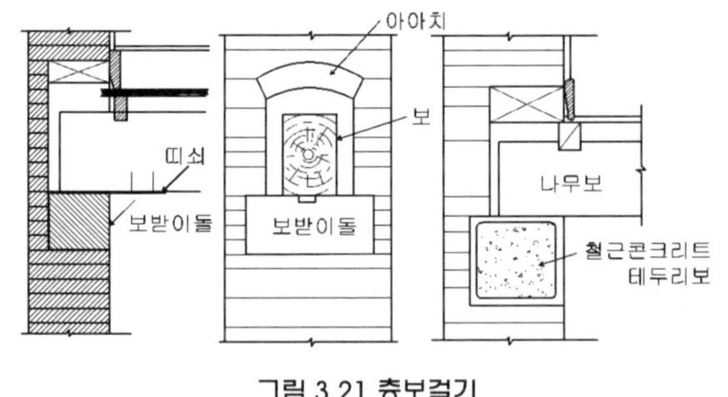

그림 3.21 층보걸기

근 콘크리트 테두리보나 보 받이돌 등을 놓고 층보를 설치한다. 이때 보 주위에는 통기 및 진동을 고려하여 여유를 두고 띠쇠 등으로 긴결하여 고정시킨다.

⑵ 지붕틀 걸기

지붕틀을 철근 콘크리트 슬래브로 하는 경우에는 비교적 간단하나 목조나 철골조로 하는 경우에는 다음과 같은 방법으로 설치한다.

그림 (a)와 같이 벽체 맨 위에 지붕틀을 받는 깔도리를 직접 깐 후 앵커볼트(anchor bolt)로 평보와 함께 고정하는 방법이 있고, 그림 (b)와 같이 콘크리트 테두리 보를 설치하고 그 위에 깔도리를 깐 후 앵커볼트로 고정하는 방법이 있다.

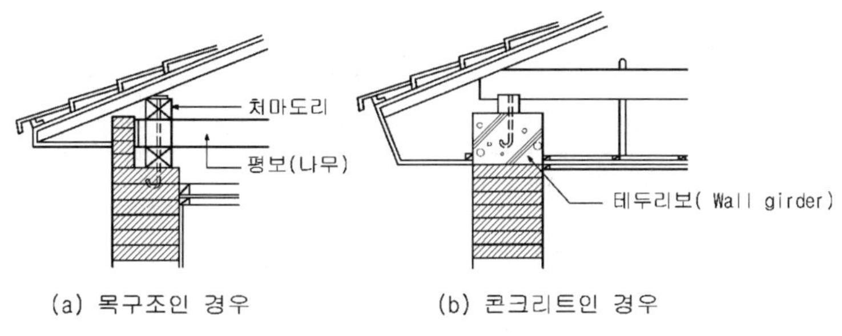

그림 3.22 처마 밑 부분

3.2.7 벽 체(壁 體)

⑴ 벽의 길이

① 대린벽의 중심 간의 거리를 벽의 길이라 한다.

② 대린벽(對隣壁)이라 함은 그림 3.23 과 같이 벽과 벽이 서로 교차하는 벽 또는 붙임기둥, 부축벽 등을 말한다.

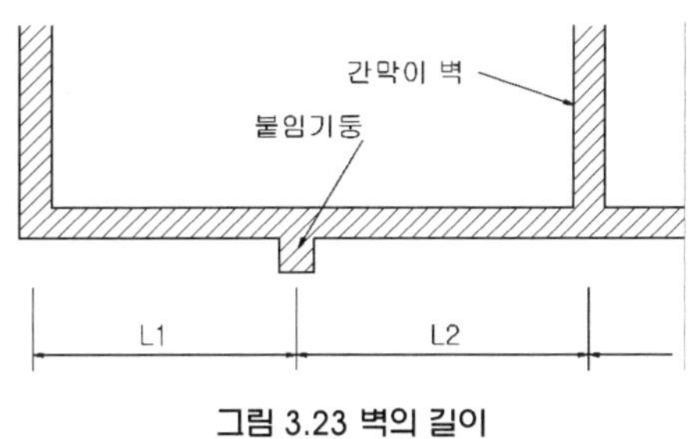

그림 3.23 벽의 길이

③ 조적식 구조인 건축물 중 2층 건축물에 있어서 2층 내력벽의 높이는 4m를 넘을 수 없다.

④ 내력벽의 길이는 10m이하로 하여야 하며, 내력벽으로 둘러싸인 부분의 바닥면적은 80m^{2}을 넘을 수 없다.

⑤ 내력벽(耐力壁, bearing wall)은 상부에서 오는 수직·수평의 모든 하중(荷重,

load)을 그대로 다 받을 수 있는 벽이다.

⑥ 장막벽(帳幕壁, curtain wall)은 철근 콘크리트 라멘(Rahmen) 구조 내에 칸막이벽 으로 쌓아 그 자체 중량만을 받아 지지하는 벽으로 비 내력벽 이라고도 한다.

(2) 벽의 두께

벽돌벽의 두께는 마감 재료의 두께는 포함하지 않고, 바로 윗층의 내력벽의 두께 이상이어야 한다. 또한, 내력벽의 두께는 그 건축물의 층수, 높이 및 벽 길이에 따라 다음 표의 두께 이상으로 하여야 한다.

표 3.3 벽돌벽의 두께 (T)

(단위 ; cm)

구분 \ H / L	5m 미만		5~11m 미만		11m 이상		A > 60m² 일때	
	8m 미만	8m 이상	8m 미만	8m 이상	8m 미만	8m 이상	1층	2층
1 층	15	19	19	19	19	29	19	29
2 층	-	-	19	19	19	19	-	19

주기

① 벽돌 내력벽의 벽 두께는 표 3.3의 두께 이상으로 하며, 각 층 높이의 1/20 이상으로 한다.

② 블록 내력벽의 벽 두께는 벽 두께는 표 3.3의 두께 이상으로 하며, 각 층 높이의 1/16 이상으로 한다.

③ 조적재가 돌이거나, 돌과 벽돌 또는 블록 등을 병용하는 경우 내력벽의 두께는 표 3.3의 두께에 2/10를 가산한 두께 이상으로 하되, 당해 벽높이의 1/15 이상으로 하여야 한다.

④ 토압을 받는 내력벽은 조적식 구조로 하여서는 안 된다. 다만, 토압을 받는 부분의 높이가 2.5m를 넘지 아니하는 경우에는 조적식 구조인 벽돌구조로 할 수 있다.
또한, 토압을 받는 부분의 높이가 1.2m 이상인 때에는 그 내력벽의 두께는 그 바로 위층의 벽 두께에 10cm를 가산한 두께 이상으로 하여야 한다.

⑤ 칸막이벽의 두께는 9cm 이상으로 하고 직상 층에 칸막이벽이나 중요 구조물이 있을 때에는 19cm 이상 되어야 하나, 다음에서 정하는 테두리보가 있을 때에는 제외된다.

(3) 테두리 보(臥梁, wall girder)

건축물의 각 층의 조적식 구조인 내력벽 위에는 그 춤이 벽두께의 1.5배 이상인 철골구조 또는 철근콘크리트구조의 테두리보를 설치하여야 한다. 다만, 1층인 건축물로서 벽두께가 벽의 높이의 1/16 이상이거나 벽 길이가 5m 이하인 경우에는 목조의 테두리보를 설치할 수 있다.

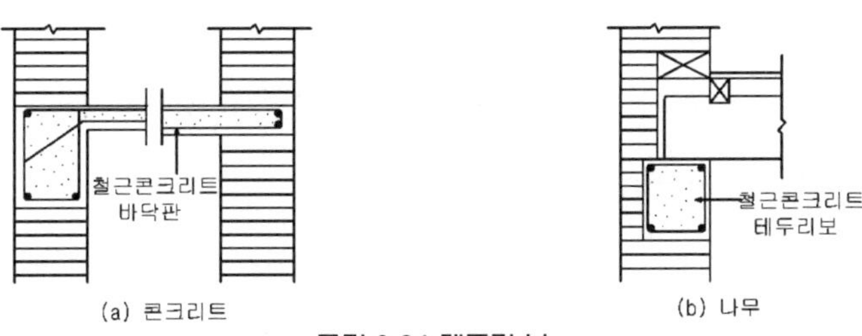

그림 3.24 테두리 보

(4) 나무벽돌(nog, wooden block)

벽돌벽면에 수장 공사를 하기 위해서는 띠장을 대고 못질할 나무토막을 묻어 쌓되 그 줄눈 틈에는 모르타르를 잘 다져넣어 빠져 나오지 않도록 한다. 이 나무토막을 나무벽돌이라 하는데 그 크기는 대개 벽돌 반토막 정도이고 방부제 칠하여 사용한다.

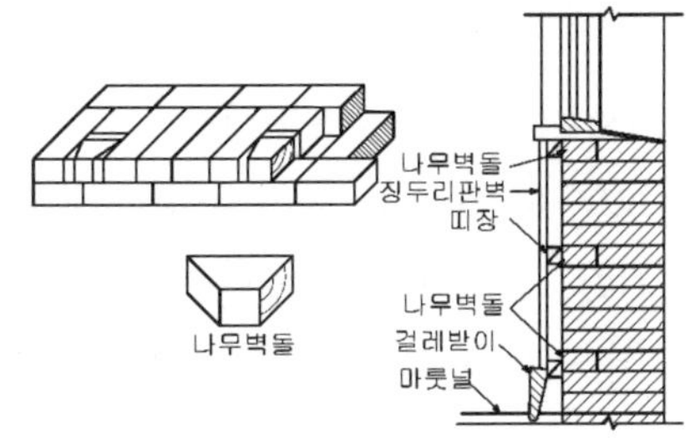

그림 3.25 나무벽돌

(5) 창문과 벽의 관계

① 대린벽으로 구획된 벽의 개구부 폭의 합계는 그 벽 길이의 1/2이하로 하여야 한다.

② 하나의 층에 있어서의 개구부와 그 바로 위층에 있는 개구부와의 수직거리는 600mm이상으로 한다. 같은 층의 벽에 상하의 개구부가 분리되어 있는 경우 그 개구부 사이의 거리도 또한 같다.

③ 각 층마다 개구부 상호간 또는 개구부와 대린벽의 중심과의 수평거리는 그 벽의 두께의 2배 이상으로 하여야 한다. 다만, 개구부의 상부가 아치 구조인 경우에는 그러하지 아니하다.

④ 폭이 1.8m를 넘는 개구부 상부에는 철근 콘크리트 구조의 윗 인방을 설치하여야 한다.

⑤ 조적식 구조에서 내민창 또는 내어쌓기 창은 철골구조 또는 철근콘크리트조로 보강하여야 한다.

(6) 벽의 홈

조적식 구조인 벽에 그 층 높이의 3/4이상 연속한 세로홈을 설치하는 경우에 그 홈의 깊이는 벽 두께의 1/3이하로 하고, 가로 홈을 설치하는 경우에 그 홈의 깊이는 벽 두께의 1/3이하로 하고, 길이는 3m이하로 한다.

⑺ 벽돌벽의 균열

균열이 가장 많이 발생하는 부위는 문꼴의 모서리로서 그 방지책은 다음과 같다.

벽돌벽의 균열의 원인과 방지책

① 기초 계획상

부동 침하에 대한 고려를 충분하게 하여야 하고, 기초구조의 강성을 높여야 한다.

② 건물의 평면 계획상

가능하면 평면의 형상을 단순하게 하고, 짧은 벽이 생기지 않도록 한다.

③ 건물의 입면 계획상

부분적 층수 차, 충분히 고려되지 않은 증축, 불균형된 벽의 배치와 집중하중이 균열의 원인이 된다. 상하층의 창문 위치는 수직으로 일치시키도록 하여야 하며, 인방 및 테두리보를 강하게 설치하는 것이 좋다.

④ 시공상

벽돌 및 모르타르를 양질의 것으로 사용하여야 하고, 벽돌의 부분적인 시공 결함이 없이 건물 전체에 균일한 강도가 나도록 한다. 이질재와의 접합부나 장막벽의 상부에는 상호 재료에 의한 신축성으로 인해 균열이 발생하기 쉬우므로 신축줄눈이나 조절줄눈 등을 설치한다.

⑻ 백화(白花, efflorescence)

벽돌 벽면에 흰 가루가 돋는 현상으로 외관상 좋지 않다.

백화의 원인 : 벽돌에 포함되어 있는 황산고토류와 시멘트에 포함된 탄산소오다 등이 빗물에 녹아 벽면에서 풍화하여 발생하는 것이다.

1) **예방법**

① 좋은 질의 벽돌을 사용한다.

② 줄눈 사춤을 견고하게 한다.

③ 빗물이 벽면에 닿지 않게 비막이를 설치한다.

④ 파라핀(paraffin) 도료를 도포하여 염류가 나오는 것을 방지한다.

2) **제거방법**

염산 1에 물 5를 섞은 용액을 바르고 물로 씻어 낸다. 그러나 다량의 염산 사용은 벽면을 변색시키므로 사용을 금하는 것을 원칙으로 한다.

3.3 블록구조

3.3.1 블록구조의 특성

블록구조(block construction)는 조적조의 결함인 수평하중(바람하중·지진하중)에는 약하여 균열이 생기기 쉽고 벽에 습기가 차기 쉽다. 그러나 방화·내화적이고, 경량이며, 시공이 간편하여 공기를 단축할 수 있고, 경비가 절약되어 소규모 건축물에 쓰이고 칸막이벽 등 장막벽으로 많이 쓰인다.

3.3.2 블록조의 종류

(1) 조적식 블록조(masonry block structure)

블록을 단순히 모르타르로 접착하여 대개 막힌줄눈으로 쌓아올리는 벽체로서 상부에서 오는 하중을 받아 기초에 전달하는 내력벽(耐力壁, bearing wall) 구조이다. 소규모 건물에 적합하다.

(2) 블록 장막벽(block curtain wall)

철근 콘크리트조 또는 철골조 등의 강한 구조체 내에 블록을 장막벽(帳幕壁,curtain wall)으로 쌓은 것으로 경미한 간막이 벽과 같이 상부에서 오는 하중을 받지 않게 되고 그 벽 자체의 구성만을 담당하는 비내력이다.

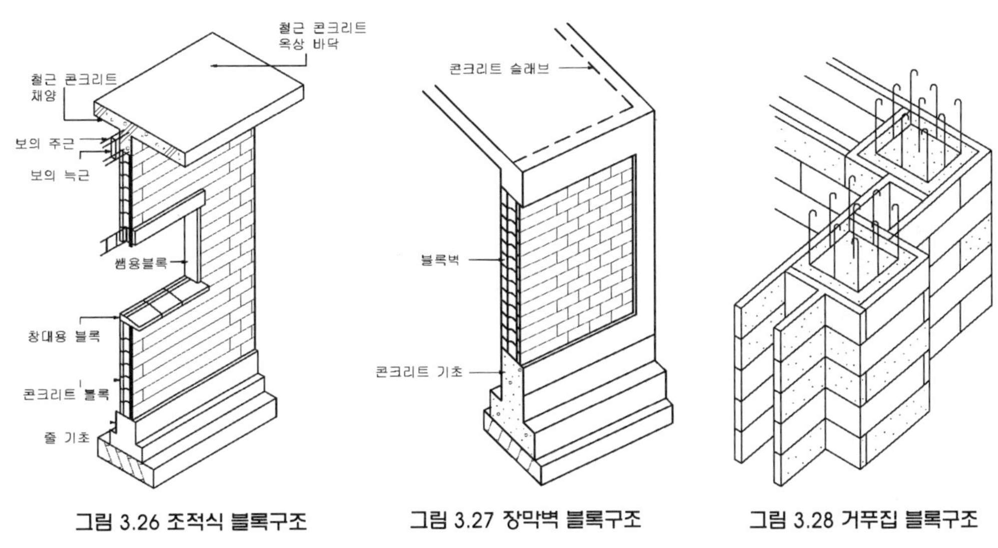

그림 3.26 조적식 블록구조 그림 3.27 장막벽 블록구조 그림 3.28 거푸집 블록구조

(3) 보강 블록조(reinforced concrete block structure)

블록의 빈 속에 철근을 배근하고 콘크리트를 사춤하여 보강한 내력벽 구조로서 수직하중과 수평하중에도 견딜 수 있는 가장 이상적인 블록구조이다. 통줄눈으로 쌓으며 4, 5층 정도의 중규모 건물에도 사용이 가능하나 법에서는 3층까지 허용되고 있다.

(4) 거푸집 블록조(foam block structure)

철근 콘크리트조에서 사용하는 거푸집 대신에 ㄱ자형, ㄷ자형, T자형, ㅁ자형 등의 형상을 가진 블록을 이용하여 그 안에 철근을 배근하고 콘크리트를 타설하여 벽이나 기둥을 만드는 구조로, 2층 정도가 보통이고 3층 까지도 가능하다.

3.3.3 블 록(block)

(1) 블록의 종류와 규격

① 비중에 따른 분류

중량블록은 비중이 2.0 이상, 보통블록은 비중이 1.9, 경량블록은 비중이 1.8 이하인 것으로 한다.

② 형상에 따른 분류

BI 형 : 미국에서 개발되어 우리나라에서 널리 사용되고 있다.

BM형 : BI형 보다 크게 만든 것으로 줄눈이 적게 든다.

BS 형 : BI형과 같은 모양이나 살 두께가 두껍게 제작된 것이다.

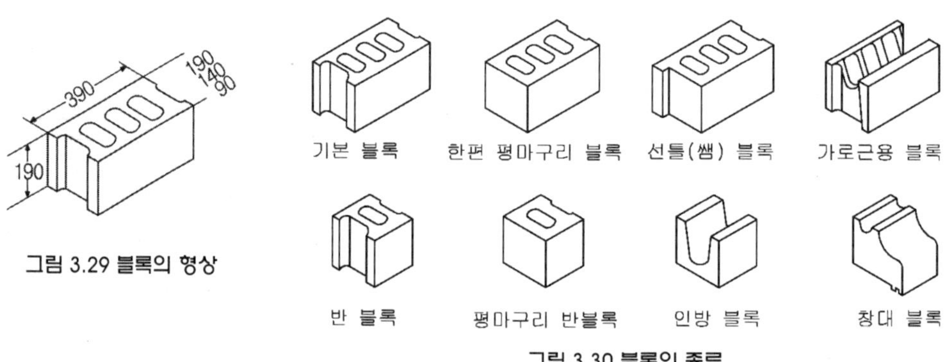

그림 3.29 블록의 형상

그림 3.30 블록의 종류

③ 강도상으로는 다음 표와 같이 나눈다.

표 3.5 블록의 종류

구 분	종 류	압 축 강 도	흡 수 량	최대 흡수율에 대한 함습률 비
내력벽용	1 급	80kgf/cm^{2}이상	0.20g/cm^{3}이하	40% 이하
	2 급	60kgf/cm^{2}이상	0.35g/cm^{3}이하	
장막벽용	3 급	40kgf/cm^{2}이상	0.45g/cm^{3}이하	

④ 블록의 치수

기본블록의 치수는 대략 다음 표 3.6과 같이 나눌 수 있으며, 블록의 호칭은 두께에 따라 210mm블록, 190mm블록, 150(140)mm블록, 100(90)mm블록으로 부른다.

표 3.6 콘크리트 블록의 형상 및 치수

(단위 : mm)

형 상	치 수			허 용 값	
	길 이	높 이	두 께	길이 · 두께	높이
기본형 블록	390	190	210, 190 150 (140) 100 (90)	± 2	± 3

표 3.7 블록 빈속의 크기 및 최소 살두께

블 록 종 류	속 빈 부 분			최소살 두께	
	세로근 삽입부		가로근 삽입부	겉보임면 부분(mm)	기타부분 (mm)
	단면적(cm^2)	최소나비(mm)	최소지름(mm)		
두께 15cm 이상	60 이상	70 이상	60 이상	25 이상	20 이상
두께 10cm 이상	30 이상	50 이상	50 이상	20 이상	20 이상

※기본형 블록의 블록 살 두께는 보통 25mm 정도이고, 전면 살은 25mm 이상으로 하고, 빈속의 최소지름은 60mm 이상으로 한다.

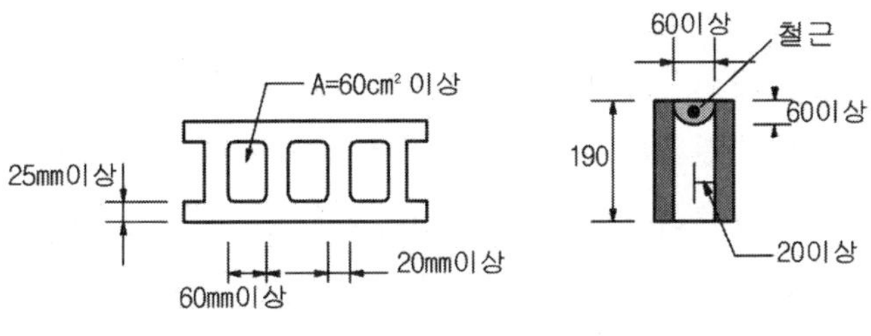

그림 3.31 공동부 치수 및 수평 철근용 블록

(2) 블록의 품질 및 강도

① 블록은 성형 제작한 후 보양을 잘하여 치수차가 적고, 외관상으로 흠이나 비틀림·갈라짐 따위가 없는 것으로 강도차가 적은 균일한 것이 좋다.

② 블록의 강도는 측정은 블록 상·하면에 두께 10mm의 시멘트 모르타르를 바른 후 24시간 수중 양생한다. 시험기에 매초 2kg/cm^{2}의 속도로 가압하여 붕괴될 때까지의 압력을 최대 하중으로 하고, 이것을 블록 전체의 단면으로 나누어 산정하며, 이 때 블록 전체 단면적은 블록의 전체 길이와 전체 나비의 곱으로 한다.

(3) 블록 제작

① 용적배합비는 시멘트와 골재의 비 1 : 7 이내로 하되 골재의 크기는 살 두께의 1/3 이하로 하고, 물시멘트 비는 40% 이하로 한다.

② 재료 혼합은 기계 비빔을 이용하고, 성형은 진동 가압하여 찍어낸 후 증기 보양을 거쳐 습윤 보양한다.

3.3.4 블록 쌓기

(1) 쌓기 기준

① 특별한 경우에만 통줄눈으로 하고 일반적으로 막힌 줄눈으로 쌓는다.

② 줄눈은 가로 세로 보통 10mm로 한다.

③ 모르타르는 용적 배합비 1 : 3으로 하며, 모르타르의 강도는 블록강도의 1.3~1.5배로 하며, 시공묽기(Workability)는 슬럼프 8cm정도로 한다.
또한 물의 중량은 시멘트 중량의 60~70% 정도로 하며, 모래의 지름은 1.2mm가 좋다. 점성을 좋게 하기 위해서는 소량의 석고를 혼입해도 좋다.

④ 블록은 쌓기 전에 적당하게 물 축여 쌓는다.

⑤ 하루 쌓는 높이는 보통 1.5m(7켜) 이하로 하며, 반장 블록 이외의 토막 블록은 가능한 피한다.

⑥ 블록 살의 두께가 다를 때에는 큰 면이 위로 가게 하여 쌓는다.

⑦ 인방 블록은 개구부의 나비가 작을 때 쓰이며, 인방보는 좌우 지지벽에 최소 20cm 이상 물리는데, 보통 40cm이상 물리고 옆벽과 튼튼히 연결한다. 인방블록 대신 횡근용 블록을 사용하기도 한다.

(2) 사 춤

① 사춤용 재료

사춤용 모르타르는 용적 배합비 1 : 5 이상, 보통 1 : 3 으로 하며, 사춤용 콘크리트는 1 : 3 : 6 으로 한다. 슬럼프는 중량블록의 경우에는 21cm, 경량블록인 경우에는 23cm 정도로 하며, 골재는 10mm의 체를 통과할 수 있는 것이어야 한다.

② 부어 넣기

사춤은 3~4켜 쌓을 때마다 콘크리트를 부어넣고 적당한 기구로 다진다. 이때 블록의 윗면에서 5cm 정도 밑까지만 채우고, 다음 사춤 시 부어 넣도록 한다. 또한 철근을 이을 때에는 그 부분에서 사춤 하도록 한다.

3.3.5 벽체의 구조

(1) 벽체의 길이

① 벽체의 길이는 벽의 끝 모서리에서 끝 모서리, 칸막이벽, 부축벽, 붙임기둥의 중심까지의 거리를 말하며, 이를 지지점 거리라고 한다.

② 벽의 길이는 10m이하로 한다. 평면상 벽의 길이가 55cm이상일 경우는 내력벽으로 본다.

③ 벽의 최소길이는 바닥면적 $1m^2$에 대해 15cm 이상 되도록 하여야 한다.

④ 보강 블록구조에서 평면상 벽의 길이는 집중되어 길게 되어있는 것이 짧은 벽으로 분산되어 있는 것보다 좋다.

⑤ 대린벽으로 구획된 부분적 벽의 길이 합계는 그 벽 길이의 1/2이상으로 하고, 각 층의 총 벽 길이는 전 길이의 2/3이상이 되어야 한다.

⑥ 부축벽의 평면상 길이는 벽 높이의 1/3이상으로 하고, 단층에서는 1m이상, 2층 건물의 밑층에서는 2m이상, 평면적으로 좌우 대칭형이 좋다.

(2) 벽체의 두께

① 보강블록구조인 내력벽 두께(마감 재료의 두께를 포함하지 아니한다)는 15cm 이상으로 한다.

② 보강블록구조 내력벽의 구조내력에 주요한 지점간의 수평거리의 1/50이상으로 하여야 한다.

3.3.6 내력벽(耐力壁, bearing wall)

건물의 연직하중과 수평하중을 받는 중요한 벽체를 총칭하여 내력벽이라 하며, 내력벽은 수평하중을 받으면 전단응력과 휨 응력을 동시에 받게 되는데, 이때 휨 응력에 대해서는 벽의 단부나 개구부 둘레의 철근이 부담하고 전단응력은 벽체가 부담한다.

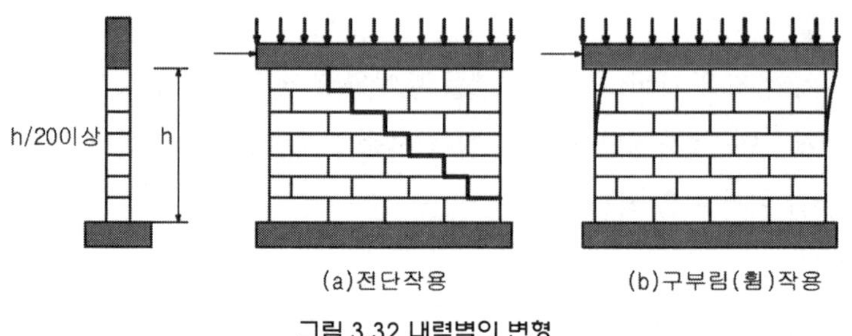

그림 3.32 내력벽의 변형

내력벽 설계 시 주의사항은 다음과 같다.

① 내력벽은 평면상으로 균형 있게 배치한다.

② 상하층의 내력벽과 개구부 등은 수직선상에 있게 한다.

③ 블록 벽체의 상부 주위를 강한 테두리 보 또는 라아멘(Rahmen)구조로 보강한다.

④ 칸막이벽, 부축벽, 붙임기둥 등을 적절하게 배치한다.

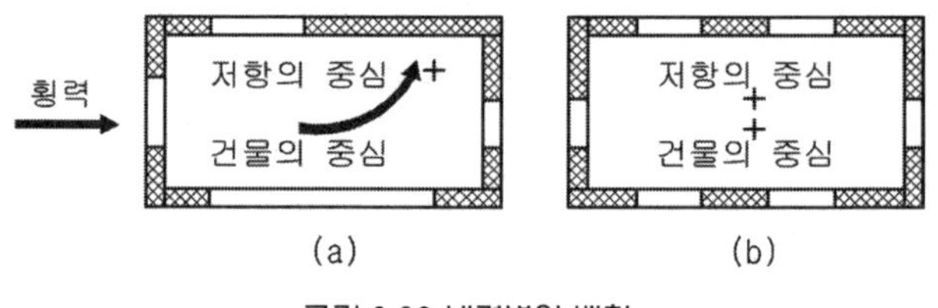

그림 3.33 내력벽의 배치

(1) 벽 량(壁 量)

벽량이란 내력벽 길이의 총합계(cm)를 그 층의 바닥면적(m^2)으로 나눈 값을 말한다. 이때 벽의 길이는 x방향과 y방향을 따로 따로 계산한다.

내력벽의 벽량이 많을수록 연직하중이나 수평하중에 저항하는 힘이 커지므로 큰 건물일수록 벽량을 증가시키는 것이 좋다.

$$\text{벽량}(\mathrm{cm/m^2}) = \frac{\text{내력벽 길이의 총합계}(\mathrm{cm})}{\text{바닥 면적}(\mathrm{m^2})}$$

예제

다음 그림과 같은 보강 블록조의 평면도에서 x방향의 벽량(壁量)을 계산하시오. 단, 벽두께는 15cm이고, 도면의 단위는 m이다.

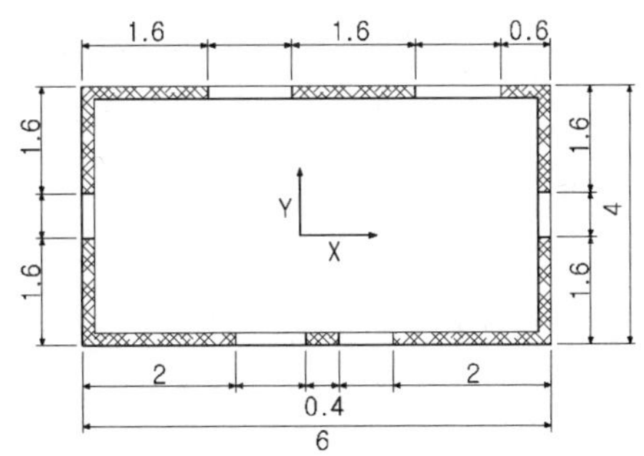

【풀이】 x 방향의 벽 길이 : Lx = 1.6 +1.6 +0.6 +2 +2 = 7.8m = 780cm

(여기서 내력벽의 평면상 실제 길이는 55cm 이상이므로 0.4m는 제외한다.)

바닥면적 : $A = 4 \times 6 = 24\ m^2$

따라서 벽량 = $Lx / A = 780 / 24 = 32.5\ cm/m^2$

3.3.7 보강 블록조

(1) 쌓기법

통줄눈으로 쌓는다. 그 이유는,

① 기초보에 정착된 세로 철근은 한개 층의 길이만큼 이미 세워져 있기 때문에 막힌 줄눈으로 쌓기는 매우 어렵고, 오히려 통줄눈 쌓기가 용이하며 철근 배근 조립도 매우 간편하다.

② 철근이 삽입된 블록의 빈속에는 사춤 콘크리트로 채워지고 줄눈 수도 증가되기 때문에 강도 및 방수 측면에서 유리하다.

(2) 철근 보강

1) 개 요

블록조는 수평하중에 약하므로, 개구부 모서리 등에 빗 방향으로 균열이 발생하거나 층단 균열 발생 가능성이 크다. 따라서 철근 배근은 균열에 대해 직각 방향으로 배근을 실시하면 된다.

2) 철근 보강 요령

① 보강철근은 9mm 이상의 철근을 가로 또는 세로 각각 80cm 이내의 간격으로 배치하여야 한다.

② 끝 부분과 모서리 부분에는 12mm 이상의 철근을 세로로 배치하여야 한다.

③ 세로철근의 양단은 각각 그 철근지름의 40배 이상을 기초판 부분이나 테두리보 또는 바닥판에 정착시켜야 한다.

④ 철근은 같은 단면적이면 굵은 것을 조금 넣는 것보다 가는 것을 많이 넣는 것이 좋다.

⑤ 철근의 정착은 기초보 또는 테두리보 속에 두며 블록 속은 피한다.

⑥ 철근이 배치한 곳에는 모르타르나 콘크리트 등으로 밀실하게 채워 넣어 철근 피복을 충분히 유지한다.

⑦ 세로철근은 기초보 또는 테두리보에서 그 위 테두리보까지 하나의 철근으로 하는 것이 좋다.

3.3.8 창문 인방(Lintel)

창문의 바로 위에 테두리 보가 없을 때에는 다음과 같은 방법으로 인방을 설치해야 한다.

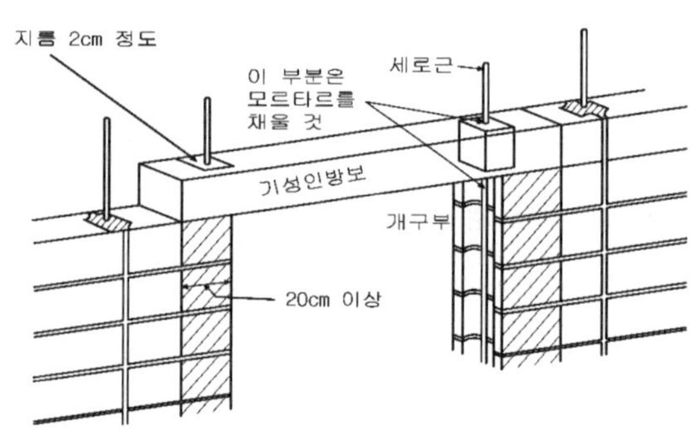

그림 3.34 기성 콘크리트의 인방 설치

① 횡근용 블록 또는 인방 블록을 사용하여 철근으로 보강한다.

② 기성 콘크리트 보 또는 철골 보를 걸쳐 댄다.

③ 현장타설 철근 콘크리트 보를 만든다.
인방은 개구부 양쪽 벽 단부에 20cm이상 물리고, 물림자리 밑의 블록 벽 빈속에는 콘크리트를 충분히 채워 넣는다.

3.3.9 테두리보(臥梁, wall girder)

(1) 테두리보의 역할

① 벽체를 일체화시키고, 상부의 하중을 균등하게 분포시키며, 수평하중에 저항하여 벽면의 수직균열을 방지한다.

② 목조 및 철골조 등의 지붕틀이나 바닥틀 하부에 테두리보를 설치하면 집중하중을 방지할 수 있다.

③ 세로철근 상부 끝을 정착시키는 역할을 한다.

(2) 테두리보의 구조

보강블록구조인 내력벽의 각층의 벽 위에는 춤이 벽두께의 1.5배 이상인 철근콘크리트 구조의 테두리보를 설치하여야 한다.

다만, 최상층의 벽으로서 그 벽 위에 철근콘크리트 구조의 옥상 바닥판이 있는 경우에는 테두리보를 설치하지 않아도 된다.

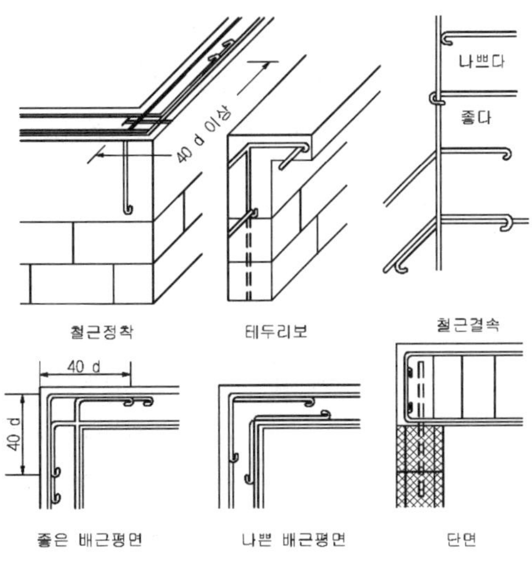

그림 3.35 테두리보의 철근 배근

3.3.10 기초보(footing beam)

(1) 기초보의 역할

기초보는 각각의 벽체를 연결하여 벽체를 일체화 시키고, 국부적인 하중 및 집중하중을 지반에 균등히 분포시키며, 기초의 부동침하를 방지하기 위한 역할을 한다.

(2) 기초보 · 기초판의 구조

① 기초보의 크기 : 기초보의 나비는 벽체 두께 정도 또는 그 이상으로 하고, 춤(D)은 처마 높이의 1/12이상으로 하며, 단층은 45cm이상, 2, 3층은 60cm 이상으로 한다.

② 기초판(footing)의 나비는 보통 단층인 경우 30~40cm, 3층의 경우 60~90cm 정도로 하지만, 건물의 규모, 구조, 지내력에 따라 달라지므로 구조 계산에 의해 계산한다.

$$\text{기초판의 나비}(B) = \frac{P}{fe}$$

여기서 P :벽체길이 1m당 실리는 하중(tf/m),

fe : 지반의 허용 지내력도(tf/m²)

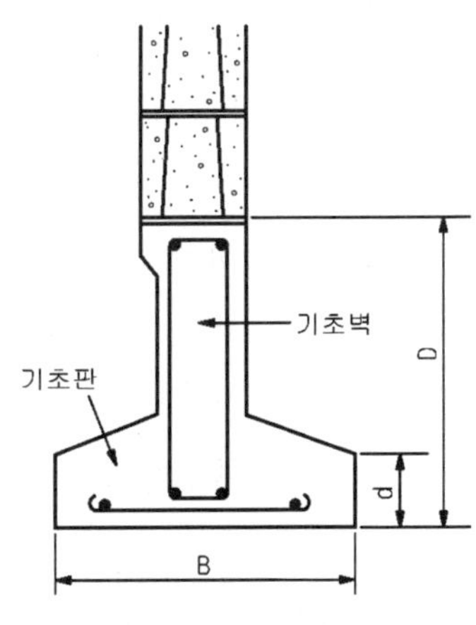

그림 3.36 기초보의 춤과 나비

예제

다음 그림에서 보강 블록조 기초보의 춤 D값을 계산하시오. 단, 2층 건물로 처마높이는 7m이다.

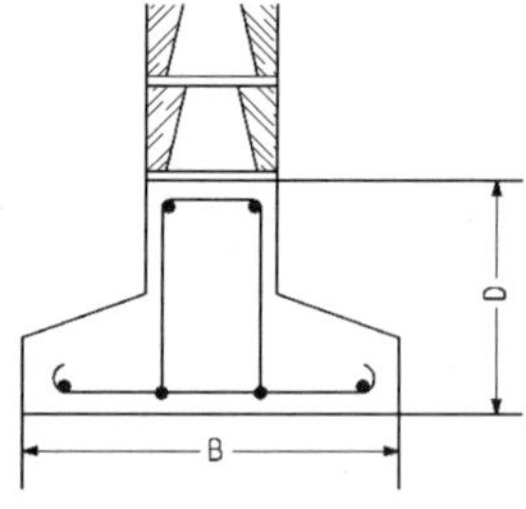

【풀이】 기초보의 춤(depth)은 처마높이의 1/12 이상이면서 단층은 45cm 이상, 2, 3층은 60cm 이상이어야 한다.

따라서 D = 700/12 = 58.33 cm 이지만 2,3층의 D값은 60 cm 이상이어야 하므로,

∴ 기초보의 춤 : D = 60 cm 이다.

3.3.11 각부 구조

(1) 바닥 및 지붕

① 철근콘크리트 바닥

철근콘크리트 테두리보를 벽체 상부에 두어 바닥판과 일체로 하는 경우와 바닥판만으로 하는 2가지가 있다.

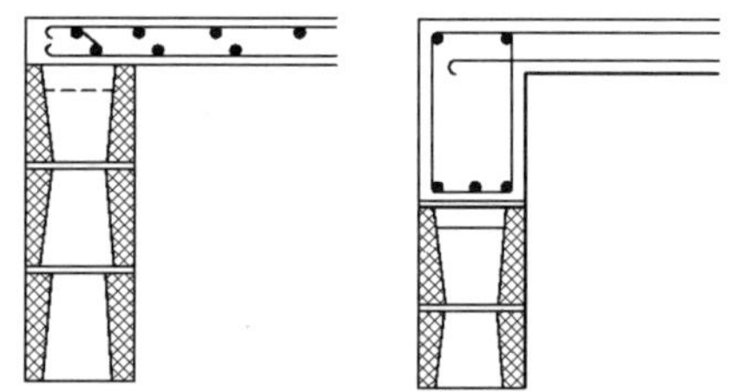

그림 3.37 철근콘크리트 제자리 붓기 바닥

② 기성 철근콘크리트 바닥

미리 제작된 바닥판을 걸쳐 대는 것으로, 벽체 또는 테두리보에 충분히 물리도록 하되 단부(端部) 정착에 특별한 주의를 요한다.

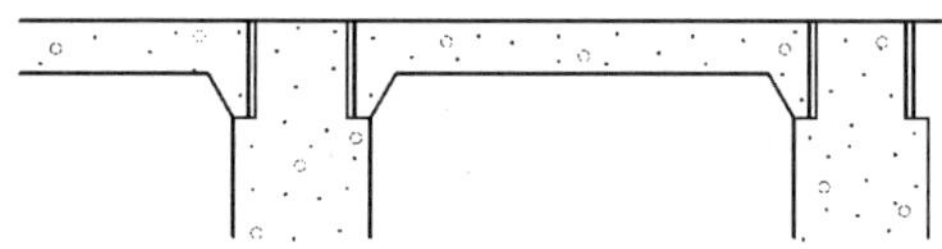

그림 3.38 기성 콘크리트 바닥

③ 목조바닥 및 지붕틀

보·도리·지붕틀 등 주요 구조부재는 철근콘크리트 테두리보 위에 올려놓고 정착볼트(定着, anchor bolt)로 연결한다.

④ 차 양

테두리보 또는 인방을 만들고 여기서 내밀도록 한다.

(2) 계 단

목조계단은 직접 블록 벽체에 걸쳐대지 말고 계단받이 보(pitching piece)를 걸고 여기에 걸쳐댄다. 철근콘크리트조 계단은 블록벽체에서 직접 내민 캔틸레버 식 계단으로 설계하지 말고, 계단 보 또는 계단 슬래브(slab)로 설계해야 한다.

(3) 목조 칸막이벽

칸막이벽은 목조 구조법에 준하여 블록벽체에 접합을 하되, 접합 위치에는 블록 쌓을 때에 미리 나무벽돌을 묻어 큰 못이나 꺾쇠 등을 박을 때에 블록에 충격을 주지 않도록 한다.

(4) 창문틀

블록을 쌓기 전에 창문틀을 먼저 세우고 옆벽을 쌓는 먼저 세워 대기법과, 옆벽을 쌓은 후 나중에 창문틀을 세워 대는 방법이 있다.

먼저 세워대기 방법은 옆벽을 쌓을 때에 큰못, 꺾쇠, 띠쇠 등을 블록 줄눈에 묻어 쌓아서 창문틀과 블록벽체의 연결 고정을 튼튼히 하고, 문틀과 블록 사이에는 모르타르 또는 콘크리트로 사춤 하여 문틀의 이동이 없도록 한다.

나중 세워대기는 블록벽체에 나무벽돌 또는 연결 고정철물을 묻어 두고 못이나 나사못 또는 꺾쇠 등으로 고정한다. 경우에 따라서는 임시용 창문틀을 짜서 세워 대고 옆벽 블록을 쌓은 다음 여기에 본 창문틀을 연결 철물로 튼튼하게 고정시키는 방법이 사용된다.

(5) 배관(配管)

블록 쌓기 전에 블록에 배관 홈을 판 블록을 쌓아서 만들어야 하며, 이때 홈의 깊이는 벽두께의 1/3이하, 높이는 벽 높이의 3/4이하, 가로길이는 3m 이하로 한다.

3.3.12 콘크리트 블록 장막벽(帳幕壁) 구조

철근콘크리트 또는 철골·철근콘크리트에 의한 라멘구조에서 벽체 시공 시 블록 장막벽으로 하는 경우가 많다. 이때 블록 장막벽에는 연직하중과 수평하중은 부담시키지 않으며, 장막벽은 자체의 하중만 받게 설계된다.

3.3.13 거푸집 블록구조

① 1종 거푸집 블록구조 : 블록을 거푸집으로 사용하는 동시에 내력벽이 되도록 하는 경우로서 블록구조 강도는 부어넣는 콘크리트의 압축강도와 거의 동일하게 하여야 한다.

② 2종 거푸집 블록구조 : 블록을 단지 거푸집 용도로 사용하는 경우로서, 블록의 정확한 형상과 치수가 요구되며, 운반 및 시공 시 파손되지 않도록 한다.

3.4 돌 구 조

3.4.1 개 요

돌 구조(石造, stone construction)는 조적식 구조법의 하나로 돌을 쌓아올려 벽체를 구성하는 구조이다. 그러나 최근 석조 건축은 순수한 석재(石材)로만 쌓는 구조는 극히 드물고 뒷벽에 벽돌 벽체와 함께 구축하거나, 철골 또는 철근 콘크리트 벽체에 붙여쌓는 경우가 많다.

즉 건축용 석재는 조적식 구조 형태 보다는 대부분이 내외부의 바닥이나 벽체의 장식 효과를 내는 표면마감재로 사용하고 있다. 따라서 고층 건축물의 외장재로도 많이 사용되며, 아아치, 개구부 주위, 외부 계단, 조경 등의 장식적 효과를 내기 위하여 사용되는 경우가 많다.

3.4.2 돌 구조의 특징

석조 건축은 내구·내화구조이고, 외관이 장중·미려하며, 방한·방서, 내마모·내풍화 구조이다. 그러나 가공이 어렵고, 고가이며, 공사기간이 길고, 순수한 석조는 수평하중에 약한 단점이 있다.

3.4.3 석재의 종류

석재는 그 석질(石質)에 따라 구조용과 장식용으로 구분한다.

(1) 화강암(花崗岩, granite)

다양한 색상을 지닌 미려한 석재로 경도·강도·내마모성·내구성·광택 등이 우수하고, 흡수성이 적고, 돌결의 간격이 커서 큰 재료를 얻을 수 있으며, 석재 중에서 가공성이 가장 풍부하다. 따라서 구조용과 장식용으로 널리 사용되지만 화열을 받으면 균열이 발생하기 쉽고 붕괴하는 결점이 있다.

(2) 안산암(安山岩, andesite)

경도·강도·내구성 등 석질은 화강암과 동등하지만 색상이 좋지 않아 갈아도 광택이 나지 않는다.산출량은 가장 많으나 큰 돌을 얻기는 어렵다. 그러나 내화력은 화강암에 비해 우수하고, 강도와 내구력이 커서 주로 구조재로 많이 사용한다.

(3) 응회암(凝灰岩, tufa, tuff)

다공질로 널리 분포되어 있어 많으나, 강도가 약하고 흡수율이 높고 풍화·변색되기 쉽고 외관도 좋지 않아 구조재로는 부적절하지만, 내화도가 높으며 채석·가공이 용이하고 가격도 저렴하여 특수 장식재나 경량골재·내화재 등에 널리 사용한다.

(4) 사암(砂岩, sand stone)

경도가 부족하고, 흡수성이 크고, 풍화·변색이 잘되며 내구력이 극히 약하다. 그러나 내화력은 화강석보다 크고 안산암과 동일하며, 다양한 색상의 석재가 있으며 톱으로 켜서 그대로 사용하는 경우가 많다. 경질사암은 외벽재·경구조재 등에 사용되기도 하나, 연질 사암은 마모를 받지 않는 내장재로 사용한다.

(5) 점판암(粘板岩, clay slate stone)

진흙이 지압과 지열에 의해 변질·응고 된 것을 이판암(泥板岩 항암)이라고 하는데 이것이 더욱 큰 압력을 받아 변질 경화된 것을 점판암이라고 한다. 석질이 치밀하고 얇게 쪼갤 수 있어 판석으로 가공하여 슬레이트(stone) 지붕재로 사용할 수 있으며, 외벽, 마루 등에도 사용된다.

(6) 대리석(大理石, marble)

석질이 치밀하고 단단하며 빛깔과 무늬가 아름다우므로 연마하면 미려한 광택을 발휘하여 건축물의 장식용으로 가장 많이 사용되는 우수한 석재이며 조각용으로도 사용된다. 그러나 산 및 화열에 약하고 풍화·마모·내구성에 약하므로 외장용으로는 부적합하다.

3.4.4 석재의 형상과 강도

석재는 그 용도 및 형상에 따라 다음과 같이 시장형(市場型)으로 분류할 수 있다.

(1) 시장형

① 잡석(雜石, cobble stone, rubble stone) : 지름 20cm 정도의 부 정형한 돌로서 지정, 잡석다짐 등에 쓰인다.

② 둥근잡석 : 개울에서 생긴 지름 20~30cm 정도의 둥근 돌로서 호박돌이라고도 한다.

③ 간사(間砂) : 한 면이 대략 20~30cm 정도인 네모진 막 생긴 돌로 간단한 석축(石築) 또는 돌쌓기에 쓰인다.

④ 견치돌(犬齒石, 間知石) : 30cm각에 뒤괴임 길이 45cm 정도의 네모뿔형(角錐形)의 돌로서 채석장에서 가공한 것을 석축(石築)·흙막이 등에 사용한다.

또 15~20cm각으로서 한식 건물이나 방화벽 등에 사용되는 것을 사괴석(四塊石)이라고 한다.

⑤ 각석(角石) : 단면이 각형인 길게 된 돌로서 장대돌(長臺石) 또는 장석(長石)이라고 하며 채석장에서 특별히 용재(用材)로 떼어낸 돌이다. 대개 30~60cm각, 길이 60~200cm가 주로 사용된다.

⑥ 판돌(板石, plate stone) : 넓이가 넓고 두꺼운 돌로서 대개 두께 15~20cm, 나비 60cm, 길이 100cm 정도이고 바닥깔기, 붙임돌 등에 쓰인다.

한식 온돌 구들장에도 쓰이는데 특히 큰 것으로서 구들 아랫목에 놓는 것을 함실장(函室板)이라고 한다.

그림 3.39 석재의 형상

3.4.5 석재의 가공

(1) 석 공구(石 工具)

석공구에는 부리, 쇠메, 날메, 정, 망치, 뾰족 망치, 도드락망치, 날망치 등이 있다.

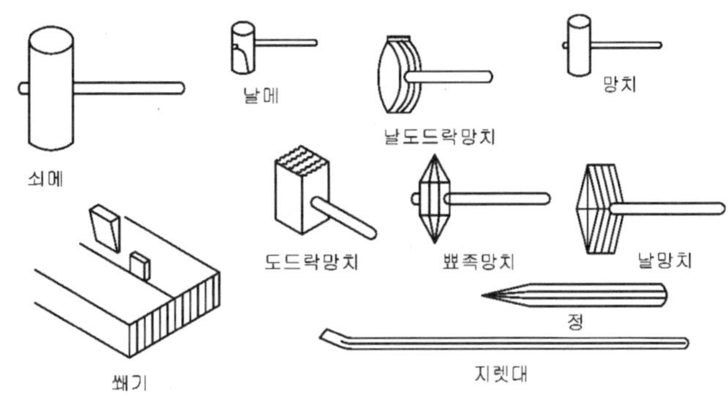

그림 3.40 각종 석공구

(2) 돌쪼개기

① 부리쪼갬(wedging) : 돌눈(石理)에 따라 작은 구멍을 일렬로 파서 여기에 부리를 쳐 박아 쪼갠다. 화강암 같은 경질석재는 각 철사를 쓰고, 연질의 석재에는 둥근 철사가 쓰이며, 대리석에는 금강사나 카보런덤(carborundum, 炭火珪素) 가루 등을 쓴다.

② 톱켜기(sawing) : 바닥 및 벽의 붙임돌이나 계단디딤돌 등에는 화강석·대리석 등을 두께 3~6cm 정도로 톱으로 켜내어 사용할 때가 많다. 이때에는 철사(鐵砂, shot)를 물과 함께 부어넣으며 톱 줄로 켠다.

3.4.6 석재의 표면 마무리

석재의 표면 마무리는 조밀과 형상에 따라 나누어진다. 줄눈 접합부에서 맞댄 면 3cm 깊이까지는 석재의 표면이 물갈기이면 같은 물갈기로 하고, 그 이외의 것은 모두 잔다듬(날망치 다듬) 정도로 해야 한다.

(1) 표면의 조밀에 의한 분류

표면의 조밀에 의한 종류와 그 순서는 메다듬(혹두기 혹은 혹따기) → 정다듬 → 도드락 다듬 → 잔다듬 → 물갈기 →광내기 순으로 한다.

① 메다듬(frosted work) : 마름돌(原石)을 쇠메라는 망치를 사용하여 돌 표면의 큰 요철이 없게 다듬는 것으로, 혹두기 혹은 혹따기라고도 한다.

② 정다듬 : 정으로 쪼아 다듬어 평평하게 다듬는 것으로 정도에 따라 거친다듬, 중다듬, 고운다듬으로 구분한다.

③ 도드락 다듬(bush hammered stone finishing) : 거친 정다듬을 한 면을 도드락망

치로서 더욱 평탄하게 다듬는 것으로 도드락망치의 날은 뾰족한 이빨이 25, 64, 100개 등이 있다.

④ 잔다듬(dabbed finish) : 정다듬 또는 도드락다듬위에 날망치(외날망치, 양날망치)로 평탄하게 마무리하는 것으로 날망치다듬이라고도 한다. 보통 3회 다듬기로 한다.

⑤ 물갈기(rubbing) : 잔다듬한 면이나 톱으로 켜낸 돌면을 철사, 금강사, 카보런덤, 모래, 숫돌 등으로 손 갈기 또는 기계 갈기로 하여 윤이 나게 광내기를 한다. 갈기 시에는 보통 물을 쓰게 되므로 물갈기(水磨)라고 하는데, 광내기 가루와 버푸(buff)를 써서 광내기까지 하게 되므로, 물갈기 광내기(正磨, 本磨)라고 한다.

⑥ 버너 피니쉬(burner finish) : 톱으로 켜낸 돌 면을 산소불로 굽고 물을 끼얹어 돌 표면의 엷은 껍질이 벗겨지게 한 면을 사용한 것으로 속칭 버너구이라고 부른다.

⑦ 플래너 피니쉬(planner finish) : 돌 표면을 대패질하듯 철판을 깍는 기계로 훑어서 평탄하게 마무리하는 방법으로서 잔다듬 대신으로 사용하는 경우가 많다.

(2) 표면의 형상에 따른 분류

① 혹두기(rock fase finish) : 메다듬기한 거친 돌면 그대로 이고, 마름 돌면 또는 거친 돌면이라고도 한다.

② 모치기(rustication) : 돌과 돌의 맞댐 부분에 모를 접어 잔 다듬한 것으로 면은 거친 면 또는 다듬면으로 한다. 모치기 종류에는 두모치기, 빗모치기 등이 있다.

3.4.7 돌쌓기

(1) 돌쌓기의 종류

① 거친돌 쌓기(野石積, rubble work) : 간사, 견치돌, 둥근돌 쌓기가 여기에 속하는데, 맞댐 면은 그대로 또는 거친 다듬으로 하여 불규칙하게 쌓는 것으로 전원건축이나 담 등에 적합한 쌓기법이다.

(a) 거친돌 막쌓기

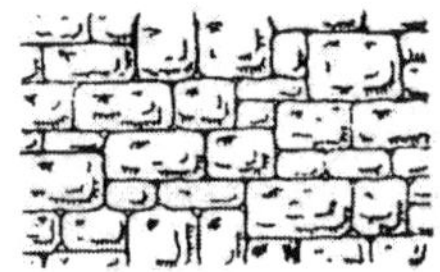

(b) 거친돌 층지어쌓기

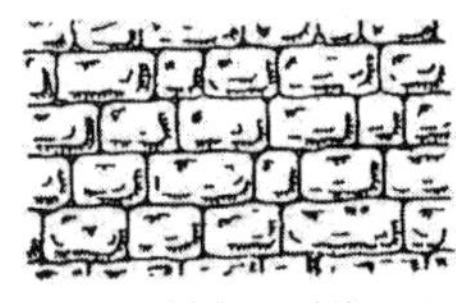

(c) 거친돌 바른층쌓기

그림 3.41 거친돌 쌓기

② 다듬돌 쌓기(切石積, ashler work) : 돌의 모서리 맞댐 면을 일정한 모양으로 다듬어 쌓는 법으로 가장 튼튼하고 외관이 미려하다.

이상의 각각 쌓기법에는 허튼층쌓기와 바른층쌓기가 있다.

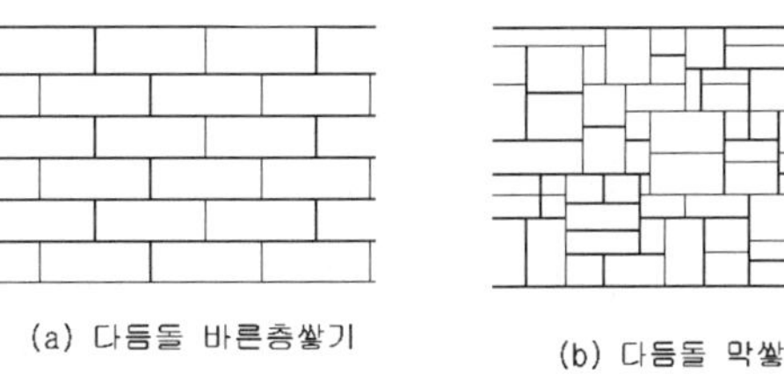

그림 3.42 다듬돌 쌓기

⑵ 돌쌓기법

① 돌나누기 : 돌공사는 먼저 설계도에 따라 돌나누기를 실시한다. 돌나누기도(圖)는 보통 축척 1/50 정도로 작도하는데, 이 도면에는 뒷벽과의 붙임상태에 따라 석재의 길이와 높이의 수치가 정해지게 된다.

② 뒷벽과의 관계

- 순수한 석조일 때 : 돌쌓기
- 뒷벽이 벽돌조나 블록조일 때 : 돌쌓기, 돌 붙이기
- 치장 벽돌이나 블록 면에 혼용할 때 : 돌설치
- 철근 콘크리트조일 때 : 돌쌓기, 돌 붙이기.

위에서 순수한 석조일 때는 촉으로 석재 상호간을 연결하여 쌓는 것이고, 그 외의 경우에는 모두 촉과 연결 철물을 써서 뒷벽과 일체가 되게 쌓으면서 붙이는 것이다.

석재를 뒷 벽체와 동시에 쌓는 것이 가장 튼튼하지만 보통 나중에 쌓아 붙이기로 하는 경우가 대부분이다.

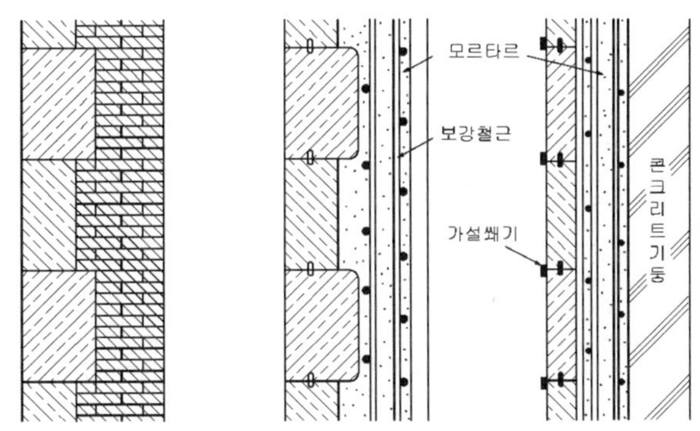

그림 3.43 뒷 벽체에 따른 석재 시공법

⑶ 석재 설치공법

① 습식(濕式)공법 : 설치용 철물을 사용하더라도 석재와 구조체 사이를 모르타르 주

입으로 결합하여 일체화 시키는 공법이다.

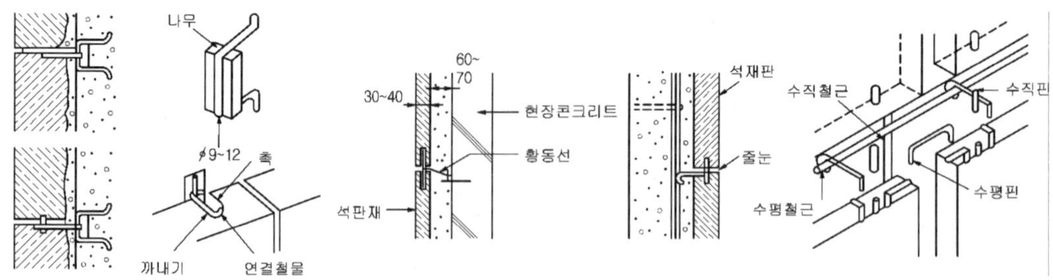

그림 3.44 습식공법에 의한 석재 설치

② 건식(乾式)공법 : 모르타르는 사용하지 않고 설치용 철물로만 석재를 설치하여 구조체와 독립적으로 장식재로 설치하는 공법이다. 최근에는 건식공법으로 시공하는 예가 더 많다.

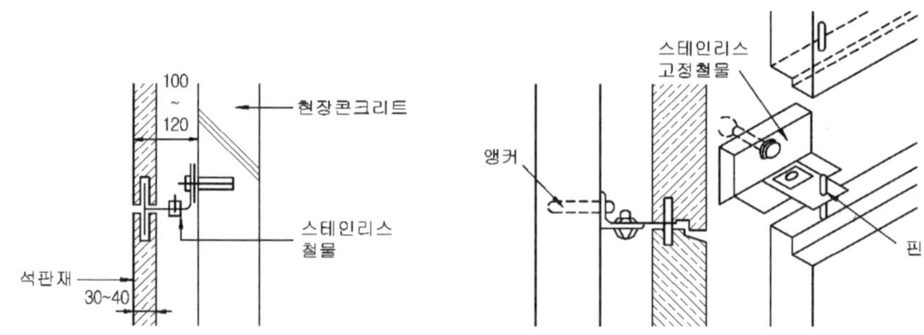

그림 3.45 건식공법에 의한 석재 설치

(4) 줄 눈

치장줄눈은 돌 다듬기의 정도가 높을수록 가늘게 하는데, 줄눈의 폭은 잔다듬의 경우 6~7mm, 거친돌 막쌓기 등에서는 15~20mm 정도로 한다.

사춤 모르타르는 빈틈없이 채우고 이때 줄눈 밖으로 새어 나오지 않도록 깨끗한 헝겊을 끼웠다가 모르타르가 굳기 전에 제거한다.

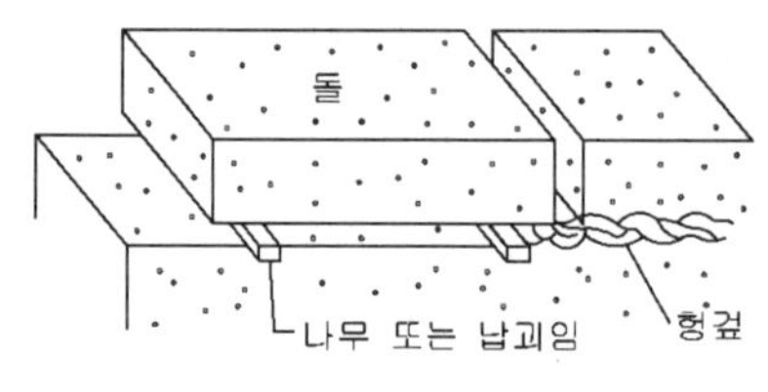

그림 3.46 돌쌓기 줄눈

수평줄눈의 맞댐 부분에는 목제·납제·철제의 굄이나 쐐기를 끼우는데 철제는 아연도금을 하여야 하며, 목재는 치장줄눈 시 제거한다.

⑸ 접 합

① 촉(dowel) : 맞댄 면 양쪽에 구멍을 파서 철제의 촉을 끼우고 납이나 황 또는 모르타르를 채워서 고정한다.

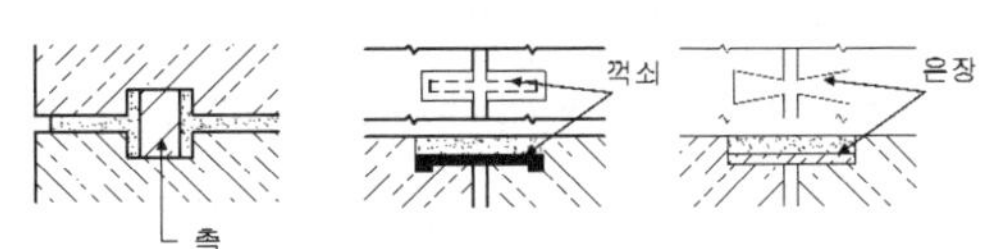

② 꺾쇠 · 은장(clamp, cramp) : 이음자리에 ㄷ자형 꺾쇠자리 또는 나비형 은장자리를 파고 꺾쇠나 은장을 끼운 후 모르타르, 납, 황 등으로 채워 고정 시킨다.

③ 이음 · 쪽매 : 필요에 따라 맞댐 면 양쪽의 접합면을 잘라내고 접합할 때가 있다. 접합하는 모양에 따라 반턱, 제혀, 장부이음 등으로 한다.

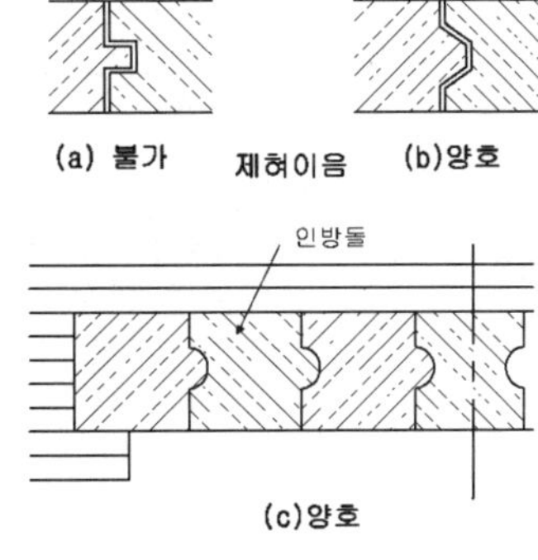

그림 3.47 돌의 접합

④ 접착 : 주로 에폭시수지의 접착제가 쓰이며, 돌의 모서리가 깨진 부분에도 쓰인다.

3.4.8 각부 돌쌓기

(1) 개구부 돌쌓기

① 아아치 틀기

벽돌 아아치와 같이 돌 아아치도 아아치 돌의 줄눈은 아아치의 중심에 모이게 한다. 아아치 돌은 벽돌보다 훨씬 크므로 그 접합은 특히 튼튼하게 구축되어야 한다.

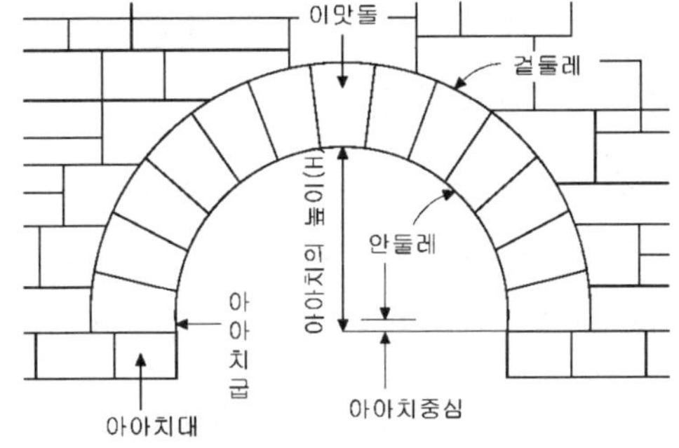

그림 3.48 돌아아치 각부 명칭

접합에는 촉, 꺾쇠 등을 쓰고 엇물림(toggle joint)으로 할 때도 있다. 경간(span)이 클 경우에는 뒤에 인방을 써서 보강해야 한다.

② 인방돌(lintel stone)

창문이나 출입문 등의 물끌 위에 걸쳐 대어 상부에 오는 하중을 받는 수평재를 인방(引枋)이라고 한다. 석재는 휨이나 인장에는 약하므로 개구부의 나비가 크면 뒷부분에 철재 보 또는 철근 콘크리트 보를 써서 여기에 부담시키고 인방돌을 다만 치장재로서 1개의 통재로 하거나 평 아아치로 틀어 보이게 한다.

인방돌을 평아아치로 할 때의 이음은 뒤의 감추임 부분에서 실제로 잇고 보이는 부분은 수직 또는 비스듬히 할 때가 많으며, 제혀 또는 턱을 걸어 보이게 이을 때도 있다.

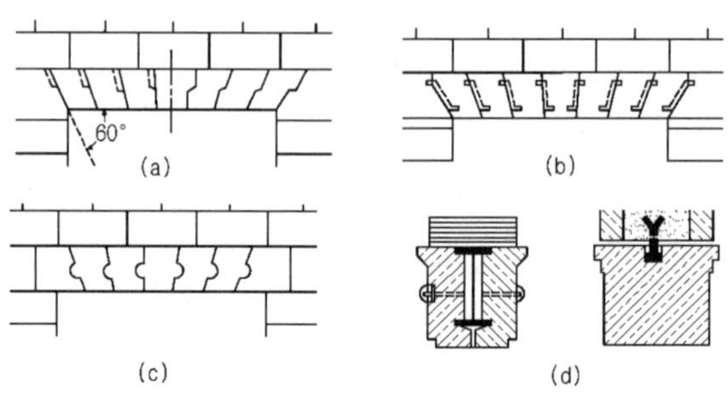

그림 3.49 인방돌의 구조

③ 창대 돌(窓臺石, window sill stone)

창대 돌은 창밑에 대어 창을 받치고 빗물을 처리하는 장식돌이다. 창의 나비가 크면 2개 이상을 이어 쓰기도 하지만 외관상·방수상 1개의 통재로 하는 것이 좋다.

창대 돌의 윗면은 물흘림(weathering) 경사를 두고 밑면에는 물끊기(throating) 홈을 파서 빗물이 벽에 흐르지 않게 한다.

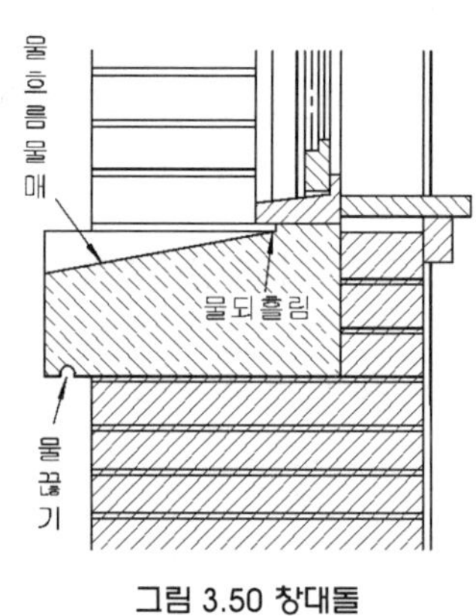

그림 3.50 창대돌

④ 문지방돌(門地枋石, door stone)

출입문의 밑에 대는 돌로서 화강암이나 경질(硬質)의 석재를 쓰고 잔다듬 또는 물갈기를 한다. 문지방돌의 윗면에는 문받이턱을 둘 때와 평탄하게 할 때가 있다.

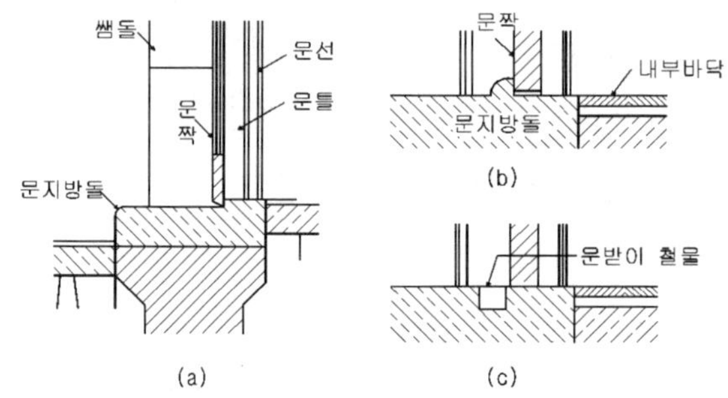

그림 3.51 문지방 돌

⑤ 쌤돌(jamb stone)

창문, 출입문 등에 사용하는 돌로서 벽돌조에도 쓰인다. 쌤돌은 면 접거나 쇠시리(moulding)를 하고, 촉과 연결 철물로 벽체에 연결한다.

⑵ 기타 돌쌓기

① 두겁 돌(capping stone)

두겁 돌은 담, 박공벽, 난간 등의 꼭대기에 덮는 것으로 그 윗면에는 물흘림을 두고 밑면에는 물끊기를 둔다. 밑 벽체에 촉 등으로 연결하고 두겁 돌 상호간은 꺾쇠 또는 은장으로 연결한다.

② 돌림띠

벽면에서 조금 내밀어 가로 길게 장식적으로 두른 돌로서 물끊기의 역할도 한다. 처마돌림띠(cornice)와 허리돌림띠(string course)가 있다.

③ 난간 벽(欄干壁, parapet wall)·부란(扶欄, balustrade)

난간 벽은 처마 위 옥상에 벽으로 된 난간이고, 부란은 난간동자를 세워 댄 난간이다. 이들은 장식을 겸한 난간으로 구조상 위험하므로 그 높이를 될 수 있는 대로 낮게 하고, 미리 하부벽체에서 볼트를 길게 내어 세로줄눈 사이에 넣고 보강하는 것이 좋다.

두겁 돌은 난간중심에서 촉으로 난간동자와 맞춤을 튼튼히 한다.

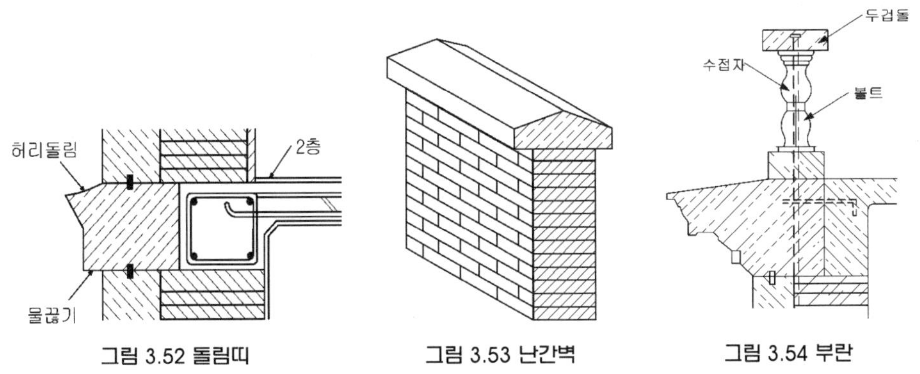

그림 3.52 돌림띠 그림 3.53 난간벽 그림 3.54 부란

⑶ 견치돌(犬齒石) 쌓기

① 석축(石築)을 말하는 것으로 흙막이 또는 호안(護岸)에 쌓는 것들이다.

② 자중과 함께 토압과 수압에 견딜 수 있도록 하고, 그 하중의 합력이 기초나비 안에 있도록 하는 중량식 흙막이 벽이다.

③ 기초는 충분한 깊이와 나비로 하여 이동·부동침하 등이 없게 한다.

④ 석축면의 경사(비탈)는 수평거리 : 높이로 나타내는데, 높이 2m 까지 2.5/10, 3m 까지 3/10, 5m 까지 3.5/10 정도로 한다.

⑤ 석축에는 건성쌓기(메쌓기 : dry bond)와 사춤쌓기(찰쌓기 : wet bond)가 있다. 건성쌓기는 맞댐 면을 잘 다듬어 모르타르를 쓰지 않고 맞대어 쌓고 뒤에는 잡석·자갈 등을 채워 다지는 것이고, 사춤쌓기는 맞댐 면을 모르타르를 써서 쌓고 뒤에도 모르타르 또는 콘크리트를 사춤 하여 쌓는 것이다.

⑥ 사춤쌓기는 충분한 배수(批水)구멍(3m^2 마다 1개소)을 설치하여야 한다.

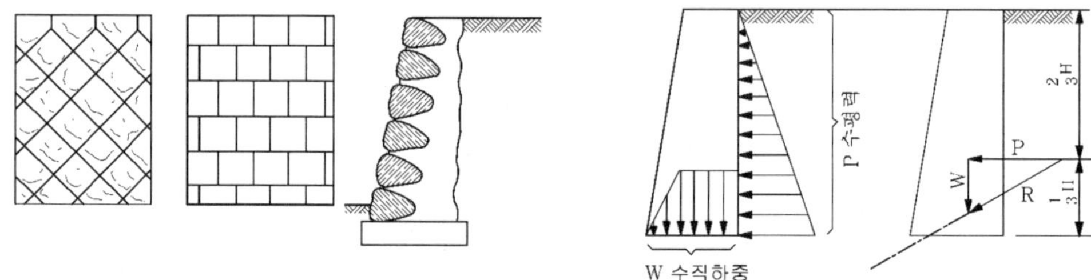

그림 3.55 견치돌 쌓기 및 견치돌의 힘의 분포

(4) 사괴석(四塊石) 쌓기

한식 건물 외벽에 150×250㎜ 정도의 각석, 즉 사괴석(사고석)을 진흙으로 쌓는데 벽체의 외(椳)에 새끼로 얽어매어 쌓은 것이고, 방화를 목적으로 한 것이다.

벽의 전 높이까지 다 쌓은 것을 화방장(火防墻)이라 하고, 벽 높이의 1/2 정도만 쌓은 것을 반화방장(半火防墻)이라 한다.

4 목 구 조

4.1 개 론

4.1.1 개 요

나무(木材)는 예로부터 건물의 주요 구성부재로 가장 널리 사용되어 온 재료이다. 건물의 기둥·벽체·지붕·바닥 등의 뼈대를 나무(木材)로 짜서 가구식(架構式)으로 구축한 것을 목구조(木構造, wooden construction, timber construction) 또는 나무구조 라고 한다.

목구조 양식(樣式, style)은 일반적으로 세 가지로 구분할 수 있다.

첫째는 동양고전식(東洋古典式) 구조법으로 옛날부터 전하여진 전각(殿閣), 사원(寺院) 등 주로 향토적 기념 건물에 쓰이고 있는데 전통한식구조(傳統韓式構造)도 이에 속한다. 둘째는 동양고전식 구조법에 의해서 발전한 한식 및 일식구조를 양식구조와 서로 절충하여 짜여진 절충식(折衷式) 구조법이 있고, 셋째는 구미(歐美)에서 전하여진 양식(洋式) 구조법으로 경골구조(輕骨構造, balloon construction)와 플랫폼구조(platform construction)가 대표적으로 쓰인다.

또한 목구조는 순수한 목조(木造)와 목골조(木骨造)로 구분하며, 목조 벽체는 기둥의 노출 여부에 따라 심벽식(心壁式) 벽체와 평벽식(平壁式) 벽체로 구분할 수 있고, 목골조는 외벽을 조적조로 마무리하는 목골벽돌조, 목골블록조, 목골석조 등으로 구분한다.

4.1.2 목구조의 특성

목구조는 철근콘크리트조·조적조와 비교하면 자체의 무게가 가볍고 구조법이 용이하고, 공사기간이나 비용도 적게 든다. 또한 목재는 비중이 적은데 비해 강도가 일반적으로 크며 열전도율이 적고 가공성이 풍부하고 재질이 미려하고 감촉이 좋아 친밀감을 주어 가장 많이 사용되어 왔다. 그러나 습기에 신축이 심하고 썩기 쉬우며 내화(耐火)·내구적(耐久的)이 못하다는 결점이 있다.

4.2 목 재(木材, lumber, timber)

4.2.1 개 설

건축물의 사용 장소에 따라 사용되는 목재의 종류가 달라진다. 즉, 목재를 그대로 노출되는 부분의 재료는 나무결이나 무늬·빛깔이 좋은 것이어야 하고, 동시에 강도도 큰 것을 써야 되지만 습기가 많은 곳에는 잘 썩지 않는 재료를 써야 할 것이다.

목재의 수종(樹種)으로는 침엽수(針葉樹)와 활엽수(闊葉樹)가 있다. 이는 나무의 종류에 따라 다르지만 침엽수는 가볍고 가공하기 쉬우며, 곧고 긴 재료를 얻을 수 있어서 주요 구조재로 쓰이며, 활엽수는 단단하고 비중이 커서 강도를 요구하는 곳과 마모를 견뎌내야 할 부분, 미관적이고 내식성(耐蝕性)이 필요한 부분에 사용된다.

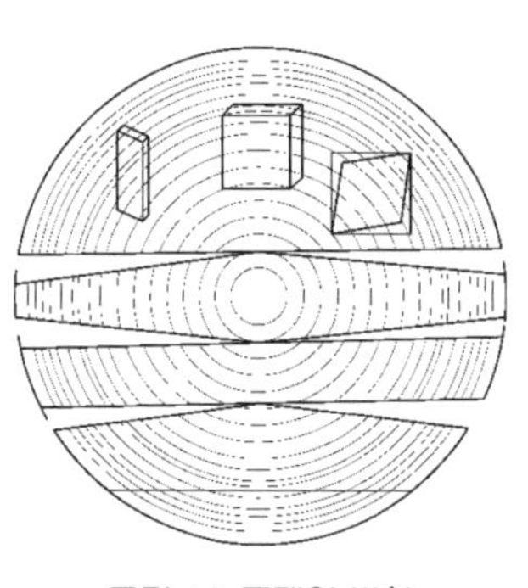
그림 4.1 목재의 변형

목재는 건조 과정에서 수축(收縮)하고 변형된다. 수축은 수심(樹心)이 있는 심재부(心材部, heartwood)에서 작고, 둘레 변재부(邊材部, sapwood)에서 크다. 따라서 그림 4.1과 같이 나무 안쪽이 불룩해지고 바깥쪽에는 우그러든다.

4.2.2 건축 재료로서의 목재의 장단점

(1) 장 점

① 가벼워서 취급하기 쉽고 가공하기도 쉽다. 즉 작업성과 가공성이 좋다.

② 무게에 비해 강도·탄성·인성이 크다.
③ 열전도율이 적어 보온·방한·방서 성능이 우수하고, 음의 흡수·차단성이 크다.
④ 종류가 다양하고 외관과 감촉이 좋아 친근감을 준다.
⑤ 온도에 의한 신축이 적고, 산이나 알칼리에 대한 저항성이 크다.

(2) 단 점
① 가연성이고 비내화적이므로 화재에 대하여 취약하다.
② 흡수성이 강하여 이에 따른 신축, 변형이 심하다.
③ 습기에 약하여 기초·토대 등 흙에 직접 접하거나 지면에 가까운 부재는 부패하기 쉽고 충해를 받기 쉬워 내구성이 매우 약하다.
④ 충격에 약하여 흠이 생기고 뒤틀리기 쉽다.

4.2.3 목재의 용도별 종류

건물에 쓰이는 용재(用材)로는 다음과 같이 구분한다.

(1) 구조재(構造材)

건물의 뼈대가 되는 부재이고 큰 하중을 받는 부재이므로 알맞게 건조된 것으로서 옹이(節), 부식(썩정이), 엇결 등 흠이 심하지 않아야 하고, 특히 큰 하중을 받는 인장재 및 접합부 등에는 결점이 적은 것을 사용하여야 한다.

구조재(framework)로는 침엽수인 소나무(赤松, 黑松), 낙엽송(落葉松), 삼송(杉松), 잣나무(五葉松, 栢子), 전나무(樅木) 등과 활엽수인 밤나무(葉), 느티나무 등이 쓰이고, 외국산으로는 삼나무(杉木), 회나무(檜木)등이 있으나, 최근에는 미송(美松), 미삼(美杉), 기타 외국산 소나무를 많이 사용하고 있다.

(2) 수장재(修裝材)

치장용 목재이므로 치장재(治粧材)라고도 한다. 옹이 없는 즉, 무절(無節)의 곧은결 목재가 제일 좋고 창호재·가구재와 같이 건조가 중요하다. 일반적으로 침엽수는 천연 건조로서도 충분하지만 활엽수는 인공 건조처리를 해서 기건상태(함수율 약 15%) 까지 건조시켜 사용한다.

수장재로는 침엽수인 적송·홍송(紅松·栢子)·낙엽송 등과 활엽수인 느티나무·단풍나무·박달나무·참나무·가래나무 등이 쓰인다. 외국산으로는 라왕(羅王, lauan)이 가장 많이 쓰이고 티이크(teak)·마호가니(mahogany)·자단(紫檀)·흑단(黑檀)·화류(花榴) 등 외국산 고급재 등도 쓰인다.

(3) 창호재(窓戶材)·가구재(家具材)

수장재와 같으나 보다 더욱 흠이 없는 무절의 곧은결의 기건재(氣乾材)를 쓴다.

4.2.4 목재의 규격

건축에 쓰이는 목재의 규격은 용재(用材)에 따라 여러 가지가 있지만 대체로 다음과 같다.

(1) 각재(角材, rectangular timber)

목재의 길이는 1.8m·2.7m·3.6m가 일반적이고 이것을 정척물(定尺物)이라 하고, 이보다 0.9m 긴 4.5m·5.4m·6.3m 등의 장척물(長尺物)이 있다. 또 2.1m·2.4m·3.0m 등의 난척물(亂尺物)과 1.8m 미만으로 제재한 단척물(短尺物)이 있다.

목재의 단면은 구조재는 9cm각(角)·10.5cm각·12cm각이 표준이고, 보조 구조재로서는 이들 각재의 1/2쪽 또는 1/4의 오림목 등이 있다.

(2) 널재(板材, board, plank)

널재의 길이는 각재와 같고 두께는 6, 9, 12, 15, 18, 21, 24, 27, 30, 36mm 등이 있고 나비는 90, 105, 120, 135, 150, 180, 210, 240mm 등이 있다.

(3) 통나무(log)

끝마구리 지름 90, 105, 120, 135, 150, 180, 210, 240mm 등이 있고, 길이는 각재의 정척 길이와 같다.

(4) 목재의 특수 명칭

치수와 용도에 따라 건축에서는 다음과 같은 호칭이 있다.

① 체목(體木)은 보통 10~15cm 각재로서 토대·기둥·도리·보 등 건물의 뼈대(骨造)로 쓰인다.

② 수장목(修粧木)은 10×5~12×7.5cm 정도의 각재로서 중방·홈대 등의 문꼴이나 벽체의 뼈대가 된다.

③ 오림목(小角材)은 보통 6×6cm 이하의 작은 각재로서 띠장 등에 쓰인다.

④ 서까래·장선재은 5~7.5cm의 각재로서 지붕의 중도리 위 또는 마루 밑에서 보조

구조재로 쓰인다.

⑤ 펠대는 두께 1.8~2.4cm, 나비 9~12cm 정도의 널재로서 심벽식 벽체의 힘살이 된다.

4.2.5 목재의 취급단위

목재는 m^3 로 취급되는 체적단위를 사용하고 있다. 과거에는 1치각 12자 길이의 체적을 1재(才)로 했고, 1자각 10자 길이를 1섬(石)이라 하여 큰 단위로 썼다.

미국에서는 보오드 피이트 (board feet)라 하여 1인치 두께 1평방 피이트, 즉 1인치 각 12피이트 길이의 체적단위로 쓰이고 있다.

표 4.1 목재의 취급 단위 환산표

명 칭	내 용	단 위	m^3	재	b.f.
입 방 미 터	1m×1m×1m	m^3	1 m^3	299.475재	488.475 b.f.
재 (才)	1치×1치×12자	재	0.00334m^3	1재	1,421 b.f.
보오드 피이트	1"×12"×12"	b.f.	0.00236m^3	0.703재	1 b.f.

예제

목재 1 b.f (board feet)는 몇 재(才)인가?

【풀이】 1 b.f = 1″ ×12″ ×12″ = 0.0254m×0.3048m× 0.3048m = 0.00236m^3

1 재 = 1″ ×1″ ×12′ = 0.0303m×0.0303m×3.636m = 0.00334m^3

∴ 1 b.f = 0.00236÷0.00334 = 0.7065 재(才) 이다.

4.2.6 목재의 비중 및 함수율

목재의 비중은 보통 0.4~0.8 정도(침엽수는 0.6 정도가 표준)이다. 대기 중의 건조상태 즉 기건상태(氣乾狀態)의 함수율(含水率)은 15% 내외이고, 구조재는 25% 이하, 수장재는 20% 이하, 창호재·가구재는 18% 이하로 한다.

4.2.7 목재의 방부(防腐, preservation)

목재의 부후균(腐朽菌)은 습기가 적은 곳에 번식(繁殖)하는 건부(乾腐)와 다습(多濕)한 곳에 번식하는 습부(濕腐)가 있다. 건부는 목재를 건조상태로 보이나 백색으로 변색시키고, 습부는 강도에는 크게 영향은 없으나 빨간색 또는 파란색으로 변색시킨다. 이러한 곰팡이는 주로 건조가 불충분한 변재(邊材)에 많이 발생된다.

목재의 방부 대책으로는 다음과 같은 법이 쓰인다.

① 칠하기(painting) : 떫이칠 · 크레오소트(creosote) · 코올타르(coal-tar) · 페인트칠

② 표면처리(surface treatment) : 표면탄화(表面炭化:charring)

③ 방부제 침지(preservative dipping) · 가압주입(preservative pressed instillation) : 크레오소트 · 염화아연 · 단반(丹礬) 등을 가압주입(加壓注入)하거나 또는 크레오소트 · 코올타르 등에 장시간 침지(侵漬)한다.

④ 구조적 방부 : 우리나라 여름철 외기(外氣)는 습도 72% 내외, 온도는 20~30℃ 이므로 부후균 발생에 적합하다. 따라서 통풍 · 방습이 잘 되는 구조이어야 하고 특히 마루밑 · 지붕 · 천장 속에 구조적으로 방부가 되도록 한다.

4.3 목재의 접합(接合, joint)

4.3.1 개 설

목재를 길이 방향(軸方向)으로 이을 때를 이음이라 하고, 직각 또는 경사지게 맞추는 것을 맞춤이라 하며, 나무를 옆으로 넓게 대는 것을 쪽매라고 한다. 이런 일들을 모두 합쳐 접합(接合, joint)이라 한다.

이와 같은 접합은 다음과 같은 점에 주의하여야 한다.

① 이음 · 맞춤은 가능한 응력이 적은 곳에서 만든다.

② 재는 가능한 적게 깎아내어 약해지지 않도록 한다.

③ 접합면은 정확히 가공하여 서로 밀착시켜 빈틈이 없게 한다.

④ 이음 · 맞춤의 단면은 응력의 방향에 직각으로 댄다.

⑤ 이음 · 맞춤의 끝 부분은 작용하는 응력이 균등히 전달되도록 한다.

⑥ 큰 응력을 받는 부분이나 약한 부분은 철물로서 보강한다.

4.3.2 이 음

이음은 그 밑에 있는 재의 중심에서 잇는 심이음(center joint)과 그 한쪽 옆에 내밀어서 잇는 내이음(out of center joint)이 있다. 또한 이음 밑에 받침재를 대고 그 위에서 잇는 것을 베개이음 이라 한다.

이들 이음의 종류는 크게 겹친이음·맞댄이음·따낸이음으로 대별할 수 있다.

그림 4.2 목재의 이음

(1) 겹친이음(lap joint)

두 부재를 단순히 겹쳐대고 큰못·산지·볼트 등으로 보강한 이음으로, 특히 듀벨(dubel, dowel)과 볼트를 같이 쓰면 큰 간사이 구조나 트러스(truss)에도 쓰인다.

(2) 맞댄이음(butt joint)

두 부재를 서로 맞대고 재의 측면에 덧판을 대고 큰못이나 볼트 죔(bolting)으로 한다. 덧판은 철판이나 나무판을 쓰는데 나무 덧판을 쓰는 경우에는 산지 또는 듀벨을 쓰면 더욱 강해진다.

맞댐면은 평맞댐으로 할 때도 있지만 보통 −자형, +자형의 턱솔맞 댐으로 한다. 이 이음은 평보와 같은 큰 인장력을 받는 재에 사용한다.

(3) 따낸이음

두 부재를 서로 물려지도록 따내고 잇는 것으로 큰 못·산지·볼트·기타 보강법을 쓰는 것이 보통이며 다음과 같은 종류가 있다.

① 턱이음

서로 반턱으로 잇는 것으로 반턱이음 또는 턱걸이이음 이라고도 하며 간단한 토대이음에 쓰인다.

② 주먹장이음

하나의 재 끝을 주먹모양으로 만들어 다른 한 재에 파 들어가 이어지게 된 간단한 이음으로 가공이 쉽고 튼튼하여 널리 쓰인다.

③ 턱걸이 주먹장이음

반턱이음에 주먹장을 만들어 끼운 것으로 토대 · 멍에 · 중도리 등에 많이 쓰인다.

④ 턱걸이 메뚜기장이음

턱걸이 주먹장 보다 다소 튼튼한 이음으로 작은 인장력이 생기는 곳에 쓰인다. 반턱이음에 메뚜기 장부를 만들어 끼운 것이다.

⑤ 긴촉이음

메뚜기장이음의 일종으로 인장력이 작용하는 이음에 쓰인다.

⑥ 턱솔이음(홈이음)

재의 가로방향으로 움직이는 것을 방지하기 위하여 한 쪽은 홈을 파고 한쪽은 턱솔을 지어 잇는 것이다. 턱솔에는 −자형, +자형, ㄱ자형, ㄷ자형 등이 있고 주로 걸레받이나 난간 두겁 등에 쓰이며 평보의 맞댐면에도 쓰인다.

⑦ 엇걸이이음

재의 양쪽을 똑같이 엇걸이를 만들어 잇는 것으로 인장력, 압축력, 휨에 강하여 중요한 가로재의 내 이음에 많이 쓰인다. 토대, 기둥, 처마도리, 중도리 등에 쓰이며 이음길이는 재의 춤(depth)의 3~3.5배로 한다.

이음종류는 엇걸이 촉이음(재의 옆에서 촉이 보임), 엇걸이 홈이음(촉이 안쪽에 있어 옆에서 보이지 않게 한 치장재의 이음에 쓰임), 엇걸이 산지이음(촉을 만들지 않고 재의 옆에서 산지를 받아 고정시킨 것) 등이 있다.

⑧ 빗걸이 이음(빗턱이음)

밑에 기둥이나 가로재 등의 받침이 있는 보(벼개보)의 이음으로 빗걸이가 2단으로 되어 턱이 있고, 보의 옆 방향의 이동을 막기 위하여 촉(산지), 볼트죔으로 보강한다. 절충식 지붕보의 이음에 많이 쓰인다.

⑨ 빗이음

서로 빗잘라 이은 것으로 이음길이는 재의 춤의 1.5~2.0배 정도로 하고 서까래·장선·띠장 등에 많이 쓰인다.

⑩ 엇빗이음

두 갈래로 된 빗이음으로 주로 반자틀에 쓰인다.

⑪ 은장이음(cramp joint)

두재를 맞대고 나비형으로 만든 참나무의 은장을 끼워 이은 것으로 못이나 볼트 보다 뒤틀림에 강하며 난간 두겁 등에 쓰인다.

⑫ 축 볼트이음

은장 대신 볼트를 사용한 것으로 턱솔이음과 같이 쓸 때도 있으며 두겁대 등에 쓰인다.

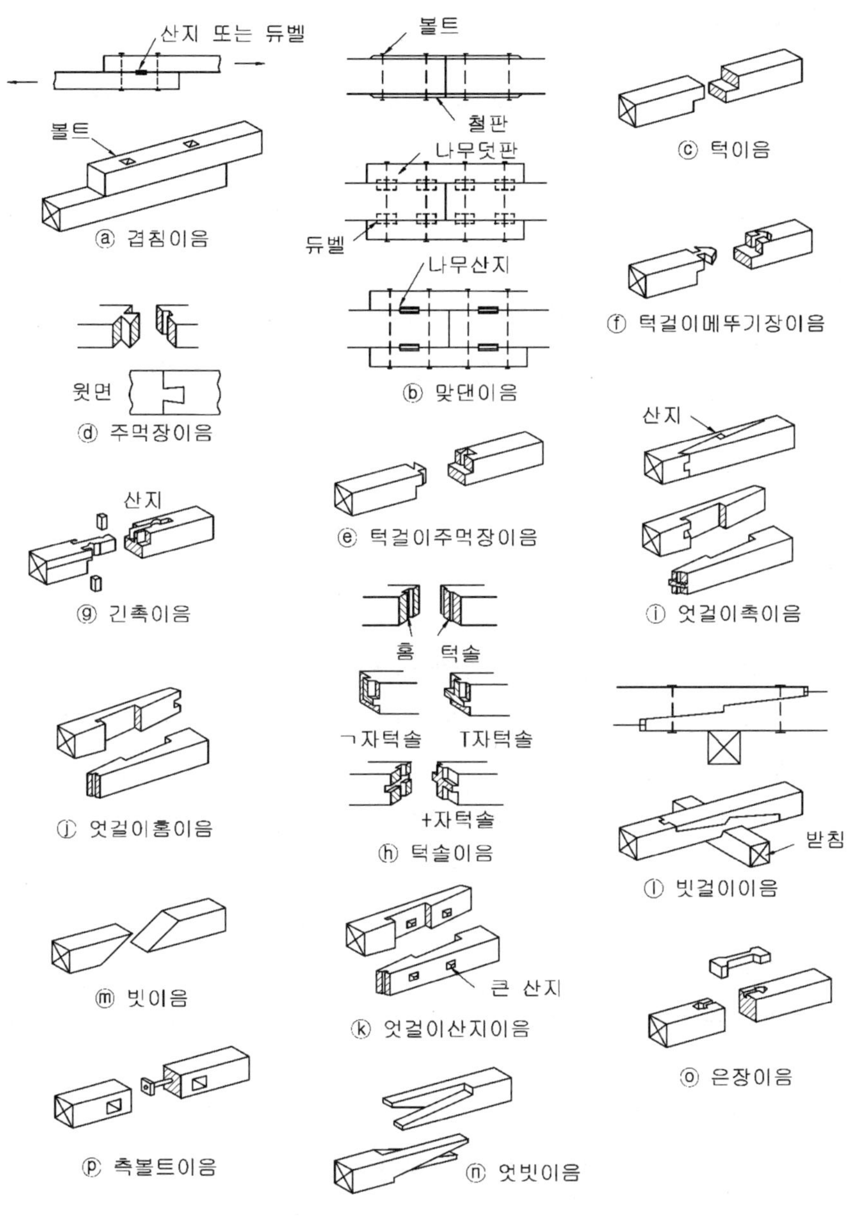

그림 4.3 목재 이음의 종류

(4) 중복이음

오림목 등을 겹쳐서 하나의 긴 부재를 만들 때 잇는 방법으로, 즉 여러 개의 각재(角材) 또는 널을 겹쳐 맞추고 못질 또는 듀벨을 사용한 볼트 죔으로 하거나 교착제로 붙여 댄 것으로서, 큰 간사이 경골구조(輕骨構造)에 쓰인다.

4.3.3 맞 춤

맞춤 방법은 다음과 같이 여러 가지 종류가 있으며 사용 부분에 따라 적당한 것을 택하여 쓴다.

(1) 장부맞춤

① 짧은 장부(반다지 장부)맞춤

맞추어지는 재의 반 또는 1/3정도의 깊이로 뚫어 넣은 짧게 된 장부맞춤으로 맞춤 자리는 꺾쇠·띠쇠·감잡이쇠 등으로 보강하는 것이 좋다. 샛기둥·동바리 등의 상하맞춤에 많이 쓰인다.

② 긴 장부맞춤

긴 장부를 만들어 맞춘 것으로, 특히 가로 산지를 박아 보강하면 더욱 튼튼하다. 주로 기둥 상하맞춤에 쓰인다.

③ 내닫이 장부맞춤

맞추어지는 재(材)를 꿰뚫어 넣은 길게 된 장부로 꿰뚫어 나온 장부에 메뚜기를 박거나 벌림 쐐기를 쳐 박아서 보강한다. 계단의 엄지기둥 등을 세울 때 쓰인다.

④ 턱 장부맞춤

장부에 턱이 있는 것으로 토대·창호 등의 모서리 부분의 맞춤에 쓰인다.

⑤ 턱솔턱 장부맞춤

－자형, ＋자형 등의 턱솔이 있어 이동 되는 것을 방지한다.

⑥ 쌍턱 장부맞춤

턱이 좌우 또는 전후에 있는 것으로, 기둥의 윗부분에서 도리와 보의 두 부재가 걸쳐질 때 쓰인다.

⑦ 쌍장부맞춤·두쌍 장부맞춤

쌍장부는 장부가 두 갈래로 된 것이고, 두쌍 장부는 네 갈래로 된 것으로 주로 창호에 쓰인다.

⑧ 부채장부맞춤

장부의 단면을 사다리꼴(부채) 모양으로 만들어 맞춘 것으로, 모서리 기둥과 토대와의 맞춤 등에 쓰인다.

⑨ 지옥장부맞춤

벌림쐐기를 끼운 장부를 장부 구멍에 맞추어 질 때 장부가 벌어져 빠져 나오지 못하게 연결된 맞춤이다. 주로 창호나 치장을 요하는 곳에 쓰인다.

⑩ 가름장 장부맞춤

주로 양식 지붕틀의 왕대공과 마룻대와의 맞춤에 쓰인다.

⑪ 맞인 장부맞춤

장부를 제물에 내지 않고 따로 끼워 대어 맞춤을 튼튼히 하는 것으로 기둥과 밑홈대의 맞춤에 쓰인다.

⑫ 기타 장부맞춤

위와 같은 장부맞춤 외에 턱솔 장부맞춤, 빗장부 맞춤 등이 있다.

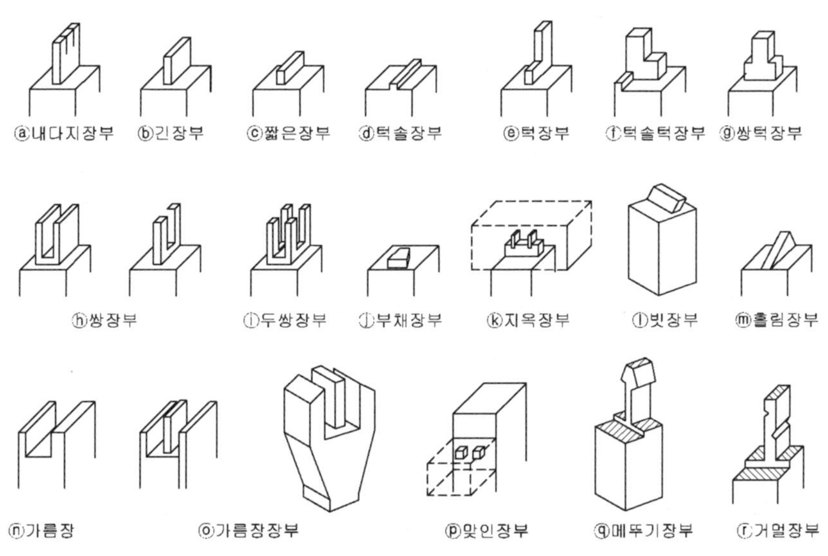

그림 4.4 장부맞춤

(2) 주먹장 맞춤

맞춤이 간단하고 철물 등은 쓰지 않아도 튼튼하므로 가장 많이 쓰이며, 토대와 토대와의 맞춤(T형 부분), 토대와 멍에와의 맞춤, 달대공의 맞춤 등에 쓰인다.

그 종류는 다음과 같이 여러 형태가 있다.

① 주먹장 맞춤

② 두겁 주먹장맞춤

③ 턱솔 주먹장맞춤

④ 내림 주먹장맞춤

⑤ 턱걸이 주먹장맞춤

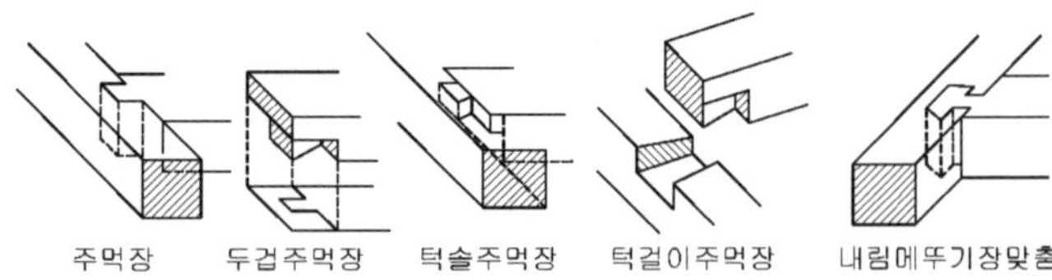

그림 4.5 주먹장 맞춤

(3) 연귀맞춤

창문틀이나 창문의 모서리 등에서 나무 마구리를 감추면서 튼튼하게 맞춤을 하는 것으로 다음과 같은 종류가 있다.

① 반연귀맞춤

② 안촉연귀맞춤

③ 박촉연귀맞춤

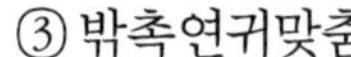

④ 안팎촉연귀맞춤

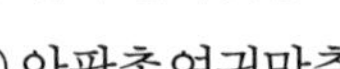

⑤ 사개연귀맞춤

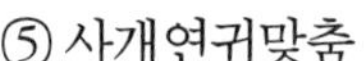

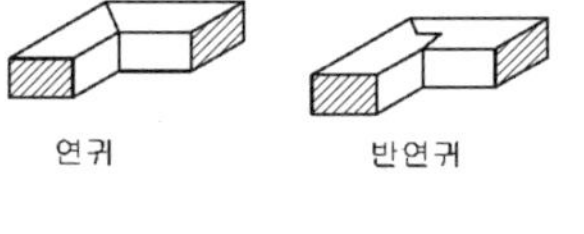

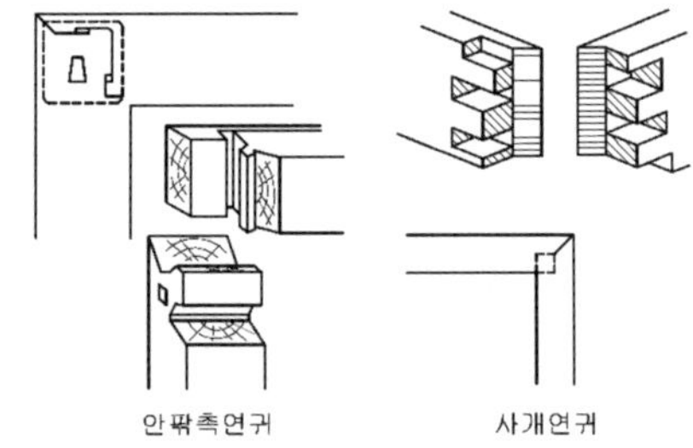

안촉연귀

그림 4.6 연귀맞춤

(4) 기타 맞춤

① 허리맞춤

재의 옆면에 다른 재를 그대로 대어 맞추는 것으로, 턱솔을 넣거나 다른 맞춤과 같이 쓸 때가 많다. 보강 철물을 써서 튼튼하게 죄어야 한다.

② 통맞춤

기둥과 꿸대의 맞춤과 같이 큰 재에 작은 재를 통째로 끼워 맞춘 것으로 다른 장부와 같이 쓸 때가 많다.

③ 걸침턱맞춤

두 재를 서로 따내어 직각으로 걸쳐 맞춘 것으로, 멍에와 장선, ㅅ자보와 중도리, 평보와 깔도리(또는 처마도리)와의 맞춤 등에 쓰인다.

④ 빗걸침턱맞춤

서로 빗깍아서 맞추는 것으로, 멍에를 토대에 맞출 때나, 보를 층도리에 걸칠 때 쓰인다.

⑤ 반턱맞춤

두 재의 끝을 서로 반씩 따내어 직각으로 맞추는 것으로, 토대 등의 직각부분의 맞춤에 쓰인다.

⑥ 갈퀴맞춤

꿸대를 기둥에 맞출 때 쓰인다.

⑦ 장부 빗턱통맞춤

빗턱 통넣은 장부맞춤 이라고도 하며, 기둥과 보·도리·층도리·밑인방 등과의 맞춤이나 양식 지붕틀의 빗 재의 맞춤에 쓰인다. 반드시 꺽쇠 등의 철물로 보강해야 한다.

⑧ 가름장맞춤

기둥과 나비가 넓거나 좁은 보와의 맞춤에 쓰이며, 보통 보강 철물을 써서 긴결한다.

⑨ 안장맞춤

양식 지붕틀의 지붕보와 ㅅ자보와의 맞춤에 쓰이며 볼트 등의 철물로 보강한다.

⑩ 숭어턱맞춤

기둥과 도리와의 맞춤 등에 쓰인다.

⑪ 이 외에 턱맞춤, 턱솔맞춤, 메뚜기장맞춤, 거멀맞춤 등이 있다.

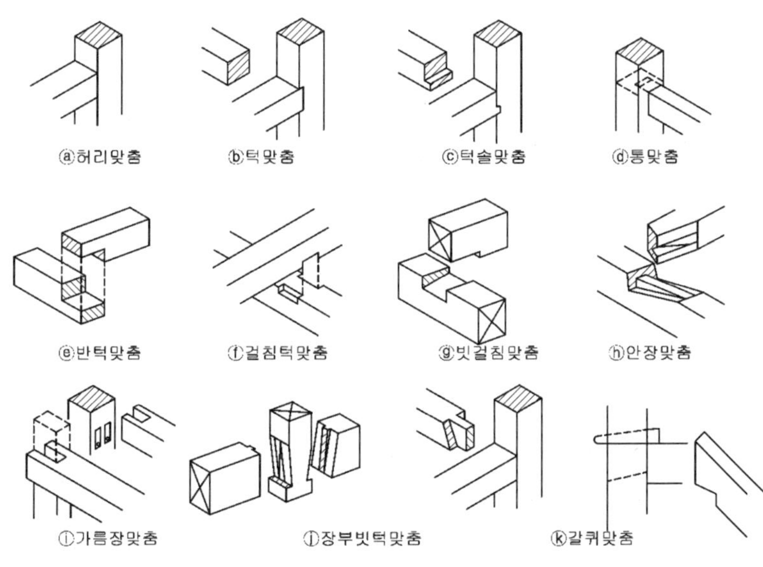

그림 4.7 기타 맞춤

4.3.4 보강 철물과 접합법

목구조의 접합에 쓰이는 보강 철물에는 못(nail), 꺾쇠(clamp), 볼트(bolt), 듀벨(dubel), 띠쇠(strap) 등이 있다.

(1) 못 (nail)

구조용 못은 못의 머리 모양에 따라 보통머리못, 납작머리못, 둥근머리못 등이 있고, 이 외에 머리가 작은 플래트 못, 갈고리 못, 네모 못, ㄱ자 못, 가시 못, 양끝 못 등이 있다. 재료에 따라 철제(鐵製), 동제(銅製), 황동제(黃銅製), 스테인리스제, 대못(竹釘) 등이 있다.

못을 박을 때에는 다음과 같은 규칙에 따라 박는다.

① 못의 길이는 박아 대는 나무 두께의 2.5~3.0배 정도로 하고, 나무 마구리에 박을 때에는 3.0~3.5배 정도로 한다.
② 못 접합에 있어서 목재의 두께는 못 지름의 6배 이상으로 하며, 경미한 곳 외에는 1개소에 4개 이상 박기로 한다.
③ 못의 배치는 재의 섬유방향에 대하여 엇갈림(亂) 박기로 한다.
④ 습기나 가스로 녹이 슬 염려가 있는 곳은 아연도금 등 녹막이 처리한 못을 쓴다.

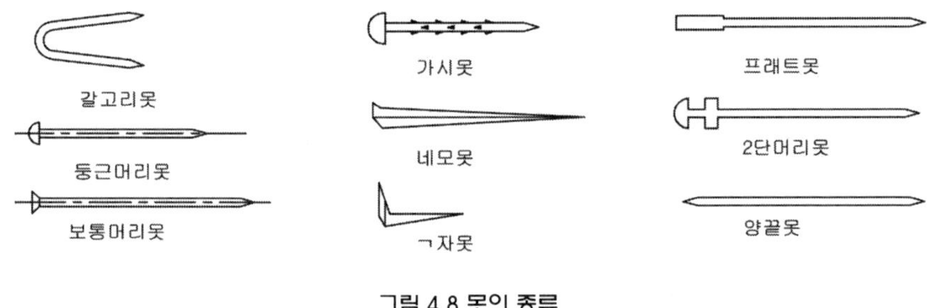

그림 4.8 못의 종류

(2) 나사못(wood screw)

철제, 동제, 황동제가 있고, 또 머리 모양에 따라 둥근 머리, 평 머리 등이 있으며, 특히 큰 응력을 받을 때 쓰이는 네모 머리로 된 코우치 스크류(coach screw)도 있다.

나사못은 최소한 못 길이의 1/3 이상은 돌려 박아야 한다.

(3) 꺾쇠(clamp)

두 부재(특히 압축부재)를 간단하게 접합시키기 위하여 사용되는 것으로 보통 꺾쇠,

엇 꺽쇠, 주걱 꺽쇠 등이 있다.

⑷ 볼트(bolt)

구조용 볼트의 지름은 9mm이상의 것을 사용하며, 종류는 보통 볼트, 양나사 볼트(through bolt), 주걱 볼트(strap bolt), 갈고리 볼트(hook bolt)등이 있다. 갈고리 볼트는 묻음 볼트(anchor bolt) 또는 기초 볼트 라고도 한다. 볼트 접합은 필히 와셔(washer)를 대고 사용한다.

볼트 구멍에 의해서 손상된 재(材)는 전단면적의 1/3 이상 결손되지 않도록 한다. 볼트의 상호간격은 7d 이상, 재 끝과의 거리의 최소한도는 그림 4.9와 같이 하는데 여기서 d 는 볼트의 지름이다.

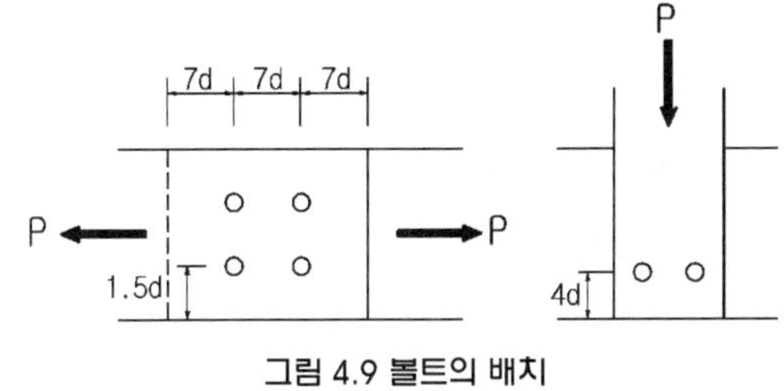

그림 4.9 볼트의 배치

⑸ 듀벨(dubel, dowel)

듀벨은 볼트와 같이 사용하는데 이때 듀벨은 전단력(剪斷力)에, 볼트는 인장력(引張力)에 작용시켜 접합재 상호간의 변위를 방지하여 강한 이음을 얻기 위해 쓰이는 것이다.

듀벨은 압입식(壓入式)과 파 넣은 식이 있고 보통은 강철 또는 주철로 만들어 사용한다.

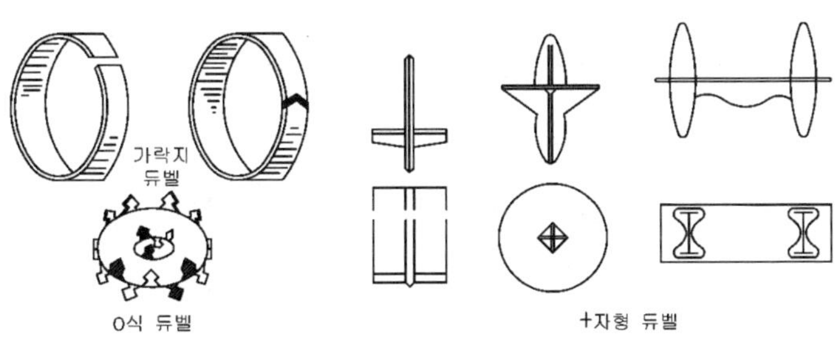

그림 4.10 듀벨의 종류

⑹ 기타 보강 철물

목재 접합부 보강용으로 쓰이는 철물에는 띠쇠(strap), ㄱ자쇠(L-strap), 감잡이쇠(stirrup, strap), 안장쇠(beam hanger) 등이 있다.

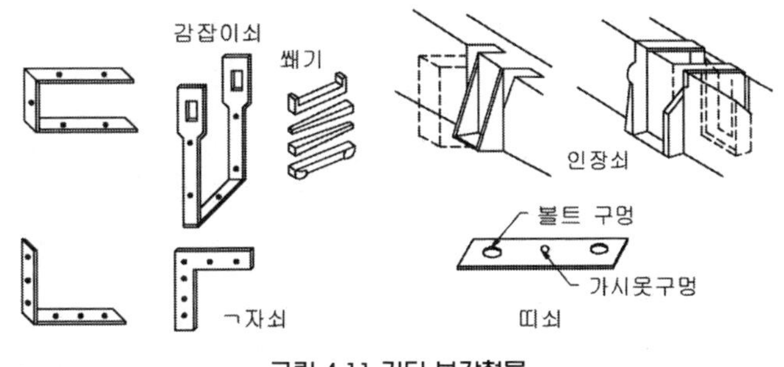

그림 4.11 기타 보강철물

감잡이쇠는 평보를 왕대공에 달아맬 때 쓰이고, ㄱ자쇠는 모서리 기둥과 가로재의 연결에 쓰이며, 안장쇠는 큰 보에 작은 보를 걸칠 때 사용한다.

(7) 교착제(膠着劑, sticking agent)

교착제에는 아교(阿膠), 합성수지제가 있으며, 주로 소목에 많이 쓰인다. 교착할 때의 목재는 건조재를 쓰고 접착 면은 밀착되게 하여 충분히 압착(壓着)시켜야 한다.

4.4 목조 벽체

목조벽체(木造壁體)는 수직재나 수평재로 짜 맞추어 수직하중을 지반에 전달하게 하고, 또한 빗 방향으로 경사재(傾斜材)를 적당히 배치하여 수평방향의 외력에 저항할 수 있도록 짠 구조부분을 말한다.

뼈대는 그림 4.12에서와 같이 토대, 기둥, 샛기둥, 층도리, 깔도리, 처마도리, 기둥밑잡이, 인방, 꿸대, 가새 등으로 구성된다.

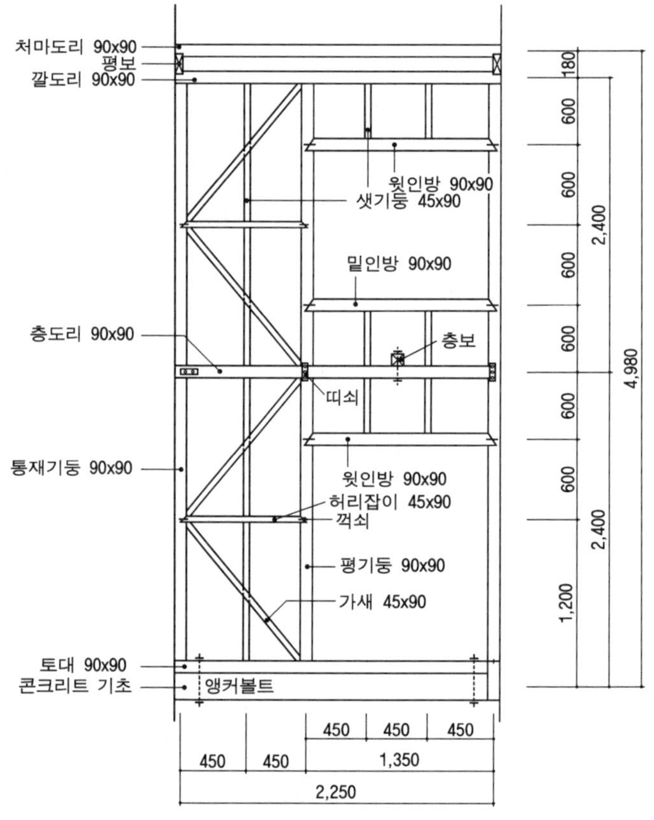

그림 4.12 목조 벽체

4.4.1 토대(土臺, ground sill)

(1) 바깥토대·칸막이토대

토대는 기초 위에 가로 놓아 기둥 등 상부에서 오는 하중을 받아서 기초에 전달하는 한편 기둥 밑을 고정하고 벽을 치는 뼈대가 된다. 건물 바깥벽(外壁, external wall) 밑의 토대를 바깥토대, 칸막이벽(間壁, partition wall) 밑의 토대를 칸막이토대라 한다.

귀에는 귀잡이 토대를 대어 삼각형 구조로 하므로 수평변형을 방지 하도록 한다.

토대는 지반에서 높이는 것이 방습상 유리하고 기초에 닿는 면에는 방부제(防腐劑, creosote)를 칠하며, 기초 윗면과 토대 밑 사이는 1~3cm정도 공간을 띄워서 설치한다. 이때 줄기초 위의 토대는 2~4m간격으로 기초 볼트(anchor bolt)를 배치하여 기초에 20cm이상 묻히도록 한다.

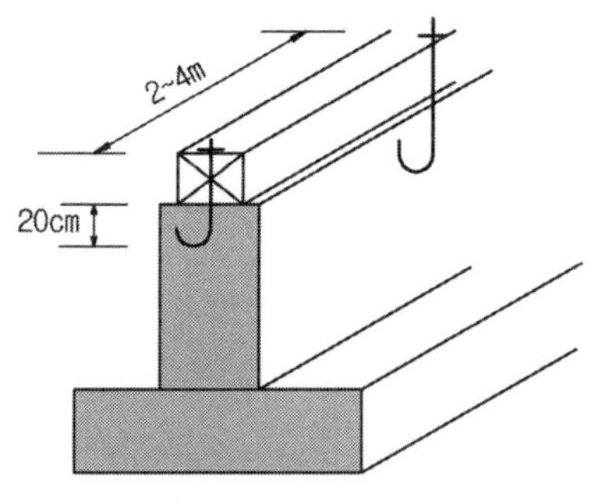

그림 4.13 토대의 설치

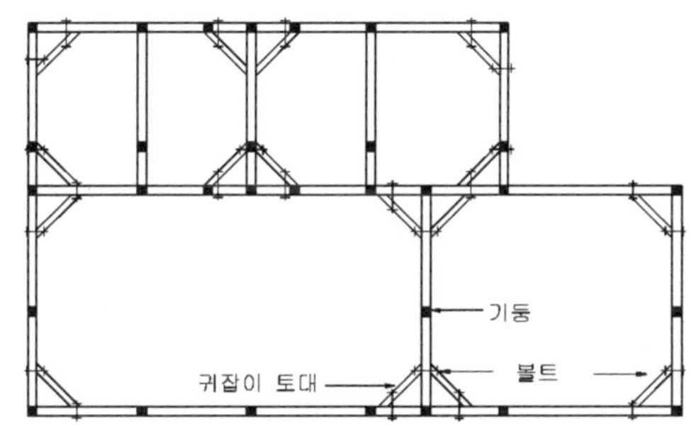

그림 4.14 토대의 배치

재종(材種)은 잘 썩지 않는 낙엽송, 적송 등이 좋으며 토대의 크기는 기둥과 같게 하거나 다소 크게 하는데 보통 10cm각 ~12cm각 정도를 쓴다.

토대의 이음은 턱걸이 주먹장이음 또는 엇걸이 산지이음 등으로 하고 간막이토대와의 맞춤은 통넣은 주먹장으로 하며, 모서리 부분에는 연귀장부맞춤 또는 턱솔넣은 장부맞춤으로 한다.

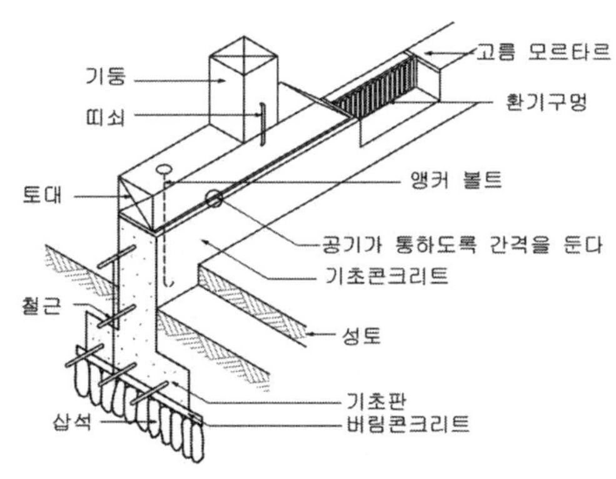

그림 4.15 줄기초 토대

(2) 귀잡이토대

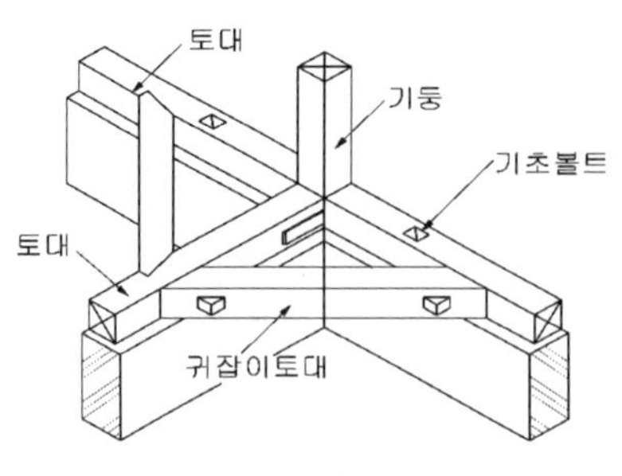

그림 4.16 귀잡이 토대

토대의 모서리 T자형, +자형으로 만나는 부분에는 횡력(橫力, 水平力)에 견디기 위하여 45° 각도로 길이 1m 정도의 귀잡이토대를 토대에 빗턱 통넣은 짧은 장부맞춤 볼트 죔 등으로 한다. 이것도 토대와 같이 방부제를 칠하여 쓴다.

귀잡이 토대의 규격은 토대와 같은 치수 또는 그의 반 정도로 하고 때로는 띠쇠를 쓰기도 한다.

4.4.2 기 둥(柱, post, stud, strut)

상부의 하중을 받아 토대에 전달하는 수직 구조재로서 압축력이나 쭈그림에 대해서 안전해야 한다. 기둥에는 본기둥과 샛기둥이 있고 본기둥에는 통재기둥(通材柱)과 평기둥(平柱)이 있다. 이외에 길이가 짧은 기둥을 동바리 또는 동자기둥(童子柱)이라 한다.

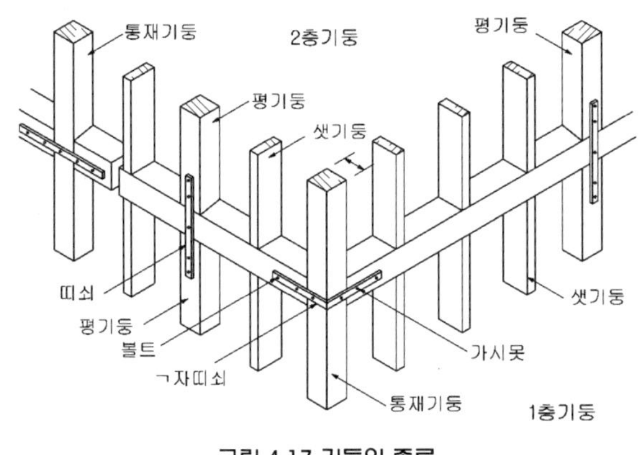

그림 4.17 기둥의 종류

(1) 본기둥

본기둥은 모서리나 칸막이벽과 교차되는 곳 또는 집중하중을 받는 곳에 설치하고, 벽이 길 경우에는 약 2m 정도의 간격으로 배치한다.

기둥은 가능한 많이 배치하여 기둥 1개에 작용하는 하중이 적게 하는 것이 유리하다.

① 통재기둥(通材柱)

밑층(下層)에서 윗층(上層)까지 1개의 재로 상하층 기둥이 되는 것으로 그 길이는 대개 5~7m정도이며, 건물의 모서리 중간요소에 배치한다.

주로 수평하중에 저항하는 것이 목적이므로 단면의 결손을 가능한 적게 하고 띠쇠 등의 적당한 철물로 보강하도록 한다. 통재기둥의 이음은 엇걸이 촉이음으로 한 다음 덧판을 대서 볼트 죔으로 한다.

② 평기둥(平柱)

각 층별로 배치되는 기둥으로서 토대와 층도리, 층도리와 층도리, 층도리와 깔도리, 또는 처마도리 등의 가로재로 구분된다. 기둥 상하에서 가로재와의 맞춤은 내다지장부 산지치기로 하거나, 짧은 장부맞춤으로 하고 꺾쇠·볼트 및 띠쇠 등으로 보강한다.

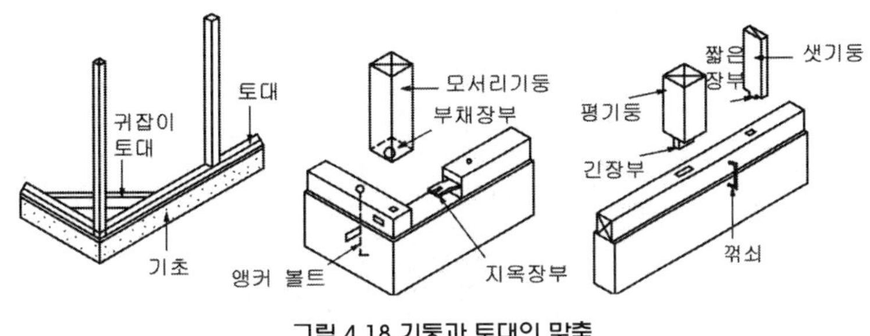

그림 4.18 기둥과 토대의 맞춤

⑵ 조립기둥

큰 건물의 기둥은 반드시 강도 계산에 의하여 그 치수를 정하지만 1개로 하기가 곤란할 때에는 2개 또는 4개의 재를 조립하여 쓰기도 한다.

⑶ 샛기둥(stud)

본기둥 사이에 벽체를 이루는 것으로서 가새의 휨을 막는데 유효하다. 샛기둥의 간격은 약 45cm 정도로 하고 크기는 평벽식 일 때는 본 기둥의 1/2쪽 또는 1/3쪽으로 하여 가로재에 짧은 장부맞춤으로 하여 세운다. 안심벽·박평벽일 때는 4~5cm 각재를 상하 가로재에 홈 파 넣고 못치기하고 띠장(꿸대)에도 못치기 한다. 이것은 널판벽 또는 졸대를 받는 바탕이 되기도 한다.

⑷ 경골구조(輕骨構造, ballon frame construction)

기둥·보 등을 큰 단면의 부재를 사용하지 않고 비교적 단면이 작은 표준치수의 부재만으로 구성하여 짠 것이다. 19세기에 미국에서 발전한 구조법으로 두께 2인치(50.8mm), 나비 4인치, 6인치, 8인치 등 즉 2″×4″, 2″×6″, 2″×8″등의 각재를 용도에 따라 구조재로 조립한 것으로 매우 경쾌한 구조라 할 수 있다.

수직재로 2층까지 연속하여 설치할 수 있고 구조 내력상 1개로 부족하면 2개 이상을 겹쳐 쓰거나 조립하여 쓰기도 한다. 복잡한 이음 맞춤을 쓰지 않고 간단히 못 박음으로 하여 짜기 때문에 접합부가 약한 것이 흠이지만 경제적이면서 단시간에 쉽게 건축할 수 있는 장점이 있다.

1층 바닥 위에 마루틀 까지 이런 구조법으로 강하게 설치하는 형식을 플랫폼 구조(platform construction)라고 한다.

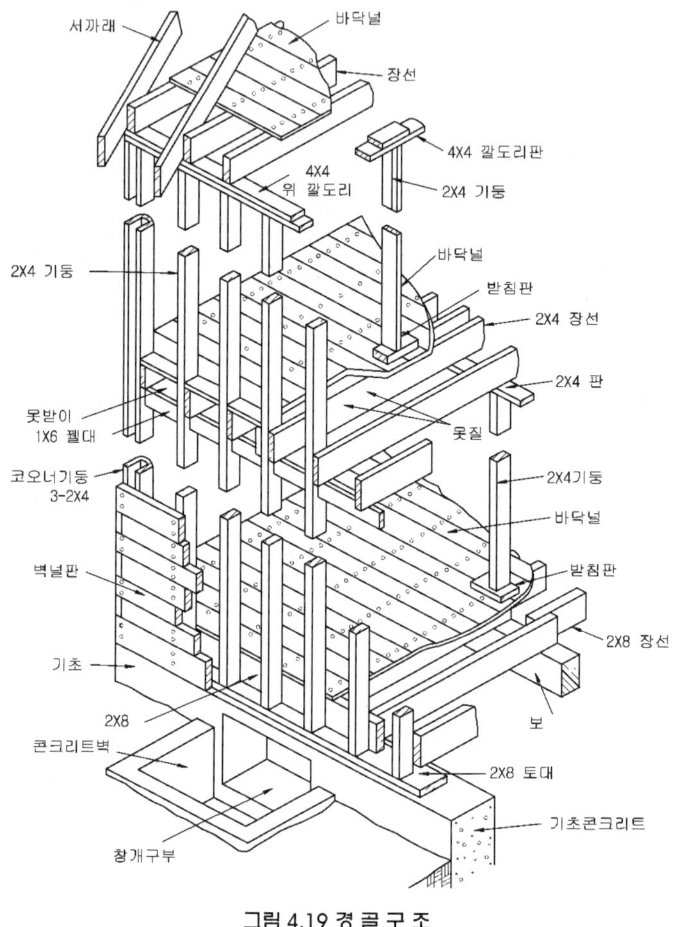

그림 4.19 경 골 구 조

4.4.3 층도리·깔도리·처마도리

(1) 층도리(girth, girt)

층도리는 2층 마룻바닥이 있는 부분에 수평으로 대는 가로재로서 평기둥 또는 샛기둥 위에 얹히고 위층 바닥 하중을 받아 기둥에 전달시킬 목적으로 쓰인다.

층도리의 나비는 기둥과 같게 하는 것이 편리하고 춤(depth)은 층보를 받으므로 나비의 1~2배 정도로 한다. 양단은 통재기둥에 빗턱 통넣고 내닫이 장부맞춤 벌림 쐐기치기로 하거나 빗턱 통넣은 짧은 장부 맞춤으로 하여 안팎에 띠쇠를 대고 볼트 죔 가시못치기로 한다. 이을 경우에는 엇걸이 산지이음으로 한다.

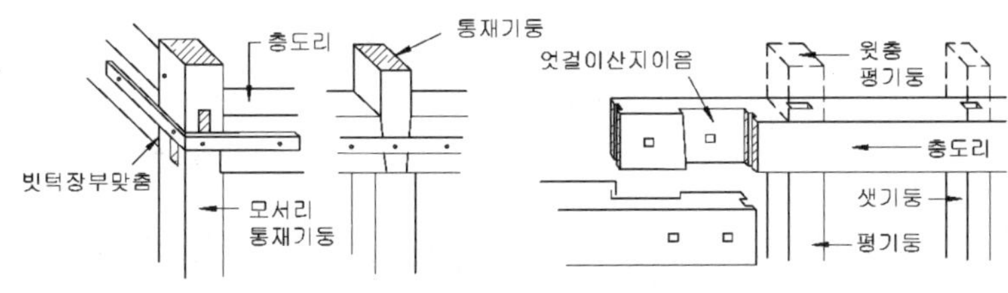

그림 4.20 층도리의 맞춤

(2) 깔도리(wall plate, rising plate)·처마도리(pole plate)

깔도리는 기둥 상단에 가로로 연결하여 지붕틀을 받는 재로서 이 위에 지붕틀의 평보를 걸치고 이 위에 깔도리와 같은 방향으로 걸친 가로재를 처마도리라 한다. 이렇게 쓰는 것은 양식구조이고 한식구조와 절충식 구조에서는 처마도리가 깔도리를 겸하여 하나로 쓰고 있다.

단면은 기둥과 같은 정도 또는 다소 춤이 높은 것을 쓴다. 이것들은 평보 옆에서 주걱볼트로 죄면 기둥과 함께 4부재가 하나로 연결된다. 도리의 이음은 엇걸이이음 등의 내이음으로 한다.

한식 및 절충식 구조에서는 기둥에 처마도리를 먼저 걸쳐대고 보를 그 위에 얹어 연결하는 법과, 보를 먼저 기둥에 걸쳐대고 처마도리를 보위에 걸쳐대는 방법이 있다. 이 때의 보와 처마도리는 주걱볼트 죔으로 한다.

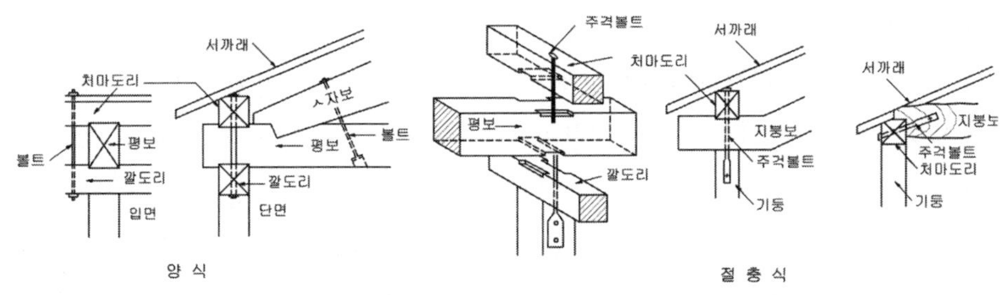

그림 4.21 깔도리와 처마도리

4.4.4 기둥 밑잡이(plinth)

기둥 밑잡이는 기둥 밑을 연결하여 마루를 받게 하기 위하여 기둥과 기둥 사이에, 또는 그 옆면에 댄다. 1층에서는 멍에나 장선을 받게 되고 2층에서는 층보의 전도(轉倒)를 막을 수 있다.

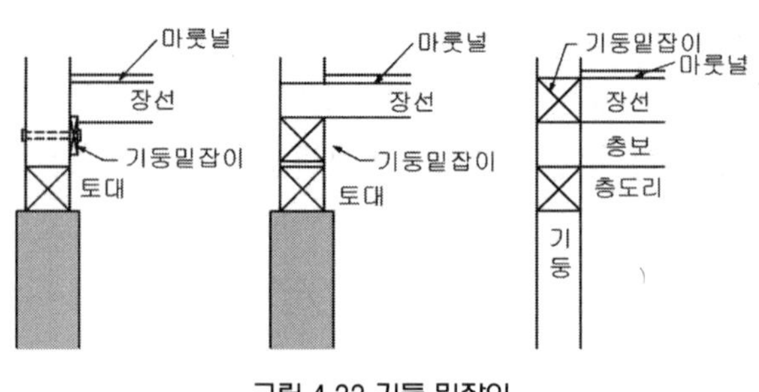

그림 4.22 기둥 밑잡이

기둥 사이에 댈 때에는 기둥과 같은 단면의 것을 기둥에 빗턱통넣고 장부맞춤으로 하여 띠쇠를 대고 볼트 죔으로 한다.

또 기둥 옆면에 댈 때에는 기둥의 1/2단면의 것을 걸침턱으로 맞추어 볼트 죔으로 한다. 이때 멍에를 받을 때는 멍에 밑잡이, 장선을 받을 때는 장선 밑잡이라고도 한다.

4.4.5 인방·홈대·켿대

(1) 인 방(引枋, lintel)

인방은 기둥과 기둥에 가로대어 창문틀의 상하벽을 받고 하중은 기둥에 전달하며 창문틀을 끼워대는 뼈대가 되는 동시에 벽체의 뼈대가 된다. 창문의 위쪽에 있는 것을 웃인방(上引枋, lintel), 중간에 있는 것을 중인방(中引枋) 또는 중방(中枋), 밑에 있는 것을 밑인방(下引枋)이라고 한다. 또한 창 밑의 것을 창대(窓臺, window sill), 문 밑의 것을 문지방(門地枋, door sill)이라고 한다.

인방의 크기는 기둥과 같은 정도로 하고 양 끝은 빗턱통 넣은 장부맞춤으로 하여 꺽쇠 또는 띠쇠 등으로 보강한다. 이때 샛기둥은 인방에 짧은 장부맞춤 못치기로 한다.

(2) 홈 대

한식 또는 절충식 구조에서는 인방 자체가 수장을 겸하는 창문틀이 되는데 이것을 홈대라 하며, 웃홈대·중간홈대·밑홈대가 있으며, 또 이중창을 달기 위하여 덧대는 덧홈대도 있다.

홈대의 크기는 보통 기둥 반쪽의 것을 쓰나 중간 홈대는 다소 큰 것을 쓴다. 홈의 나비는 보통 20mm 정도, 깊이는 웃홈대에서 15mm, 밑홈대에서 3mm 정도로 한다. 외부에 면한 밑홈대는 물흘림 경사를 둔다. 홈대와 기둥과의 맞춤은 한 끝은 턱솔장부맞춤, 다른 한 끝은 맞인장부맞춤 가로산지치기 등으로 한다.

(3) 꿸 대(batten, rail)

심벽의 뼈대가 되는 것으로 기둥과 기둥 사이에 10cm×2cm 정도의 널재를 3~5개 정도 가로 꿰뚫어 넣어 외를 엮어대는 힘살이 되는 것이다. 맞춤은 기둥에 내림맞춤·내림메뚜기장·갈퀴맞춤 등으로 한다.

4.4.6 가 새 · 버팀대 · 귀잡이

목조 뼈대를 4각형으로만 짜게 되면 변형이 발생하기 쉬우므로 이것을 막기 위해서 대각선 방향으로 가새를 대어 삼각형으로 짜면 안정된 구조가 된다.

가새를 댈 수 없을 때에는 그 모서리에 짧게 빗대는데 수직으로 빗댄 것을 버팀대, 수평으로 빗댄 것을 귀잡이라 한다. 이것들은 지진, 풍압 등의 수평력(水平力, 橫力)에 견디게 하고, 벽체의 변형을 막을 수 있어 건물 전체가 견고해진다.

(1) 가 새(diagonal bracing)

수평력을 받는 목조 벽체를 안전한 구조로 하기 위한 것이고 버팀대 보다 더 강하다. 벽체가 교체되는 수평력을 받으면 가새에는 압축 및 인장응력이 번갈아 일어난다.

이때 가새의 응력은 다음 식에 의해서 계산한다.

$$P = X\cos\Theta = X\frac{l}{d} \quad \text{에서}$$

$$X = P\frac{d}{l}$$

여기서 x : 가새에 일어나는 응력 (kgf)

P : 뼈대에 작용하는 수평력 (kgf)

l : 기둥의 간격 (m)

d : 가새의 길이 (m)

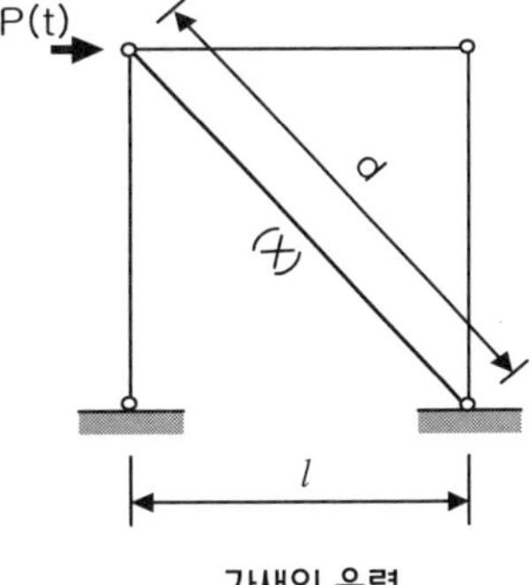

가새의 응력

가새의 경사는 45° 에 가깝게 하고 수평재와의 각도는 가능한 적게 하는 것이 유리하다. 가새는 도중에서 따내지 않도록 하고 양끝은 볼트·꺽쇠 등의 철물로 보강한다. 가능한 대칭적으로 배치하는 것이 좋고, 주요 건물에서는 v 형 보다는 X형으로 하여 압축·인장을 겸비하도록 한다.

압축력을 받는 가새는 이에 접하는 기둥의 1/3이상의 단면적의 목재를 사용하고, 인장력을 받는 가새는 이에 접하는 기둥의 1/5이상의 단면적의 목재 또는 ø 9㎜이상의 철근을 사용한다.

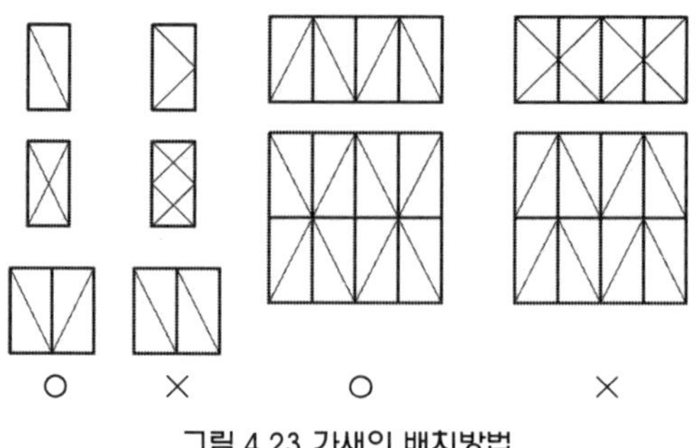

그림 4.23 가새의 배치방법

(2) 버팀대(angle brace, Knee brace)

수직·수평재의 맞춤 부분의 모서리를 고정시키기 위하여 빗대는 것으로 수평력에 대해서는 가새 보다 약하지만 가새를 댈 수 없는 곳에 유리하다.

버팀대는 기둥과 같은 단면의 것을 기둥 및 가로재에 빗턱통 넣은 장부맞춤 볼트 죔으로 하거나 기둥의 반쪽의 것을 기둥과 가로재의 옆면에 빗대고 볼트 죔으로 하기도 한다.

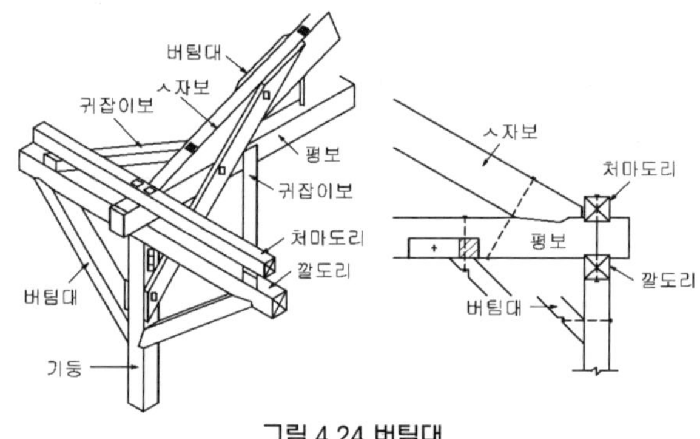

그림 4.24 버팀대

수평력이 작용할 때 버팀대에 생기는 응력은 다음 식에 의해 계산한다.

$$x = P\frac{d}{2l}$$

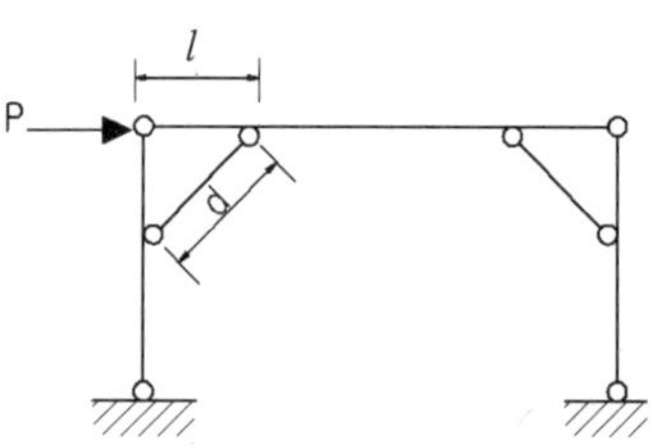

그림 4.25 버팀대의 응력

여기서 x : 버팀대에 일어나는 응력 (kg)

P : 뼈대에 작용하는 수평력 (kg)

l : 버팀대 접합부와 기둥과의 거리 (m)

d : 버팀대의 길이 (m)

예제

다음 그림에서 가새에 발생하는 응력(x)을 계산하라.

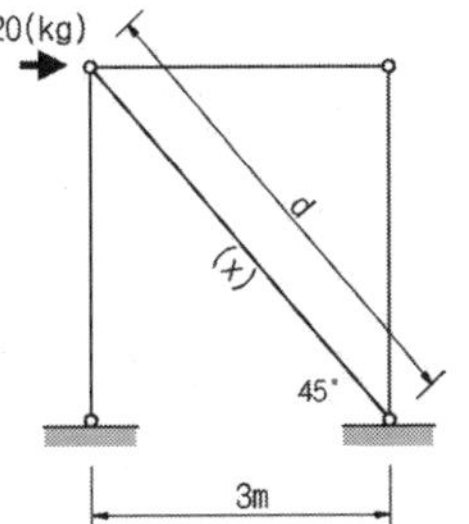

【풀이】 응력 방향이 압축이므로 압축 가새이다.

가새(x)의 길이를 d 라 하면,

$$d=\sqrt{3^2+3^2}=3\sqrt{2}$$

가새의 응력

$$x=P\frac{d}{l}=20\frac{3\sqrt{2}}{3}=20\sqrt{2}=28.84\text{ kg}$$

또는 $\Theta=45^\circ$ 이므로 $P=x\cos 45^\circ=x\frac{1}{\sqrt{2}}$

$$\therefore x=P\sqrt{2}=20\sqrt{2}=28.84\text{ kg}$$

예제

다음 목조틀에서 버팀대에 일어나는 응력(x)을 계산하라.

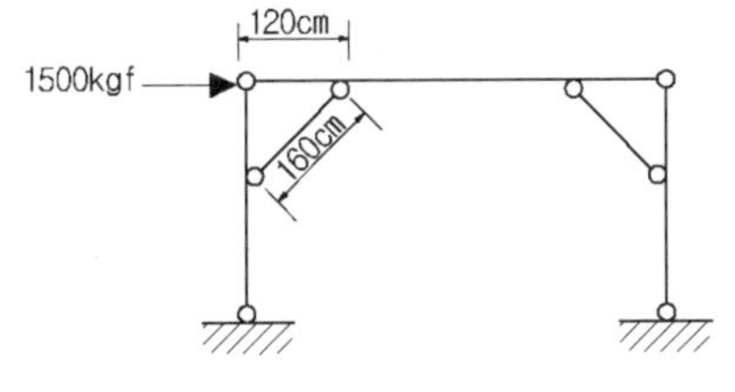

【풀이】 이 버팀대는 인장력을 받는다.

버팀대의 응력 $x=P\frac{d}{2l}$

$$x=1500\times\frac{160}{2\times 120}=1000\text{ kgf}$$

(3) 귀잡이(horizontal bracing, angle tie)

귀잡이는 가로재가 수평으로 맞추어지는 귀 부분을 안정한 세모구조로 하기 위하여 약 1m 정도 빗 방향으로 대서 변형을 방지하게 한 빗재이다.

보 부분에 댄 것을 귀잡이보, 토대 부분에 댄 것을 귀잡이 토대라 하고, 맞춤은 빗턱넣은 짧은 장부맞춤으로 하고 볼트 죔으로 한다.

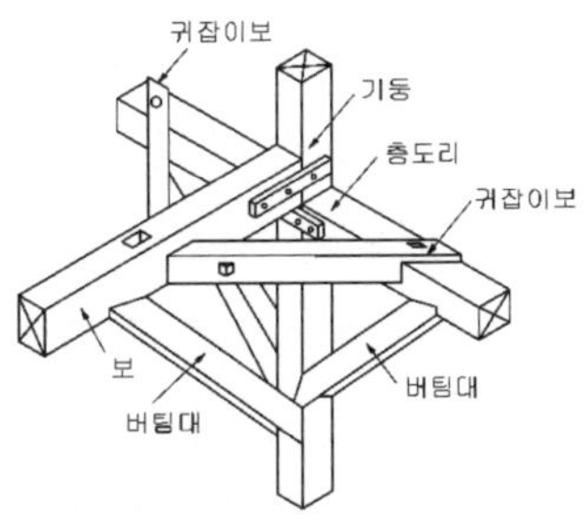

그림 4.26 귀잡이보와 버팀대

4.5 마루구조

4.5.1 1층 마루(first floor, ground floor)

마루바닥(floor)은 사람이나 가구 및 여러 가지 물건의 무게를 안전하게 받을 수 있도록 각 부재의 단면을 계산하여 정하는 것이 원칙이지만 특수한 보를 제외 하고는 대개 표준 크기의 목재를 쓰면 된다.

(1) 동바리 마루

동바리돌 또는 동바리 기초를 놓고 그 위에 동바리를 세우고 멍에를 건 다음 그 위에 직각 방향으로 장선을 걸친 마루이다.

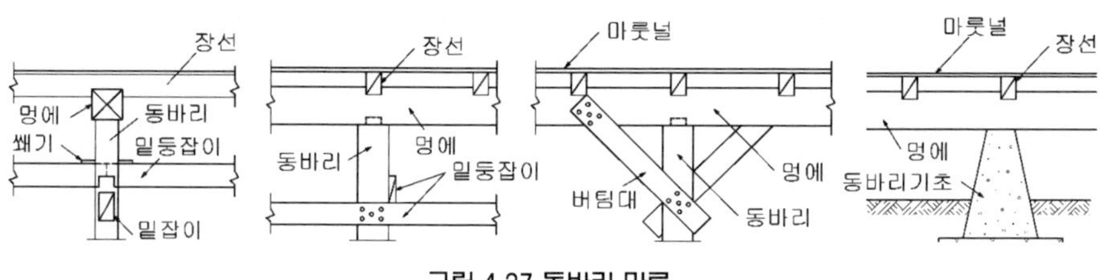

그림 4.27 동바리 마루

① 동바리 기초는 지름 25cm 내외의 평평한 둥근돌(호박돌) 또는 네모진 돌 등을 멍에에 따라 간격 90~180cm정도로 배치하며 잡석다짐이나 모르타르 위에 설치하고 동바리를 세운다.

동바리를 따로 쓰지 아니할 때에는 모뿔대형(角錐臺形)의 콘크리트기초 또는 벽돌 1.0B두께 네모쌓기 등으로 세운다.

② 동바리는 멍에에 짧은 장부맞춤으로 하여 큰못 또는 꺽쇠치기로 하고 동바리의 옆 진동을 막기 위하여 2cm×10cm정도의 밑잡이를 가로 세로로 동바리에 못박아댄다.

③ 멍에는 10cm각 내외의 죽각재(죽이든 각재)를 쓰고 90~180cm 정도로 배치하며, 보통 방의 길이 방향으로 길게 걸쳐댄다.

멍에는 내이음으로 턱걸이 주먹장이음 또는 메뚜기장이음으로 하고 토대와는 걸침턱 주먹장맞춤·장부맞춤 등으로 하여 큰못으로 박는다.

④ 장선은 멍에의 간격이 1m 이내 일 때에는 5×6cm각 정도로, 1.8m 정도일 때에는 5×10cm각 이상의 것을 쓰고 간격은 45cm 정도로 배치한다.

장선은 멍에에 걸침턱맞춤으로 하고 양단은 기둥 밑잡이(장선받이)에 걸친다. 이음은 멍에 위에서 엇갈림으로 맞대기·턱솔넣기 등으로 한다.

⑤ 마루널은 두께 18~24mm 정도 무절(無節)의 건조재(乾燥材)를 쓰고 보통 제혀 쪽매로 하는데 틈서리 없게 하고 제혀 위에서 숨은 못치기로 한다. 이음은 장선 위에서 엇갈림으로 한다.

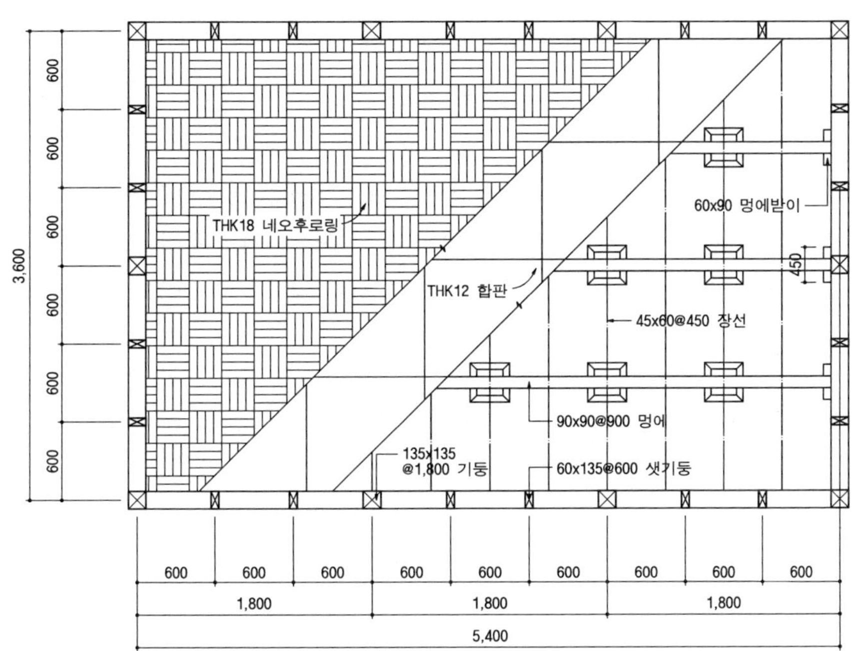

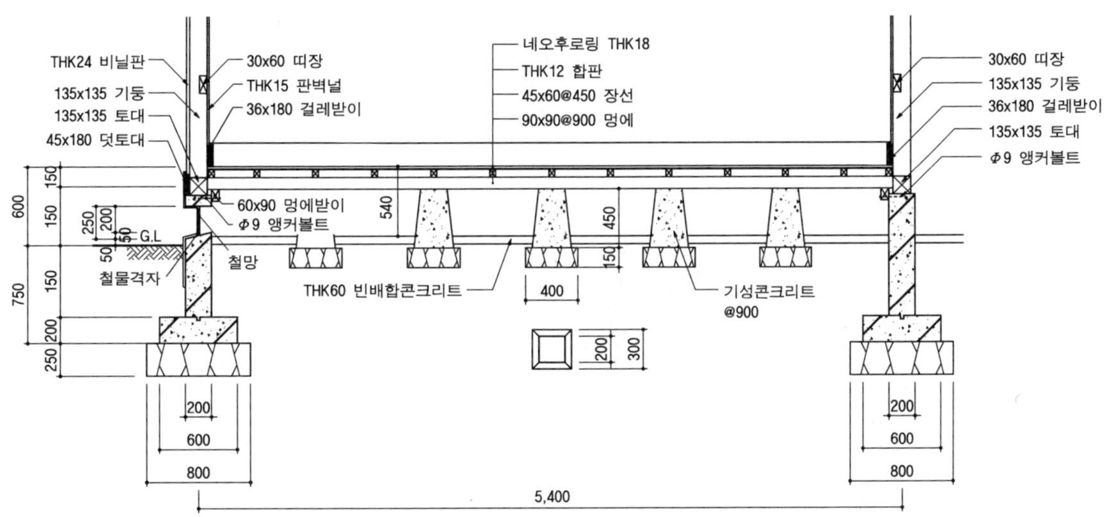

그림 4.28 동바리 마루틀 설치 예

⑥ 마루 밑은 통풍이 잘 안되고 습기가 차기 쉬우므로 마루 바닥은 지반면에서 45cm 이상으로 높여야 한다. 또한 바깥벽의 밑 부분에는 벽의 길이 5m 이하마다 면적 300㎠ 이상의 환기구멍을 만들고, 쥐의 침입을 막는 설비도 해야 한다.

또한 지반면에서 1m 높이 까지는 목재부분은 방부처리를 하는 것이 좋다.

(2) 납작마루

마루 밑에 호박돌 또는 벽돌 등을 놓고 그 위에 방의 긴 쪽 방향으로 간격 1m 정도로 멍에(10~12cm각 정도의 각재)를 배치한다. 그 위에 직각방향으로 간격 45cm 정도로 5~6cm각 정도의 장선을 걸쳐댄다.

또 기초 돌을 쓰지 않고 콘크리트 다짐위에 직접 멍에를 배치할 때와 멍에를 쓰지 않고 직접 장선만 깔고 마루널을 깔 때도 있다. 이 마루는 습기로 썩기 쉬우므로 방부재를 칠하고 콘크리트 바닥 일 때에는 방습층을 두고, 마루 밑의 통풍을 고려해야 한다.

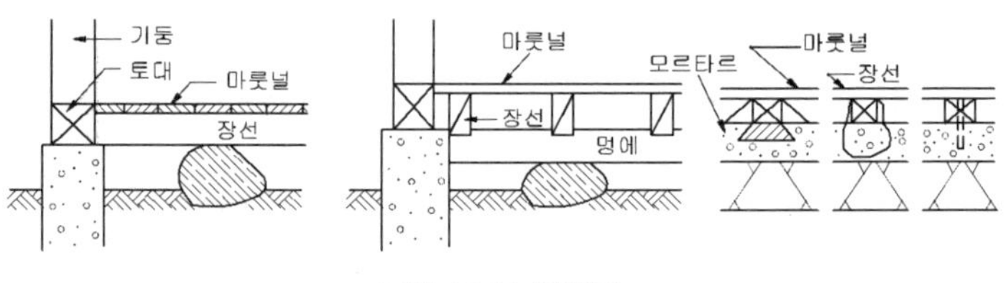

그림 4.29 납작마루

4.5.2 2층 마루(second floor)

2층 마루는 층도리 또는 층보(floor beam)를 걸고 그 위에 장선을 걸치고 마루널을 깐 것이다. 구조에 따라 홑마루틀(單床, 장선마루틀), 보마루틀, 짠마루틀로 구분한다.

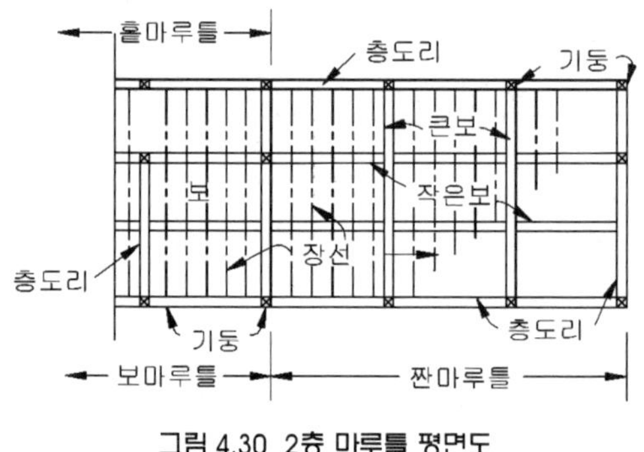

그림 4.30 2층 마루틀 평면도

(1) 장선마루틀 (홑마루틀, single floor framing)

복도 또는 간 사이가 좁은 마루에는 보를 쓰지 아니하고 층도리에 직접 장선을 약 45cm간격으로 걸쳐대고 그 위에 마루널을 깐 것이다.

장선의 춤은 다소 높은 것을 쓰게 되

므로 옆 휨을 막기 위하여 장선받이를 대기도 한다.

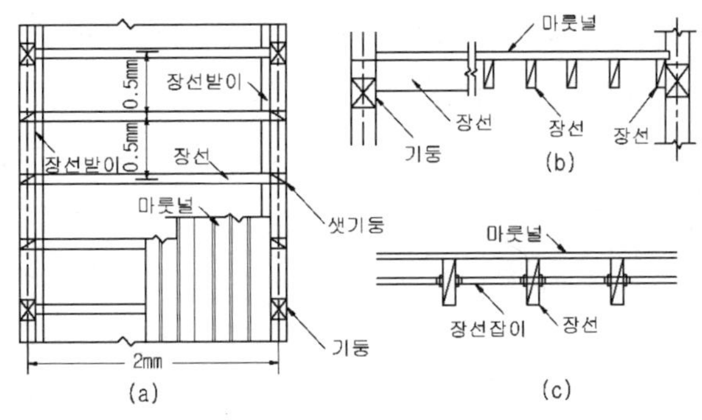

그림 4.31 장선마루

⑵ 보마루틀

보를 걸어 장선을 받게 하고 그 위에 마루널을 깐 것이다. 이것은 간사이가 2.5m 이상인 마루에 쓰이고 보의 간격은 2m 정도로 배치한다.

① 보걸기

통재기둥 맞이에는 빗턱통은 장부맞춤하여 감잡이쇠로 보강한다. 통재기둥을 따내서 강도를 저하시킬 우려가 있을 때에는 통재기둥 맞이에 배합보로 하거나 기둥 옆에서 층도리에 걸쳐대고 기둥에 볼트 죔으로 하는 것이 좋다.

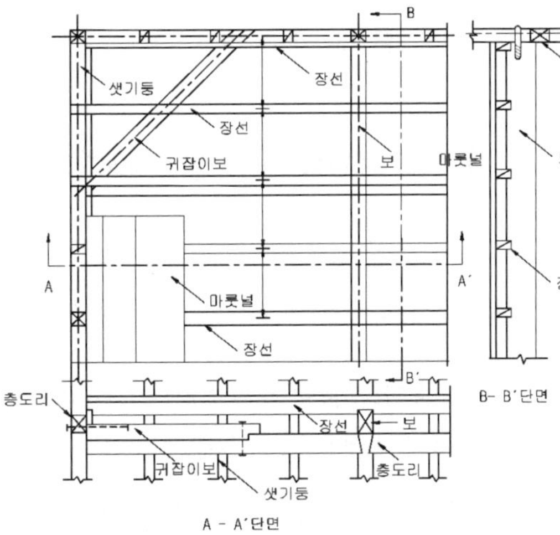

그림 4.32 보 마루틀

② 장선걸기

장선은 45cm간격으로 보위에서 걸침턱 맞춤으로 하는데, 이때 걸침턱 깊이 1.5cm, 높이 3cm정도로 파 넣는다. 이음은 보 중심에서 맞댄이음 또는 턱솔이음으로 한다. 보의 웃면과 장선 웃면을 일치시키고자 할 때에는 장선하나 걸름으로 걸침턱 주먹장으로 하고 못·꺽쇠 등으로 고정시킨다.

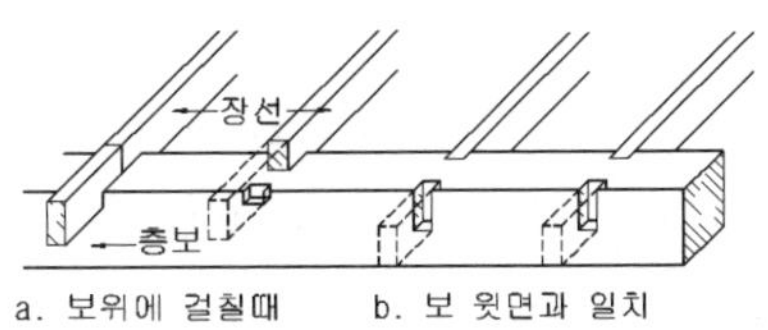

그림 4.33 장선걸기

⑶ 짠마루틀(組立式)

큰보(girder)위에 작은 보(beam)를 걸고 그 위에 장선을 대고 마루널을 깐 마루를 짠

마루틀이라 하며 간사이가 6m 이상 일 때 쓰이고 큰 보의 간격은 2.7~3.6m 정도로 작은 보의 간격은 2m 정도로 건다.

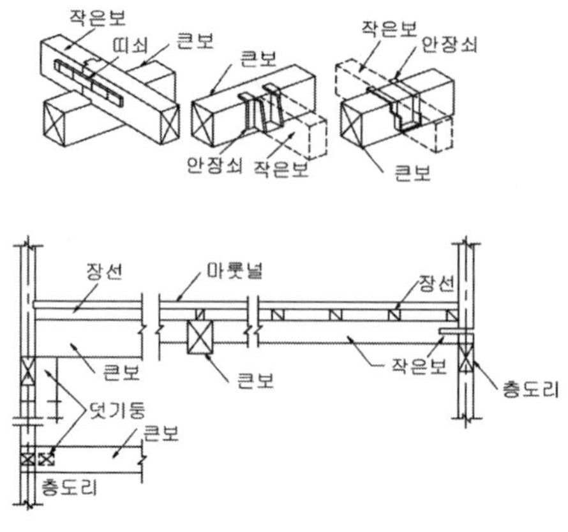

그림 4.34 짠마루 틀

① 큰보의 설치

큰보의 맞춤은 보마루틀의 보와 같은 방법으로 걸쳐댄다.

② 작은보의 설치

작은보를 큰보 위에 걸칠 때에는 걸침턱맞춤으로 하고, 이음은 큰보 중심에서 턱솔넣기로 한다. 중간에 걸칠 때에는 걸침턱 주먹장 내림맞춤으로 한다. 윗면을 일치 시킬 때에는 안장쇠 등을 써서 큰보의 따내기를 적게 하도록 한다.

4.5.3 합성보(合成梁, built-up girder, built-up beam)

보를 단일재(單一材)로 하지 않고, 비교적 작은 부재를 여러 개 합성한 것을 합성보 또는 조립보(組立梁)라 한다. 큰 간사이(span)에 쓰이고 그 종류는 다음과 같다.

(1) 배합보(背合梁, coupled beam)

나비에 비하여 춤이 높은 2개의 재 사이에 기둥과 같은 치수의 끼움목을 90~120cm 간격으로 세로로 끼워대고 볼트 죔한 것으로 협량(挾梁)이라고 한다. 이 보는 비교적 처짐이 적고 통재 기둥에서는 기둥을 따내지 않고 양옆에 보를 대어 기둥과 함께 볼트 죔을 할 수 있는 장점이 있다.

(2) 목철배합보(木鐵背合梁, pitch beam)

2~3 개의 나무보 사이에 철판을 끼우고 볼트 죔한 것으로 샌드위치보(sandwitch beam)라고도 한다. 이 보는 춤을 낮게 할 수 있고 조적조의 층보로 적당하다. 볼트의 크기와 개수는 계산상 정해지지만 볼트의 구멍에 여유가 있으면 보가 상당히 약해질 수 있다.

(3) 포갬보(겹친보)

2~3 개의 각재를 상하로 겹치고 그 사이에 산지나 듀벨을 끼우고 볼트 죔을 한 보이

다. 이 보는 비교적 작은재를 이용하여 전단력에 견디는 1개의 보로서 사용할 수 있는 것이 특징이다.

⑷ 트러스보(trussed beam, trussed girder)

비교적 작은 부재를 3각형 구조로 짜 만든 것으로 그 모양은 여러 가지가 있다. 이 보는 간사이가 크고(large span) 큰 하중을 받을 때 적당하나 보의 춤이 커져서 천장속이 높게 되는 것이 단점이다.

⑸ 목철합성(木鐵合成) 트러스보

트러스보에 하중이 작용하면 각 부재에는 각각 압축응력 및 인장응력이 생긴다. 이때 압축응력이 일어나는 부재에는 목재 그대로 쓰고, 인장 응력이 일어나는 부재에는 인장력에 강한 철재를 써서 굳센 트러스보를 만든다.

4.6 지붕틀

4.6.1 지붕의 종류와 물매

지붕의 형태는 건물의 크기·용도·외관·사용재료·지방의 특색·기후에 따라서 다르고 의장상 중요한 부분이 된다. 그 종류는 그림과 같이 여러 가지가 있다.

① 외쪽지붕(shed roof)·부섭지붕(lean-to roof, pent roof) : 지붕면이 한쪽으로만 경사진 지붕

② 박공지붕(gabled roof) : 양쪽 방향으로 경사진 지붕으로 뱃지붕 또는 맞배지붕 이라고도 한다. 눈썹지붕은 한쪽 지붕면이 좁게 된 지붕이다. 반박공지붕도 있다.

③ 모임지붕(hipped roof, piend roof) : 추녀마루가 용마루에 모여 합쳐진 지붕

④ 합각지붕(合角屋蓋) : 모임지붕 일부에 박공지붕을 같이한 지붕

⑤ 네모지붕(方形屋蓋, pyramidal roof, pavilion roof) : 평면상 정 방향으로 지붕마루 1점에서 사방으로 경사진 지붕

⑥ 뾰족지붕(尖頭屋蓋, pinnacle roof, aspire) : 지붕의 물매가 가파른 지붕으로 방형 원추형(圓錐形), 다각추형(多角錐形) 등이 있다.

⑦ 욱은지붕(concave roof)·부른지붕(convex roof) : 지붕면 중간이 우그려 내린 욱은지붕이 있고, 불러 오른 부른지붕이 있다.

⑧ 맨사드지붕(mansard roof) : 모임지붕의 물매를 한 번 더 꺾어 물매의 상하가 다르게 된 지붕

⑨ 꺾인지붕(curb roof) : 박공지붕의 물매를 한 번 더 꺾어 물매의 상하가 다르게 된 지붕

⑩ 반원지붕(半圓屋蓋, barrel roof) : 지붕의 단면 모양이 반원형이다

⑪ 솟을지붕(monitor roof) : 지붕의 일부분을 높게 하여 채광·통풍을 위하여 만든 작은 지붕

⑫ 톱날지붕(sawtooth roof) : 외쪽지붕이 연속하여 톱날형으로 된 지붕

⑬ 돔(dome) : 반구형(半球形)의 모양으로 된 지붕으로 이 종류에 파총돔(bulbous dome)도 있다

그 외에 지붕면이 거의 수평면으로 된 평지붕(flat roof, deck roof)이 있고, 위층에서 외부로 출입할 수 있게 한 평지붕으로 발코니(balcony)가 있고, 빗물과 햇볕을 막기 위한 채양(遮陽, canopy, appentice) 등도 있다. 이들은 대개 철근콘크리트로 한다.

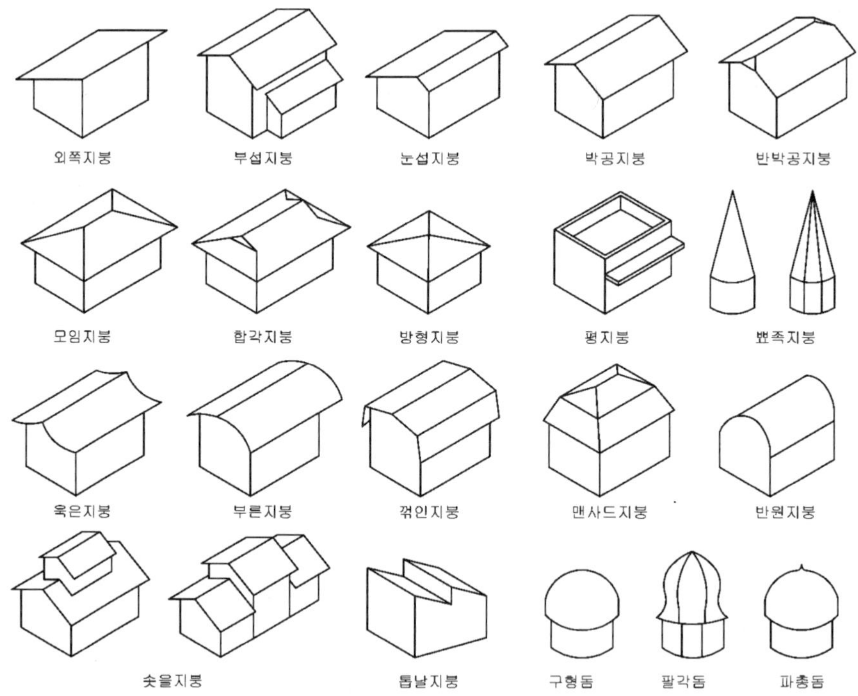

그림 4.35 지붕의 모양

외쪽지붕은 작은 건물에 쓰이고, 박공지붕은 구조가 간단하므로 주택·공장·기타 실용적인 건물에 적합하며, 모임지붕·합각지붕은 주택 등에 많이 쓰이고 특히 합각지붕은 전통 한식지붕에 많이 쓰인다.

또 꺽임지붕·맨사아드 지붕은 지붕 속을 이용하는데 쓰이고, 솟을지붕은 지붕 위에서의 채광·통풍이 되게 한 것으로 공장 건축물에 많이 쓰인다. 방형지붕·욱은지붕·돔(dome) 등은 특수한 구성과 외관을 갖출 때에 쓰인다.

(2) 지붕물매(slope of roof)

지붕은 빗물의 흐름이 잘 되도록 적당한 경사를 두는데 이 경사를 물매라 한다. 지붕물매는 간사이의 크기·이음재료·강우량 등에 따라 정해진다.

물매는 수평거리를 10cm로 한 직각삼각형의 수직 높이로 나타내는데 3cm 물매, 4cm 물매, 5cm 물매 등으로 부른다. 또 10cm물매는 45° 경사로써 되물매라 하고 그 이상을 된물매라 한다. 또한 5cm 물매를 5/10 경사 또는 5 : 10 물매라고도 한다. 서양에서는 간사이와 용마루 높이의 비로 나타내는데 이것을 피치(pitch)라 한다.

(3) 지붕틀(roof truss)

지붕틀은 지붕을 지지하기 위해 뼈대를 짠 것으로 한식, 절충식 및 양식지붕틀 등이 있다. 평면모양이 단순할 때는 지붕도 간단하게 되지만 복잡한 평면일 때는 지붕평면이 복잡해지게 된다.

중 저층 건물의 지붕모양은 그 건물의 아름다움을 표현하므로 의장상 여러 가지로 많은 연구가 필요하다.

4.6.2 절충식 지붕틀(재래식 지붕틀)

지붕보를 걸고 그 위에 대공 또는 동자기둥을 수직으로 세워대고 대공 위에는 마룻대를, 동자기둥 위에는 중도리를 걸쳐대어 지붕을 받는 지붕틀이다. 양식지붕틀에 비해 간단하므로 주택과 같이 간사이가 작거나 간막이 벽이 많을 때 쓰이나, 큰 간사이 구조 일 때에는 굽힘이 크게 작용하기 때문에 역학상 불리하다.

(1) 지붕틀 짜기

① 지붕보(tie beam)

벽체 위에 지붕보(들보라고도 한다)를 약 1.8m 간격으로 걸쳐대고 지붕에서 오는 하중을 받게 된다. 지붕보의 크기는 지붕의 하중과 보의 간사이에 따라 산정하지만, 보통 기와지붕에서 간사이 3m일 때 끝마구리 지름 12cm, 4.5m일 때 15cm, 6m일 때 20cm정도의 통나무를 쓴다.

지붕보는 처마도리위에 걸침턱두겁주먹장 걸침으로 하고 주걱볼트로 연결 보강한다. 또는 지붕보를 기둥위에 장부맞춤으로 걸고 보위에 처마도리를 걸침턱으로 건너대고 주걱볼트로 기둥과 도리를 연결하기도 한다.

② 벼개보

간사이가 큰 지붕보는 이어 써야 하는데 그 중간에 기둥을 세우고 벼개보(간막이도리)를 걸쳐대고 지붕보를 이 위에서 빗걸이 이음 또는 덧판이음으로 하여 볼트죔을 한다.

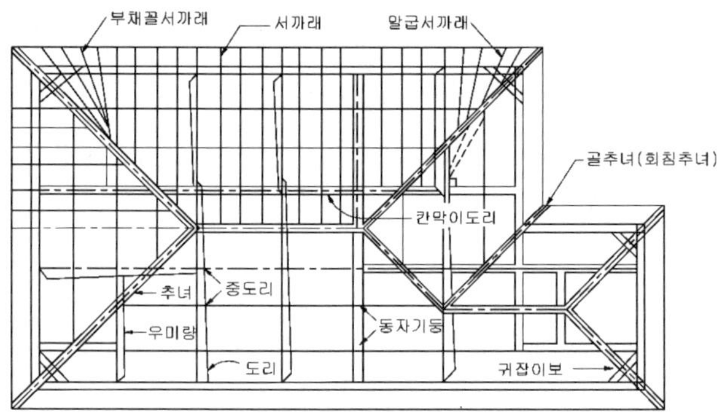

그림 4.36 지붕틀 평면도

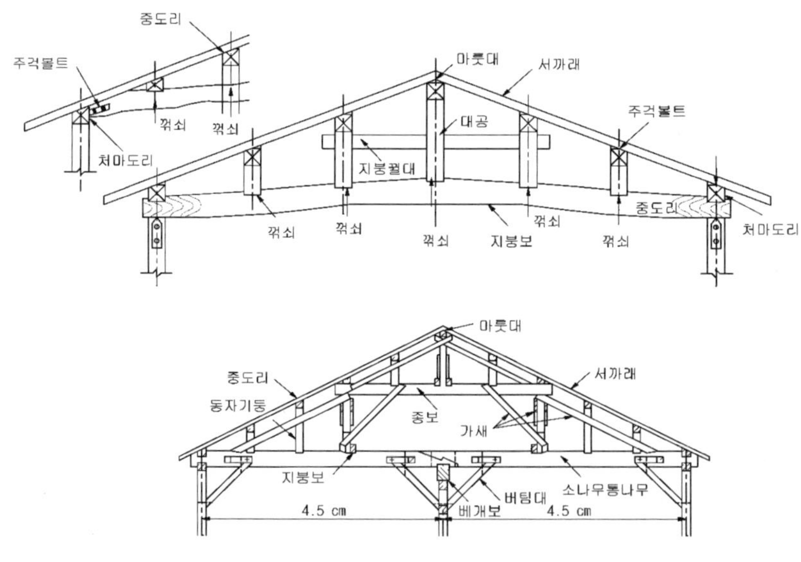

그림 4.37 절충식 지붕틀

③ 동자기둥

대공(purlin post · stud) : 지붕보위에 중도리 · 마룻대를 받는 짧은 기둥으로 이들의 상하의 맞춤은 각각 짧은 장부맞춤에 꺽쇠치기로 보강한다.

④ 지붕꿸대

동자기둥 · 대공을 튼튼하게 연결시키기 위하여 수평 또는 빗방향으로 대는 꿸대인데 동자기둥 · 대공에 꿰어 넣거나 또는 옆대고 못질한다.

⑤ 종보(宗梁, straining beam, tie beam)

동자기둥 · 대공이 상당히 높게 될 때에는 좌굴이 생기게 되므로 지붕틀 중간부에 동자기둥들과의 사이에 보를 이중으로 걸고 그 위에 동자기둥과 대공을 세우기도 한다. 이 보를 종보(宗梁)라고 하며 이 지붕 속을 보꾹방(attic room)이라 하여 꾸며 쓰기도 한다.

⑥ 중도리 · 마룻대(purlin, ridge piece)

중도리는 동자기둥 위에, 마룻대는 대공위에 걸쳐대고 서까래를 받는다. 따라서 윗면은 서까래 맞이 따내기를 하거나 반깍기를 한다. 이음은 엇걸이산지 내이음, 턱걸이주먹장 심이음으로 하고 동자기둥 · 대공과의 맞춤은 짧은 장부맞춤 꺽쇠치기로 한다.

⑦ 서까래(common rafter)

처마도리 · 중도리 · 마룻대위에 지붕물매 방향으로 5cm 각 정도의 각재를 약 45cm 간격으로 걸쳐댄다. 이음은 도리 위에서 서로 엇갈림으로 맞댄 이음으로 하고 큰 못질하여 고정시킨다.

⑧ 지붕널(roof sheathing, roof board)

서까래 위에 덮는 널을 지붕널 또는 개판(蓋板)이라 한다. 서까래 간격이 45cm정도일 때에는 널 두께 12mm, 60cm정도 일때에는 18mm 정도로 한다.

⑵ 지붕귀의 구조

① 우미량(牛尾梁)

모임지붕과 같이 지붕 귀(귀추녀 부분)에서는 중도리 · 마룻대 등을 받치는 동자기둥 · 대공을 세울 수 있도록 도리에서 일반 지붕보에 직각방향으로 짧은 지붕보를 걸쳐댄다. 이 보를 우미량(牛尾梁)이라 하는데 처마도리·기둥과의 맞춤은 일반보와 같이 한다.

② 추녀(angle rafter, hip rafter)·귀서까래

모임지붕에서 중도리가 직각으로 만나는 지붕 귀에는 처마끝에서 마룻대까지 추녀를 걸고 귀서까래를 받게 한다.

귀서까래는 거는 서까래의 방향에 따라 정해지는데, 평행으로 댄 서까래를 평행귀서까래, 방사형으로 댄 것을 말굽서까래, 부채살 모양으로 댄 것을 선자서까래라고 한다.

추녀에는 귀추녀와 골추녀(회첨추녀, valley rafter)가 있다. 귀추녀는 보의 반(半) 경간의 맞모금의 길이를 밑변으로 하는 물매의 길이로 된다.

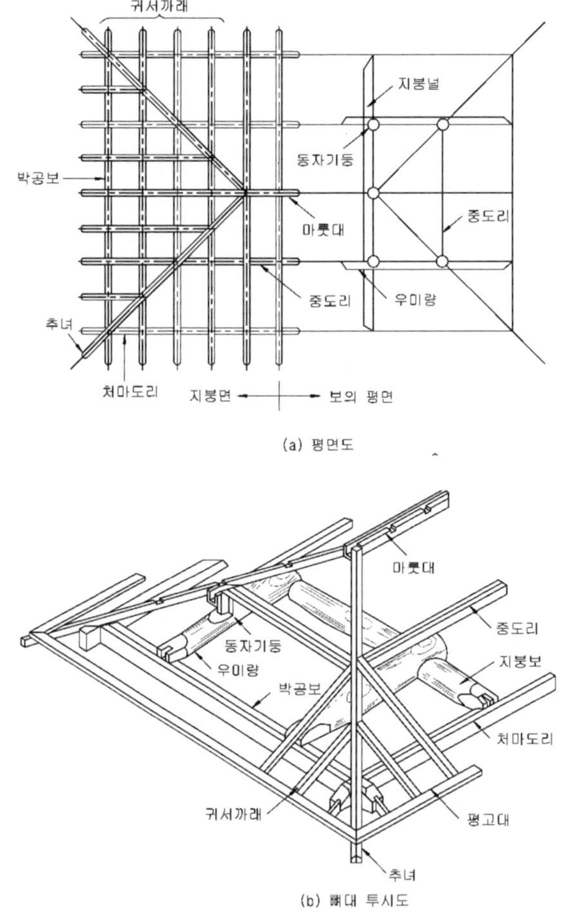

그림 4.38 모임지붕의 구조

[지붕 평면도 그리기 예]

다음 모임지붕의 평면도를 그리고 4면의 입면도를 그려보시오. 단, 처마높이는 전부 같은 높이로 하고 창호배치는 임의로 적당히 배치하여 그려본다.

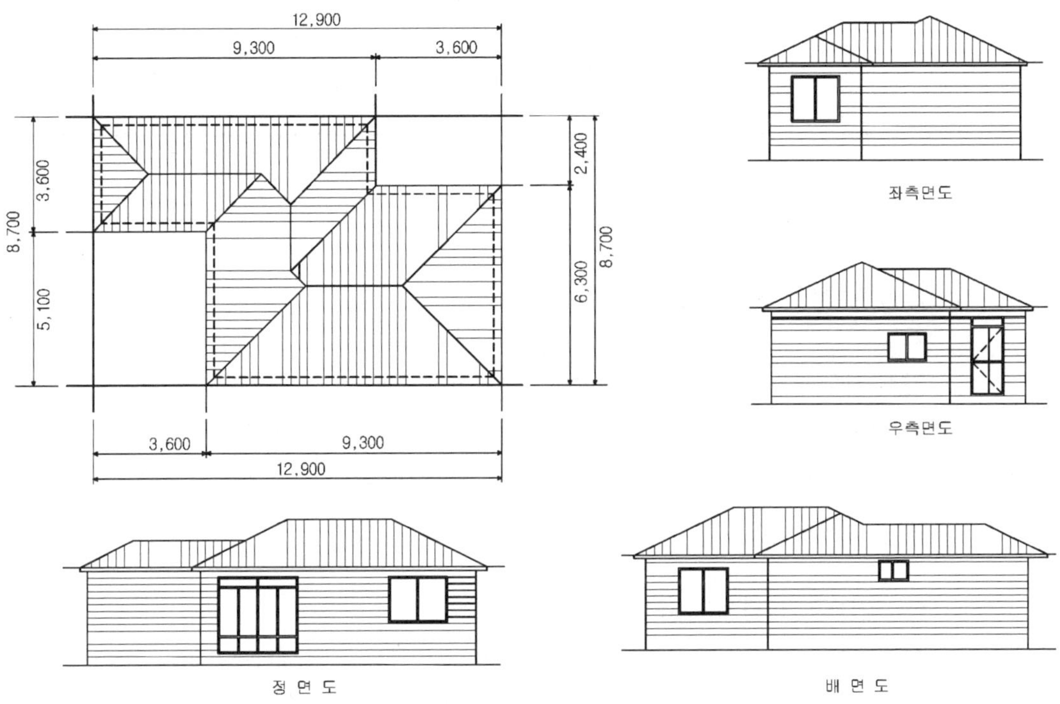

그림 4.39 모임지붕의 평면과 입면

예제

모임지붕에서 평물매가 5cm일 때 귀물매는 몇 cm인가?
또한, 보의 span이 8m일때 용마루 높이와 귀평보와 귀추녀의 길이를 계산하라.

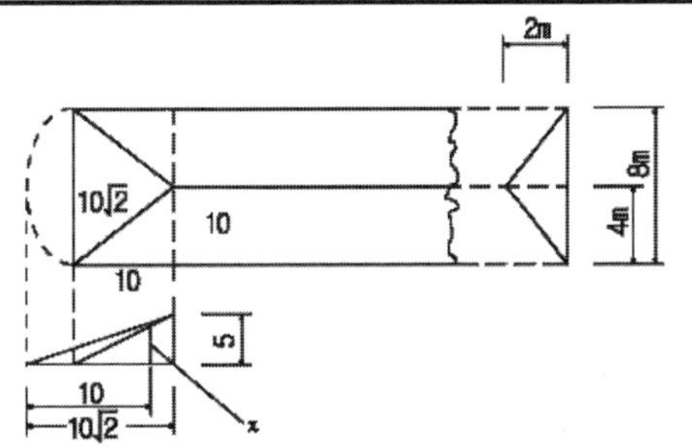

【풀이】 ⓐ 그림과 같이 평물매가 5cm일때 귀물매 x는 용마루높이와 똑 같으므로 비례식에 의해서

$$10 : x = 10\sqrt{2} : 5 \qquad \therefore x = \frac{10 \times 5}{10\sqrt{2}} \fallingdotseq 3.5\,\text{cm}$$

ⓑ 5cm 물매 = 10 : 5, 보의 반 span = 4m, 용마루 높이를 h 라고 한다면 비례식에 의해서

$$10:5 = 4:h \qquad \therefore h = \frac{4\times5}{10} = 2\text{ m}$$

ⓒ 귀평보의 길이 = $4\sqrt{2} \fallingdotseq 5.657\text{ m}$

ⓓ 귀추녀의 길이를 l 이라면

$$l^2 = (4\sqrt{2})^2 + 2^2 \qquad \therefore l = \sqrt{16\times2+4} = \sqrt{36} = 6\text{ m}$$

4.6.3 양식 지붕틀

양식 지붕틀은 여러 부재로 연속된 3각형 구조로 짜서 전체가 일체가 되어 외력에 저항할 수 있도록 한 트러스(truss) 구조로서 간사이가 큰 건물에도 사용할 수 있다. 그러나 경제적인 면을 고려하여 간사이 6~15m까지 쓰인다. 양식 지붕틀은 그림 4.40과 같이 여러 모양이 있다.

(1) 왕대공 지붕틀(king post roof truss)

양식지붕틀 중에서 가장 많이 쓰이는 것으로 지붕틀의 간사이는 20m까지도 할 수 있으나 보통 10m정도로 하고 간격은 2~3m정도로 한다.

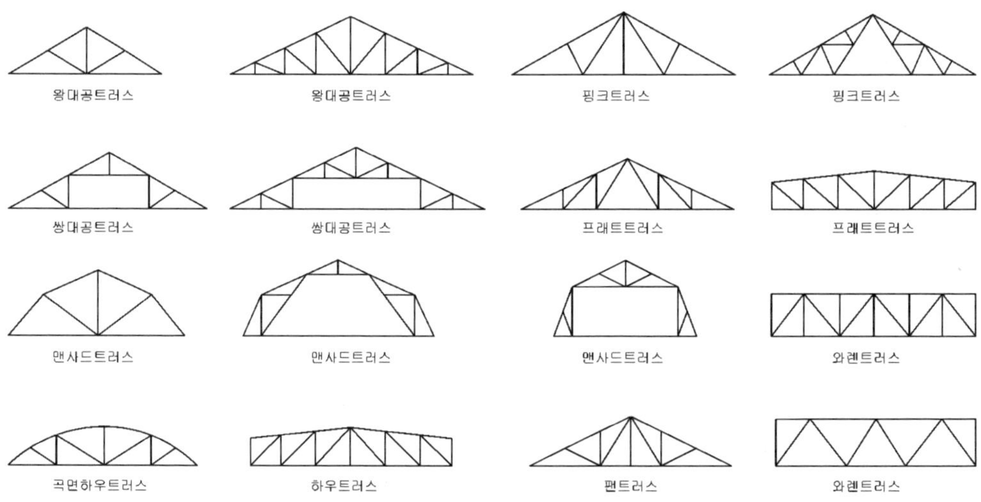

그림 4.40 양식 지붕틀의 종류

각 부재에 일어나는 응력은 도해법으로 구하고 그림과 같이 굵은선은 압축재, 가는 선은 인장재가 된다. 따라서 재료의 특성을 살려 압축재는 목재, 인장재는 철재를 쓴 목철합성트러스(compound truss)로 할 때도 있다.

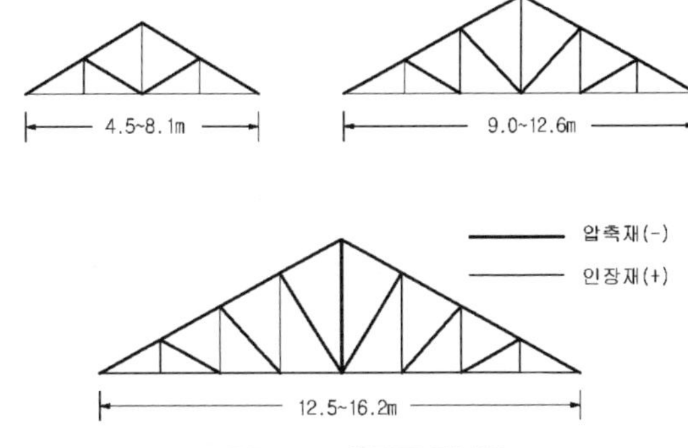

그림 4.41 왕대공 지붕틀

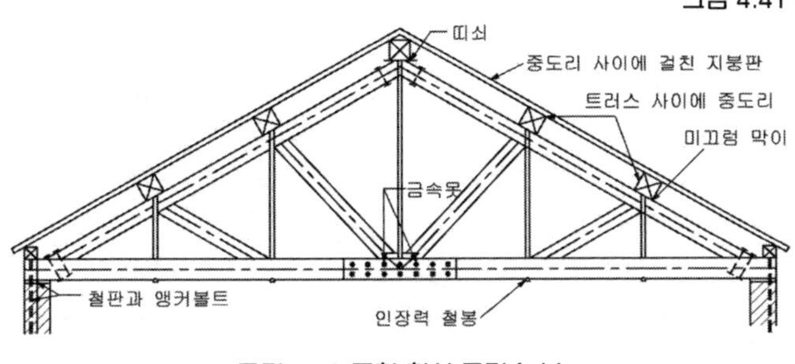

그림 4.42 목철 합성 트러스 보

지붕틀의 명칭 및 설치법은 다음과 같다.

① 왕대공(king post)

인장재로서 상부는 ㅅ자보와, 하부는 빗대공과의 맞춤자리를 만들고 보통 절구공이 모양으로 깎아 낼 때와 그냥 둘 때도 있다. 왕대공과 ㅅ자보의 맞춤은 빗턱통넣고 짧은 장부맞춤으로 하고 양면에 띠쇠를 대고 볼트 및 가시못치기로 한다.

마룻대와의 맞춤은 가름장 장부맞춤 벌림쐐기치기로 한다. 평보와의 맞춤은 짧은 장부맞춤 감잡이쇠를 감아대고 왕대공에 쐐기를 쳐 넣어 평보를 왕대공에 달아매고 가시못을 친다.

② 평 보(tie beam) :

평보는 깔도리 위에 걸침턱, 처마도리는 평보에 걸침턱으로 각각 물려대고 평보 옆에서 깔도리와 처마도리를 볼트죔 또는 기둥까지 네 부재를 한물로 하여 주걱 볼트로 고정한다. 평보는 단일재(通材)로 하는 것이 원칙이지만 이어 쓸 때에는 왕대공 부근에서 +자형 턱솔맞댐으로 하고 덧판산지(또는 듀벨)이음 볼트 죔으로 한다. 평보는 천장(天障)이 없을 때에는 단순한 인장재이지만 천장이 매달릴 때에는 휨을 받는 인장재가 된다.

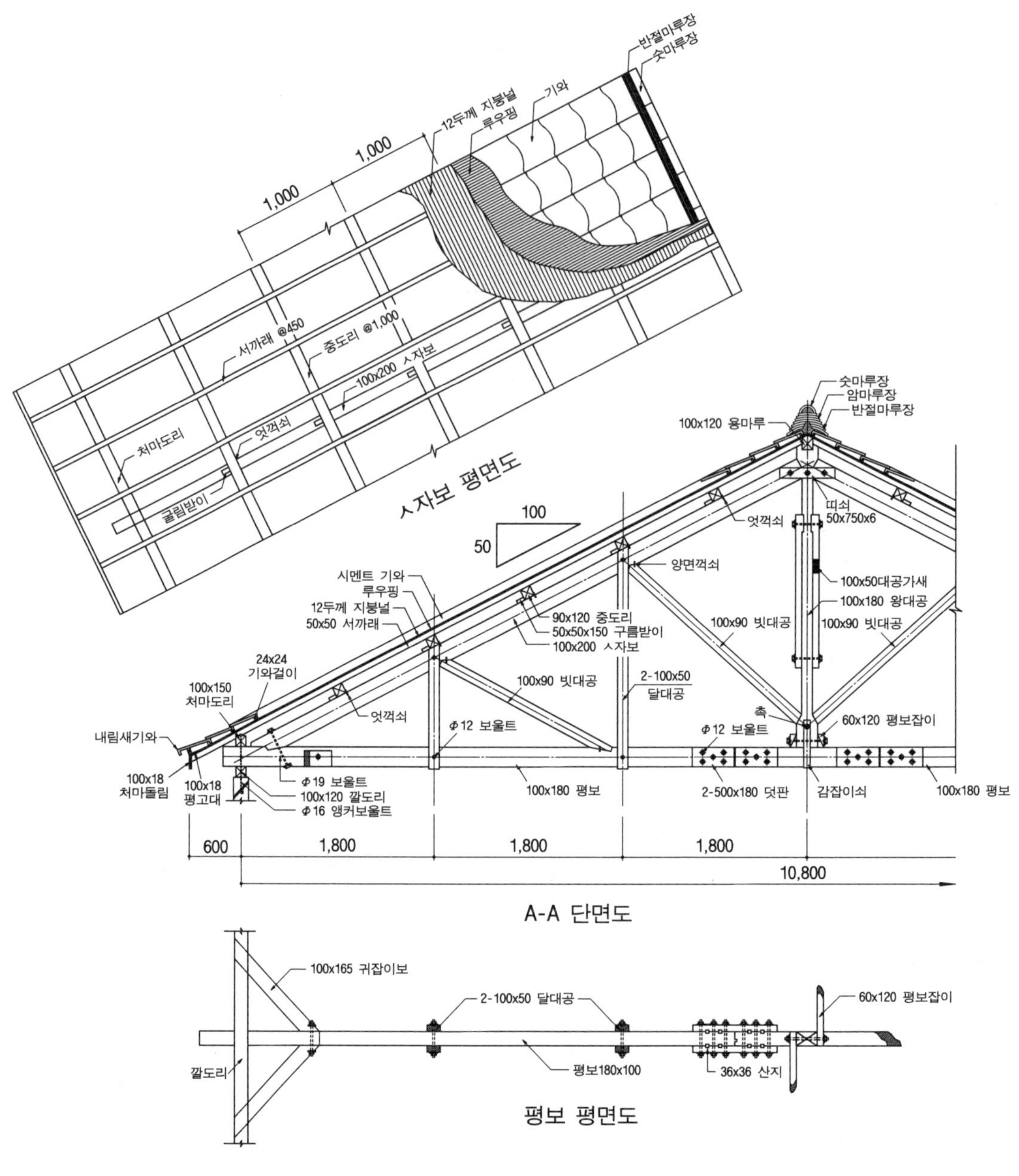

그림 4.43 왕대공 지붕틀 상세

③ ㅅ자보(principal rafter) :

ㅅ자보와 평보와의 맞춤은 안장맞춤(가름장맞춤 이라고도 한다)으로 하고 볼트 죔으로 한다. 중도리가 ㅅ자보의 절점(節點, panel point)에 올 때에는 단순한 압축재

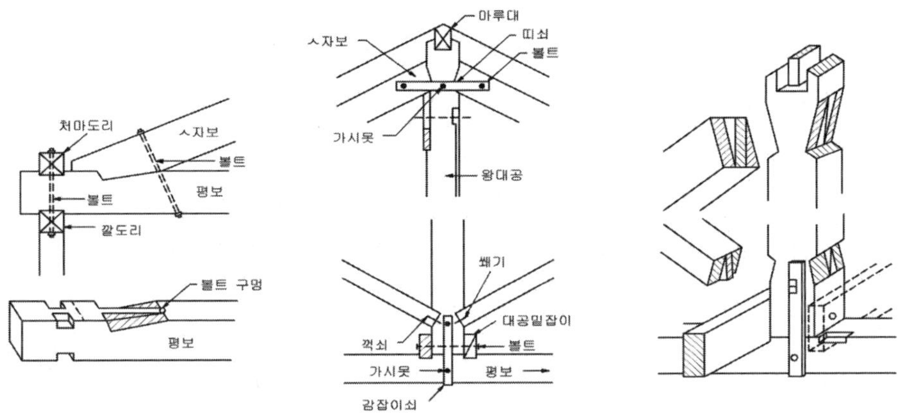

그림 4.44 평보 · 왕대공 · ㅅ자보의 맞춤

이지만 중도리가 절점 사이에 올 때에는 휨을 받는 압축재가 된다.

④ 빗대공(strut)

빗대공은 압축재로서 ㅅ자보·평보 또는 왕대공에 빗턱장부맞춤 으로 하고 양면꺽쇠치기로 하며 때로는 띠쇠를 대고 가시못치기로 한다.

⑤ 달대공(hanging post, post, pendant)

달대공은 인장재로서 소요단면의 반쪽을 평보와 ㅅ자보의 양면에 대고 볼트 죔으로 한다. 때로는 ㅅ자보와 평보에 수직으로 긴 볼트를 끼워 죄기도 한다.

⑥ 보잡이(horizontal tie)

보잡이는 지붕틀 상호간의 연결을 더욱 튼튼히 하고 평보의 옆 휨을 막기 위하여 평보와 평보 사이에 걸침턱으로 걸쳐대고 왕대공 옆에서 볼트 죔으로 한다. 이것을 대공 밑잡이라고도 한다.

⑦ 대공가새(diagonal brace)

대공가새는 왕대공 상호간을 연결하여 수평력에 저항할 수 있도록 V자형 또는 X자형으로 댄다. 이 가새는 왕대공에 걸침턱으로 하여 볼트 죔으로 한다. X자형으로 댈 때의 중간 교차부 에는 끼움쪽(Packing)을 대고 볼트 죔을 한다.

⑧ 귀잡이보(angle tie)

평보 양 끝에 수평적 네모구조로 된 것을 보강하기 위하여 그 귀에 45° 방향으로 댄 부재로서 한 쪽은 평보의 양면에 짧은 장부맞춤 볼트 죔으로 하고 다른 한쪽은 처마도리와 깔도리 사이에 걸침턱으로 끼워넣고 귀잡이 보심에서 이 세부재를 볼트 죔으로 한다. 귀잡이보는 보통 지붕틀 하나 걸름으로 배치하고, 춤은 평보와 같은 치수 또는 1.5~3cm정도 작은것을 나비는 평보의 1/2 또는 1/3정도의 것으로 한다.

⑨ 버팀대(Knee brace)

지붕틀과 기둥과의 연결을 튼튼히 하는 것으로서 기둥과 평보의 중간에 빗턱장부 맞춤 볼트 죔으로 하거나, 양 옆을 걸침턱으로 하여 양 옆대고 볼트 죔을 한다. 이 때 평보 위를 연장하여 ㅅ자보도 같이 연결하여 더욱 강하게 할 때도 있다.

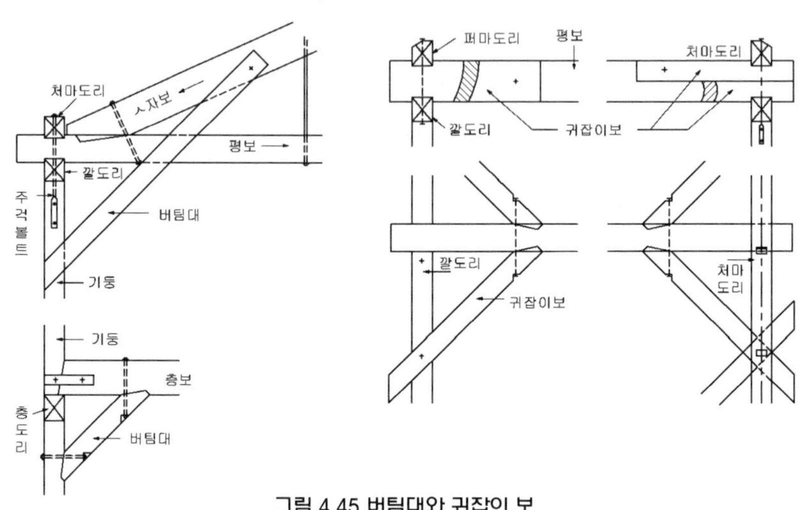

그림 4.45 버팀대와 귀잡이 보

⑩ 중도리(purlin)

ㅅ자보 위에 직각으로 약 90cm간격으로 걸친다. 중도리는 서까래를 받아 지붕의 하중을 지붕틀에 전달하는 것으로 ㅅ자보와 걸침턱맞춤 큰못치기 또는 양면에 엇꺽쇠치기로 하고, 중도리 및 ㅅ자보위에 5cm각 길이 15cm정도의 구름받이(cleat)를 빗턱넣고 못박아댄다. 중도리의 크기는 보통 10~12cm각재를 쓰고 이음은 ㅅ자보 위에서 주먹장 심이음 또는 그 옆에서 엇걸이 산지내이음으로 한다.

⑪ 마룻대(ridge piece)

마룻대도 중도리와 같은 치수를 쓰거나 다소 춤이 높은 것을 쓰고 이음은 중도리와 같으며 왕대공과의 맞춤은 가름장 장부맞춤 쐐기치기로 한다.

⑫ 서까래·지붕널

절충식 지붕틀에서 논한 내용과 동일하다.

(2) 쌍대공 지붕틀(queen post roof truss)

지붕 속을 이용할 때 또는 꺾임지붕틀로 외관을 꾸밀 때에 쓰이는 것으로 지붕속의

한 가운데에 종보를 설치하여 4각형의 공간(보국방, attic room)이 생기는 것이 특징이다. 지붕틀의 간사이와 간격 및 각 부재의 응력·이음·맞춤 등은 왕대공 지붕틀에서 논한 바와 같다. 간사이가 클 때에는 4각형으로 된 부분에 버팀대 또는 가새를 대어 안정한 구조(3각형 구조)가 되도록 한다.

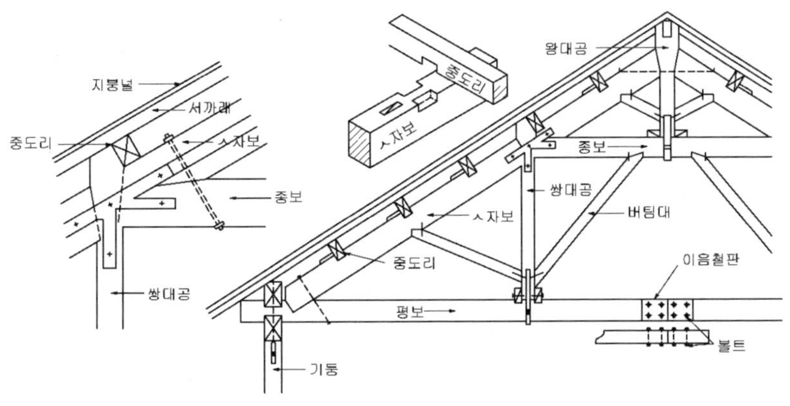

그림 4.46 쌍대공 지붕틀 구조

(3) 경골(輕骨)지붕틀

경골구조 벽체에서 연결된 지붕틀 또는 간이 건물에 쓰이는 지붕틀로서 단면치수가 적은 거의 동일한 표준치수의 각재(2″×4″=5cm×10cm)만을 쓰고 못 또는 볼트로 죈 트러스 이다.

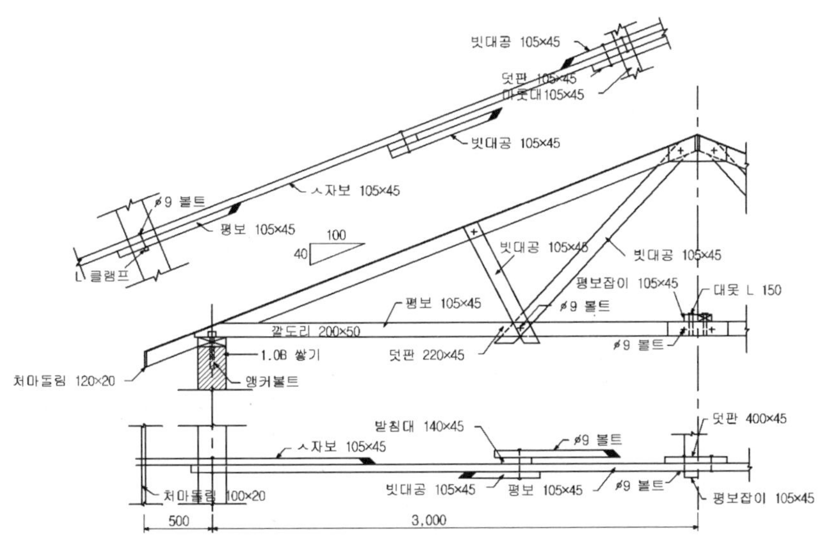

그림 4.47 경골 지붕틀

1개로 약할 때에는 2개 또는 3개를 겹쳐 쓰기도 한다. 부재는 모두 옆대고 접합부에는 덧판 또는 끼움쪽(packing)을 대고 못질하거나 볼트로 죈다.

지붕틀의 간격은 60cm정도(90cm 이하)로 좁게 배치하고 이 위에 직접(서까래 없이) 두께18mm 정도의 지붕널을 덮는다.

마룻대는 그 사이에 잘라 대기도 하고 ㅅ자보에 물리게도 한다. 지붕 전체를 튼튼하게 하기 위하여 평보잡이·빗대공·가새·귀잡이보를 댄다. 부재를 여러 개 합쳐서 듀벨과 볼트로 보강하면 큰 간사이 구조에도 쓸 수 있다.

(4) 기타 지붕틀

이상의 지붕틀 이외에도 건축물의 용도, 지붕의 모양이나 구조방법에 따라 특수한 지붕틀이 있는데 대표적인 것은 핑크 트러스(fink truss), 와렌 트러스(warren truss) 등이 있다. 이러한 특수 지붕틀도 역학적 해법으로 재의 응력(應力)을 구하고 부재의 치수 및 이음·맞춤 등은 왕대공 지붕틀에 준하여 구성하며 접합부에는 철물로 보강하여 안정한 구조로 한다.

(5) 지붕귀의 구조

모임지붕의 귀에 오는 트러스는 그 구조가 일반 트러스와 다르게 되어 그림 4.48과 같이 지붕귀의 모임대공 A점에서 B, C, D점에 향하여 각각 반쪽의 트러스를 걸쳐댄다. 이때에 A B 사이의 트러스를 박공트러스라 하고 A C 사이나 A D 사이의 트러스를 귀트러스라 한다. 또 여기의 ㅅ자보와 지붕보를 각각 박공ㅅ자보, 박공평보, 귀ㅅ자보, 귀평보라 한다.

이때 A점의 모임대공은 4개의 트러스(1개의 전트러스와 3개의 반트러스)의 중심이 되는데 ㅅ자보와 빗대공을 각각 5개 받으므로 그 단면은 6각형의 것을 쓴다.

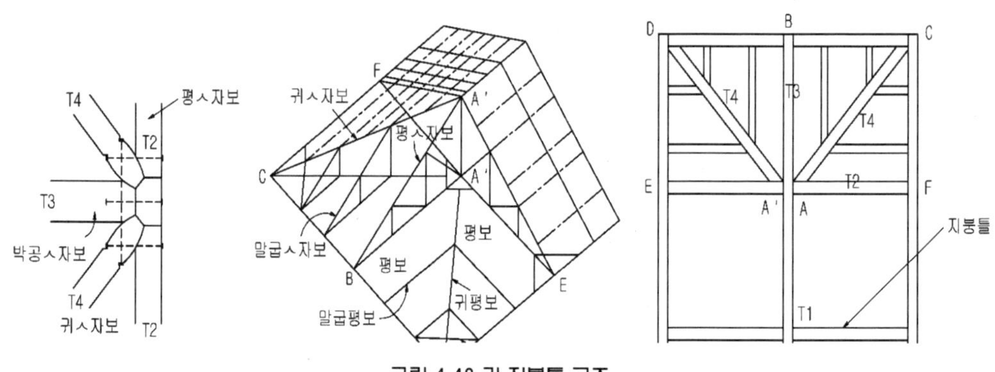

그림 4.48 귀 지붕틀 구조

또 지붕틀의 간사이나 간격이 너무 넓을 때에는 중도리 간사이가 길어지므로 약 2m 간격으로 가지 지붕틀을 짜서 중도리를 받게 한다.

또 다른 방법은 그림 4.49와 같이 약 2m 간격으로 평행현 트러스를 짜서 설치하고, 이 트러스 위에 귀ㅅ자보와 가지ㅅ자보를 걸쳐대고 그 위에 중도리를 배치한다.

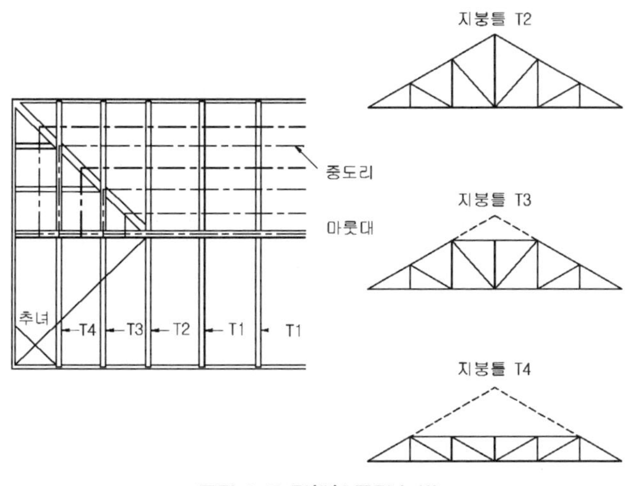

그림 4.49 평행현 트러스 법

4.6.4 처마 · 박공

(1) 처마(eavaes)·처마반자

지붕의 끝을 벽체에서 내민 부분을 처마라고 하는데 처마도리 중심에서 서까래를 50cm 정도 내밀고 서까래 끝은 그대로 보이게 하거나 또는 이를 감추어 그 끝에 처마돌림을 대기도 한다.

또 서까래 밑은 치장으로 보이게 하거나 또는 서까래를 감추어 수평 또는 서까래 경사대로 처마반자를 만들기도 하는데 이 일은 처마부분의 지붕널을 깔기 전에 시공하는 것이 편리하다.

① 처마돌림(fascia board)

서까래 끝은 연직(鉛直)으로 자르고 두께 2cm,나비 10cm이상 되는 널을 대고 서까래 마다 쭈그림못 2개씩 치기로 한다. 이 널을 처마돌림이라 한다. 처마반자널을 이에 홈파 넣을 때는 그 두께를 2.4cm이상으로 한다.

② 평고대(cant strip, arris fillet)

지붕널을 처마돌림 옆면에서 5~10mm 정도(함석지붕일 때에는 20mm 정도)로 내밀게 하는데 기와지붕에서는 지붕널 끝만은 두께 2.5cm 이상의 널을 쓰는데 이것을 평고대 또는 평고자라 한다. 그 위에 내림새의 받침으로 3~4cm각 정도의 연암(연함, file, filler)을 지붕널(평고대) 끝에서 약 1cm정도 들여 못박아댄다.

③ 처마반자(eares soffit)

처마 밑 반자는 널 또는 합판 등을 쓸 때와 졸대나 라스(lath) 치고 모르타르 또는 회반죽 바름으로 할 때가 있다. 널 또는 합판 등을 댈 때에는 처마돌림에 깊이 홈파 끼우고 숨은 못치기로 하며 벽 쪽에는 반자돌림대를 대어준다.

(2) 박공(朴工, gable)·합각(合閣)

박공지붕·합각지붕의 측면에 있는 처마를 각기 박공처마(barge eaves)·합각처마라 한다. 이 처마도 벽체에서 보통 50cm 정도 내밀고 중도리는 노출시켜 치장이 되게 하거나 또는 중도리를 감추어 박공처마반자를 대고 끝에는 박공널(朴工板, gable board)을 댄다.

박공널은 치장으로 되는 것이므로 크기와 모양은 보기 좋게 의장(意匠, design)처리하고, 마룻대·중도리·처마도리 등에 엾대고 숨은 못치기 또는 빗장부맞춤 이나 주먹장걸침으로 한다. 박공널의 두께는 1.8~3cm 정도, 나비는 처마돌림보다 조금 넓은 15~30cm 정도의 것을 쓴다.

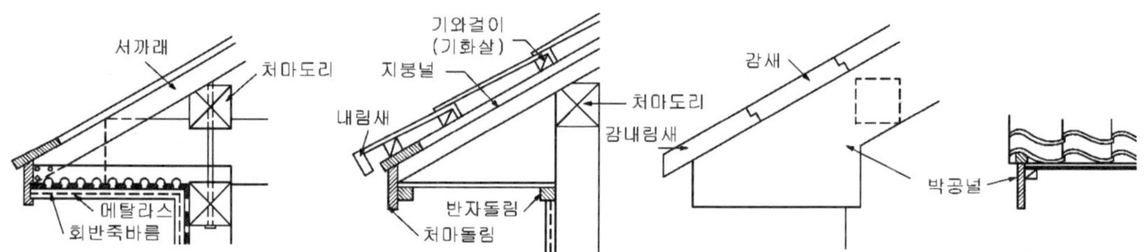

그림 4.50 처마반자와 처마끝 박공

5 철근콘크리트 구조

5.1 개 론

철근콘크리트 구조(Reinforced Concrete Construction)는 거푸집에 철근을 배근하고 콘크리트(시멘트+모래+자갈+물)를 부어넣어 굳은 것으로 기둥·보·바닥판 등의 부재가 일체화되어 외력에 저항하는 구조방식으로 일체식 구조라고 한다.

5.1.1 철근콘크리트 구조의 원리

철근콘크리트 구조는 서로 성격이 다른 재료인 철근과 콘크리트에 의해 만들어진 구조이다.

콘크리트는 내구성과 내화성이 우수하고, 압축력에 대해서도 매우 강하게 저항하지만, 인장력에 대해서는 매우 약한 재료이다. 그러나 철근은 압축력에는 좌굴을 일으키기 쉬우며, 콘크리트와 반대로 인장력에 대해서 매우 강하게 저항하지만 녹 등 부식이 쉽게 발생하고 화재 등 내화성에 약한 결점이 있는 재료이다.

따라서 철근콘크리트 부재를 설계할 때는 그림 5.1과 같이 압축력은 콘크리트에 부담시키고 인장력이 작용하는 부분에는 철근을 배근하여 전체적으로 강한 부재로 만드는 것이 철근콘크리트 구조이다.

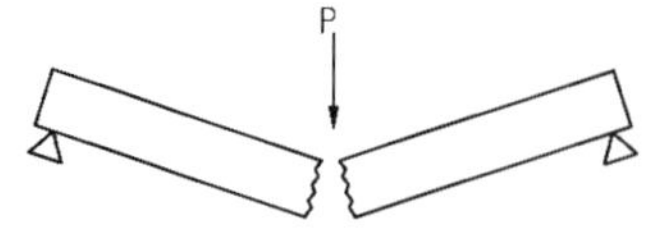

(a) 철근이 배근되지 않은 경우

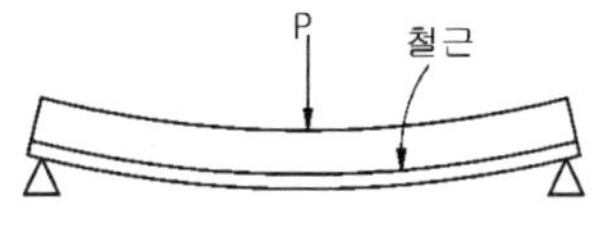

(b) 철근이 배근된 경우

그림 5.1 철근콘크리트 보와 철근의 역할

또한, 콘크리트 속에 철근을 배근함으로써 화재로 인한 열로부터 철근을 보호함과 동시에 녹의 발생을 방지하는 역할을 하여 내구성을 가지는 구조를 얻을 수 있다.

이와 같이 철근과 콘크리트는 각각의 재료적 단점을 보강하며, 서로 부착이 잘되며 열팽창계수도 비슷하여 구조체로서의 높은 일체성을 가지고 있다.

5.1.2 철근콘크리트 구조의 특성

철근콘크리트 구조는 다른 구조에 비해 다음과 같은 특징이 있다.

(1) 장 점

① 내화 및 내구성이 우수하다.

철근이 콘크리트에 의해 피복되어 있기 때문에 화재 등의 발생에 의한 고열이 철근에 잘 전달되지 않기 때문에 내화성이 우수하며, 콘크리트와 철근의 선팽창계수가 거의 같기 때문에 온도로 인한 내 응력의 차이가 거의 없다. 또한, 콘크리트의 알칼리 성 때문에 철근에 녹이 발생하는 것을 억제하여 구조물의 내구연한이 길다.

② 내풍 및 내진적 구조이다.

철근콘크리트 구조는 일체식 구조 즉, 부재와 부재사이의 접합점이 강절점(Rigid Joint)이므로 내진벽 등 구조 부재를 합리적으로 배치함으로써 바람이나 지진 등에 강한 구조물을 설계할 수 있다.

③ 자유로운 형태로 설계가 가능하고, 유지 관리 비용이 적게 든다.

콘크리트는 가소성(可塑性)이 뛰어난 재료이기 때문에 거푸집(Form)을 이용하여 형태나 크기에 구애됨이 없이 자유롭게 설계할 수 있다. 또한, 다른 구조에 비해 구조물의 유지 및 관리에 경제적인 구조이다.

④ 고층화가 가능하고, 다른 구조에 비해 공사비가 비교적 저렴하며, 방음(防音), 방도(防盜) 등의 구조로 설계할 수 있다.

(2) 단 점

① 중량이 크다.

보통 철근콘크리트의 중량은 2.4t/㎥으로 건축물 전체의 70~80%가 자중에 의한 중량이므로, 스팬이 큰 건축물이나 연약한 지반위의 건축물에는 적합하지 않다.

② 습식구조이므로 시공이 어렵다.

콘크리트는 성질상 시공이 습식 공사이므로 겨울철 공사가 어렵고, 공사기간이 길어지며, 거푸집 등 부대비용이 많이 든다.

③ 철거 및 이축 개조 등 형태의 변경이 난이하다.

⑤ 시공이나 경화 과정에서 균열이 생기기 쉬우며 균질한 시공이 어렵다.

⑥ 시공상 기후의 영향을 많이 받으며, 구조물의 파괴가 어렵고, 재료의 재사용이 다소 난이하다.

5.1.3 철근콘크리트 구조 형식

(1) 라멘(Rahmen)구조

그림 5.2와 같이 기둥·보·바닥(지붕)슬래브의 3가지 부재를 기본 가구요소로 한다. 각각의 가구요소에 대한 접합은 먼저 기둥과 보를 변형되지 않도록 강하게 접합하고 바닥(지붕)슬래브와 일체로 구성된 구조형식으로 가장 일반적인 구조형식이다. 또한, 내진성능을 높이기 위해 내진벽을 설치하여 지진하중의 일부를 내진벽이 부담하게 설계하는 경우도 많이 있으며, 가구식 구조라고도 한다.

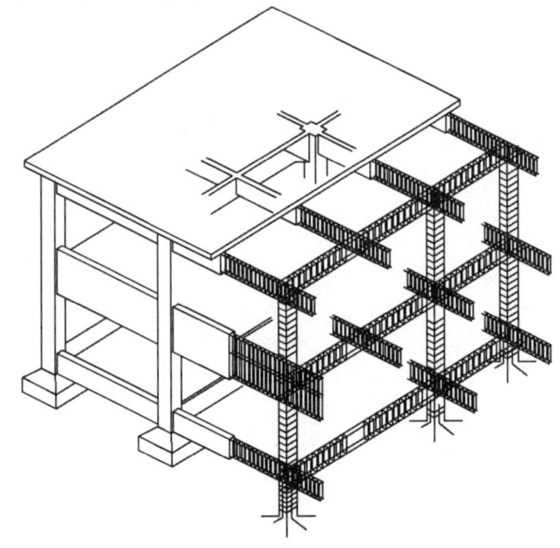

그림 5.2 라멘구조의 예

(2) 벽식 구조

그림 5.3과 같이 기둥·보가 없고 벽으로 구조체를 구성하는 구조로서 벽이 수평하중은 물론 수직하중도 지지하게 된다. 벽식 구조는 보나 기둥에 의한 공간의 요철이 없기 때문에 공간이용에 대한 효율이 우수하다. 따라서 주택이나 공동주택 등 칸막이벽이 많은 건축물에 사용된다.

(3) 플래트 슬래브(Flat slab) 구조

그림 5.4와 같이 보가 없이 바닥판(slab)이 직접 기둥에 연결되는 구조형식으로 무량판(無梁板) 구조라고도 한다. 보가 있는 라멘구조에 비해 실내 공간에 대한 활용도가 높은 장점이 있다.

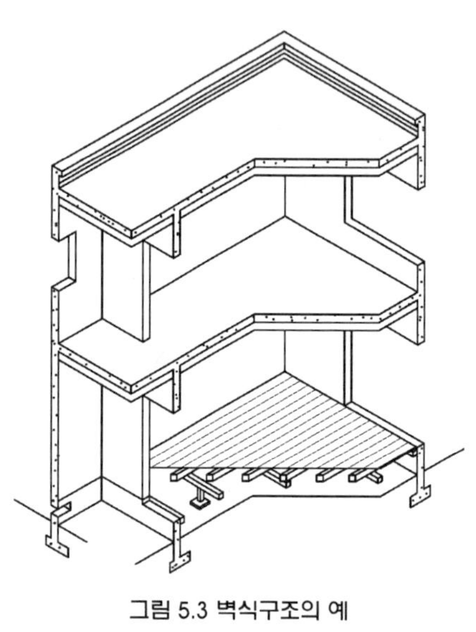

그림 5.3 벽식구조의 예

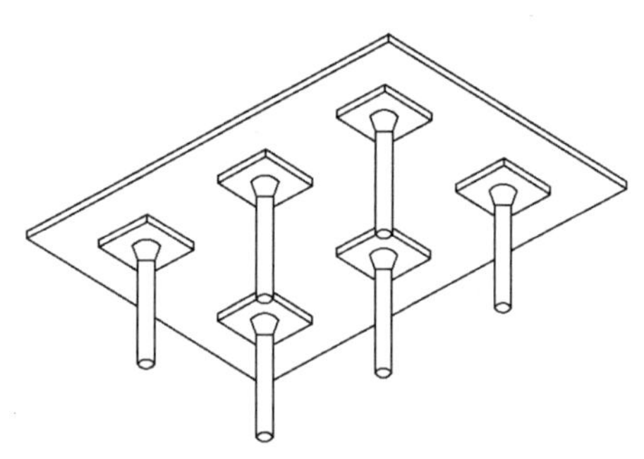

그림 5.4 플래트 슬래브 구조

(4) 곡면 판구조

철근콘크리트 판을 얇은 곡면으로 만들어 하중을 주로 휨모멘트에 의하지 않기 때문에 휨 강성을 크게 함으로써 대 공간을 만들 수 있는 장점을 가지고 있는 구조이다. 대표적인 곡면 판구조에는 그림 5.5에서와 같이 원형 셀구조, 원통형 셀구조 등이 있다.

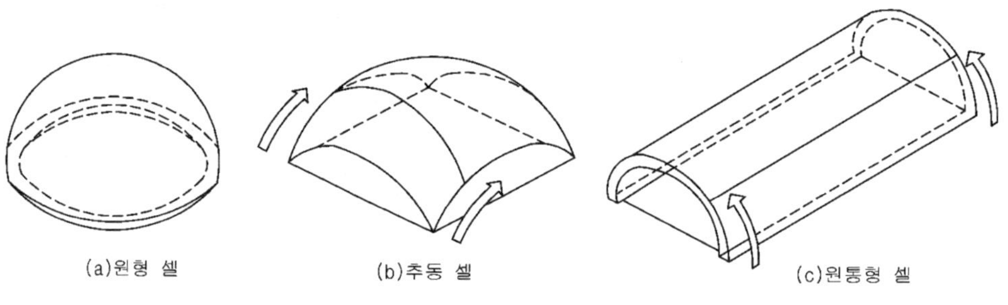

그림 5.5 곡면 판구조의 예

(5) PC(Precast Concrete) 구조

그림 5.6과 같이 벽과 바닥 부재 등을 공장에서 제작하고, 공사 현장에서 조립하는 구조로서 현장작업의 기계화, 품질의 안정, 인건비 절감 등의 장점을 가지고 있는 구조이다.

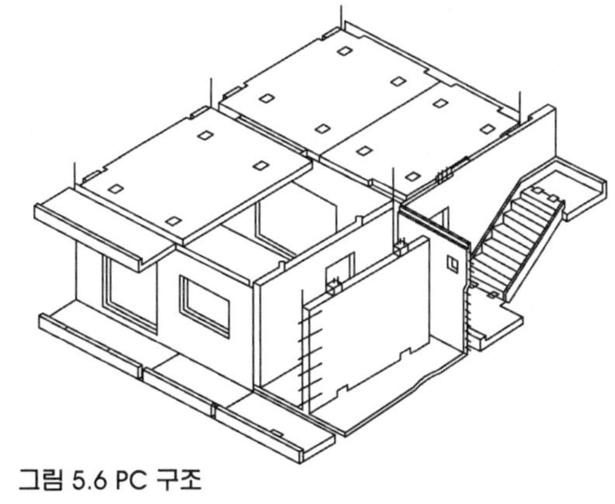

그림 5.6 PC 구조

5.1.4 철근콘크리트 구조 계획

철근콘크리트에 의한 건축물은 자체의 중량이 크고, 또한 건축물의 용도에 따라 건축물에 적재되어 있는 물건의 무게도 작용하게 되며, 이러한 힘을 하중이라고 한다. 여기에 덧붙여 지진이나 바람 등에 의한 외력도 건축물에 작용하게 되며, 이러한 하중에 건축물이 안전할 수 있도록 설계하여야 한다.

건축물에 작용하는 여러 가지 하중을 지반으로 안전하게 전달하기 위해 사용되는 각종 부재들의 구성을 구조체라고 하며, 이들 구조체에 대한 배치 계획을 구조계획이라 한다.

(1) 건축물의 형상

건축물의 형상은 대지의 형상과 밀접한 관계가 있지만, 구조상 측면에서 그림 5.7에서와 같이 건축물의 형상은 장방형의 평면형이 바람직하고, 좁고 긴 장방형이나 돌출부가 많은 평면형은 좋지 않다.

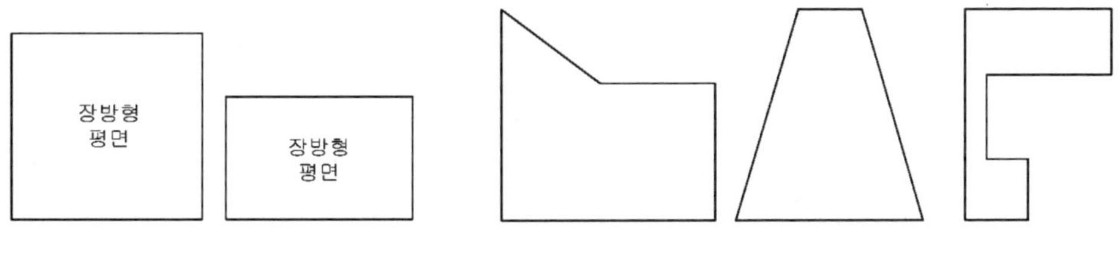

그림 5.7 건축물의 평면 형상

(2) 기둥의 배치

기둥의 배치는 가능한 위층과 아래층의 기둥이 동일선상에 오도록 하며, 기둥간격은 5~7m 정도가 일반적이며, 1개의 기둥이 지지하는 슬래브 면적은 30㎡ 정도가 일반적이다.

(3) 보의 배치

보에는 작은 보(Beam)와 큰 보(Girder)가 있다. 작은 보(Beam)는 큰 보와 큰 보 사이에 걸쳐 있어 단지 슬래브 하중만 받으나, 큰 보(Girder)는 기둥과 기둥 사이에 걸쳐 있어 슬래브와 작은 보의 하중을 받고 동시에 수평하중을 받게 된다. 그림 5.8에서 G1, G2 보는 큰보(Girder)이고, B1 보는 작은보(Beam)이다.

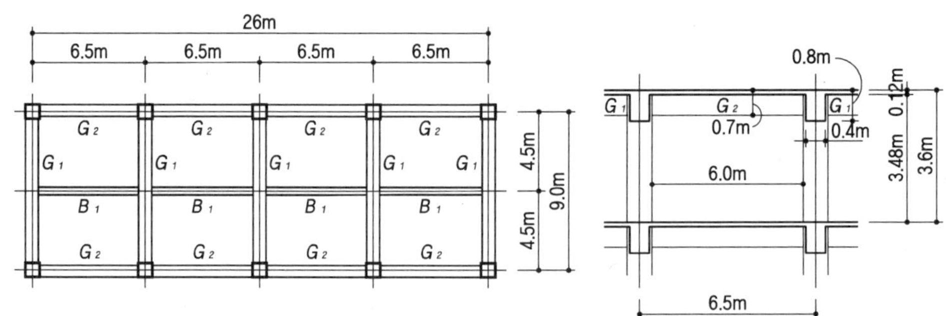

그림 5.8 기둥 및 보 평면도와 횡단면도

(4) 내진벽(耐震壁)의 배치

내진벽은 지진하중 및 풍하중과 같은 수평하중에 저항하는 구조상 매우 중요한 부재이다. 그러나 내진벽이 잘못 배치된 건축물에 수평하중이 작용하면 건축물에 비틀림이 생겨 건축물에 피해를 입히기 쉬우므로 다음과 같은 점에 유의하여 배치하여야 한다.

① 건축물의 중심(重心)과 강심(剛心, 수평하중이 작용하였을 때 건축물에 회전이 일어나지 않는 점)이 가능한 일치하도록 배치한다.

② 안정한 내진벽의 배치는 평면상에 내진벽의 교점(연장선의 교점 포함)이 2개 이상이 있도록 배치한다.

③ 수직방향에 대한 수평하중을 고려하여 일체로 작용시키기 위해 상·하층 동일한 위치에 배치한다.

5.2 재료 및 성질

5.2.1 시멘트(cement)

시멘트는 석회석과 점토를 주원료로 분쇄, 소성, 미분쇄 등의 공정을 거쳐 제조되는 교착재의 총칭으로 여러 재료를 교착시키는 역할을 하며, 단순히 시멘트라고 하면 콘크리트에 사용되는 수경성의 포틀랜드 시멘트가 대표적이다.

한국공업규격 중 포틀랜드 시멘트(KS L 5201)에 대한 규정에 의하면 포틀랜드 시멘트는 주성분인 석회, 실리카, 알루미나 및 산화철을 함유하는 원료를 적당한 비율로 충분히 혼합하여 그 일부가 용융하여 소결된 클링커에 적당량의 석고를 가하여 분말로 한 것으로 다음과 같은 종류가 있다.

(1) 보통 포틀랜드시멘트(1종)

시멘트의 대표적 제품으로 일반적인 시멘트를 말하며 토목, 건축공사 등에 사용된다.

(2) 중용열 포틀랜드시멘트(2종)

보통시멘트와 저열시멘트의 중간 수준의 수화열을 갖고 건조수축이 작아 균열 방지 기능이 있으며, 화학저항성도 크고, 장기강도를 증진시킨 시멘트로 댐, 터널, 도로포장 및 활주로 공사 등 매스콘크리트에 사용된다.

① 수화열이 적어 체적 변화가 적다.
② 비중이 크고 조기강도는 적고 발열량이 적다.
③ 장기강도는 보통시멘트와 같으며 수축이 적고 내구성이 좋다.

(3) 조강 포틀랜드시멘트(3종)

수화속도가 빨라 보통 28일 강도를 7일만에 발현하고 저온에서도 강도발현이 양호하여 긴급 공사, 동절기 공사, 지하철 공사, 콘크리트 2차 제품 생산에 사용된다.

(4) 저열포틀랜드시멘트(4종)

수화열이 낮아 온도균열 제어에 탁월하고, 고유동성, 우수한 고강도를 나타내는 시멘트로서 LNG 지하저장 시설, 지중 연속벽을 비롯한 대형 건축물, 여러 분야의 매스콘크리트(Mass concrete) 공사에 사용된다.

(5) 내황산염 포틀랜드시멘트(5종)

시멘트 성분 중 산에 약한 성분을 최소화하여 황산염에 대한 저항성이 크며 화학적으로 매우 안정되고 강도 발현이 우수함. 따라서 황산염을 많이 함유한 토양, 지하수나 하천이 닿는 구조물, 공장 폐수시설, 원자로, 항만·해양공사 등에 사용된다.

또한, 보통(포틀랜드)시멘트의 결함을 제거하기 위해 포틀랜드 시멘트에 고로 슬래그(Blast Furnace Slag), 연소재(Fly Ash) 등을 혼합한 혼합시멘트는 다음과 같은 종류가 있다.

(1) 고로 슬래그 시멘트(KS L 5210)

혼합재로서 제철공장의 부산물인 고로 슬래그를 첨가한 시멘트로서 장기강도가 높고 수화열이 적으며 화학적 저항성, 내열성이 좋다. 용도는 화학적 침식에 대한 저항성이 있어 항만 및 하수공사, 온천 지역공사, 수화열이 낮아 댐 공사에도 사용된다.

(2) 실리카시멘트

화산암 풍화물, 백토, 규조토, 의회암 등을 혼합재로 사용한 시멘트로서 황산염에 강하고 내열성이 좋고 공극 충진 효과가 커서 수밀성 콘크리트를 얻을 수 있다. 수화열이 낮으며 초기강도는 낮으나 장기 강도는 높다.

(3) 플라이애시 시멘트

화력발전소의 석탄 연소재(灰)를 혼화재로 사용한 시멘트로서 플라이애시는 실리카, 알루미나, 철분 총 함량이 70% 이상이어야 하며, 플라이 애시 함량(무게 %)에 따라 세 종류로 나눈다.

A종 : 5% 초과 10% 이하, B종 : 10% 초과 20% 이하, C종 : 20% 초과 30% 이하.

A종은 건축콘크리트 및 미장용에, B종은 일반 토목건축 공사에, C종은 주로 댐공사와 같은 매스콘크리트에 사용된다. 플라이애시 시멘트는 조기강도는 적고, 장기강도는 보통시멘트보다 크며, 콘크리트의 시공연도(Workability)를 향상시키고 수화열을 저하시킨다. 또한, 콘크리트의 수축을 적게 하고, 화학저항성이 강하고 수밀성이 우수하다.

5.2.2 골 재(aggregate)

골재(骨材)라 함은 모르터 또는 콘크리트를 제작하기 위하여 시멘트 및 물과 혼합하는 잔골재(細骨材, 모래), 굵은골재(粗骨材, 자갈), 쇄석(碎石, 깬자갈), 기타 이와 유사한 재료를 말하며, 골재에는 강모래, 강자갈, 쇄석과 같은 천연 골재와 석탄각, 질석(蛭石), 퍼어라이트(perlite) 등 인공경량골재로 구분된다.

골재는 적당한 경도나 입도를 가지며 깨끗하고 내구성이 있는 것으로 점토, 유기 불순물, 염분, 석면 등의 해로운 물질을 포함하지 않는 것으로 하며, 골재의 강도는 콘크리트 중의 경화한 페이스트(paste) 강도 이상의 것으로 한다.

건축학회 표준 시방서에서 정하고 있는 골재의 정의는 다음과 같다.

① 잔골재는 콘크리트용 체 규격 5mm 망체를 중량비로 85% 이상 통과하는 골재

② 굵은골재는 콘크리트용 체 규격 5mm 망체를 중량비로 85% 이상 남는 골재.

③ 경량골재의 경우에는 구조용 경량콘크리트용은 절건비중 2.0 미만으로, 콘크리트의 단위용적 중량이 2.0t/㎥ 미만의 콘크리트

④ 중량골재는 비중 3~4 정도의 골재로 중정석, 철광석 등이 사용되며, 방사선 등의 차폐용 콘크리트에 사용된다.

5.2.3 혼화재료

① 혼화제는 콘크리트의 성질을 개선하는데 기여하는 재료로서 일반적으로 그 사용량이 시멘트 무게의 1% 내외인 것을 말한다. 사용량이 비교적 많은 혼화재(플라이애시, 고로 슬래그)와는 구분된다.

② 감수제(減水濟)는 대표적인 혼화제로서, 콘크리트의 유동성을 위한 소정의 워커빌리티(workability, 施工軟度)를 얻는데 필요한 단위수량을 감소시킬 목적으로 사용된다.

5.2.4 물

콘크리트 배합에 사용되는 물은 청결한 것으로서 일반적으로 산, 기름, 알칼리, 염류, 유기물, 그리고 콘크리트 및 철근에 유해한 물질을 포함해서는 안 된다.

5.2.5 콘크리트

철근콘크리트 구조에 사용하는 콘크리트의 4주 압축강도 Fc가 150Kgf/cm^{2}이상인 콘크리트로 하며, 구조용 경량 콘크리트는 재령 28일의 기준 압축강도 Fc가 110Kgf/cm^{2}이

상이며, 기건 단위용적 중량이 2.0tf/m^{3}이하의 콘크리트로 한다.

또한, 콘크리트는 시공 중 및 시공 후 콘크리트의 압축강도가 50Kgf/cm^{2}이상일 때 까지(콘크리트의 압축강도 시험을 실시하여 압축강도를 확인하지 아니하는 경우 5일간) 콘크리트의 온도가 2℃ 이상이 유지되도록 하고, 콘크리트의 응고 및 경화가 건조나 진동 등으로 인하여 영향을 받지 아니하도록 양생하여야 한다.

5.2.6 철 근(鐵筋)

철근은 표면이 매끈한 원형철근(round bar, φ)과 표면이 마디나 리브의 요철로 인해 철근과 콘크리트의 부착력이 증가되는 이형철근(deformed bar, D)이 있다.

이형철근은 그림 5.9와 같이 표면에 돌기가 있는 것으로 축선 방향의 돌기를 리브(rib)라 하고, 축선방향 이외의 돌기를 마디라 한다.

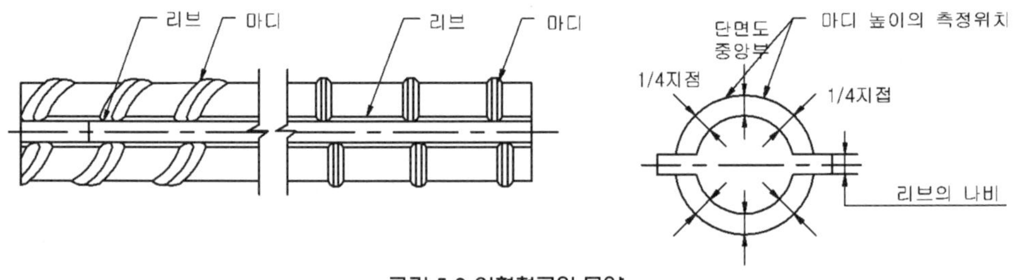

그림 5.9 이형철근의 모양

철근의 종류 및 기호는 다음 표와 같다.

종 류	기 호	비 고
원형철근	SR 24, SR 30	SR : Steel Round SD : Steel Deformed
이형철근	SD 30A, SD 30B, SD 35, SD40, SD 50	

5.2.7 재료 저장

(1) 시멘트

시멘트는 일광의 직사를 피해야 하며, 또한 습기를 방지하는 설비를 갖춘 곳에 통풍이 되지 않도록 저장한다. 포대 시멘트는 지상 30cm이상의 받침대나 마루에 쌓아 올리고 13포대 이상 쌓아 올려서는 안 된다.

⑵ 골재

크기가 다른 골재는 서로 혼합되지 않도록 배수가 잘 되는 곳에 분리시켜 저장한다.

⑶ 철근

철근은 대기의 노출을 막고 창고에 저장하거나 또는 덮개를 하여 녹이 슬지 않도록 한다. 가능한 한 같은 종류의 크기의 철근을 다발로 두어 서로 섞이지 않도록 하며, 취급을 용이하게 할 수 있도록 표지 등을 붙이고, 특히 휘어지지 않도록 한다.

5.2.8 재료 시험

⑴ 콘크리트 압축강도시험

시험체의 크기는 Φ15cm×30cm원주형이다. 공시체의 제작은 슬럼프 시험과 같은 방법으로 한다. 즉, 지름 16mm, 길이 60cm의 다짐쇠막대로 3층으로 분리하여 3번 다지기를 하는데 1번에 25회씩 다진다. 각 날짜에 타설되는 각 등급의 콘크리트 강도 시험용 샘플은

① 하루에 한번 이상
② 150㎥당 한번이상
③ 슬래브나 벽체의 표면적 500㎡마다 한번 이상 채취하여 시험한다.

⑵ 콘크리트의 시공연도 시험

콘크리트를 그림 5.10과 같은 슬럼프 시험기(콘)에 용적의 1/3씩 3층으로 나누어 채운다. 각 층을 다짐봉으로 그 층의 깊이만큼 균등하게 25회 다진다. 슬럼프 콘을 수직으로 올려 그림 5.11과 같이 내려진 콘크리트의 깊이(A)를 측정한다.

그림 5.10 슬럼프 시험 기구

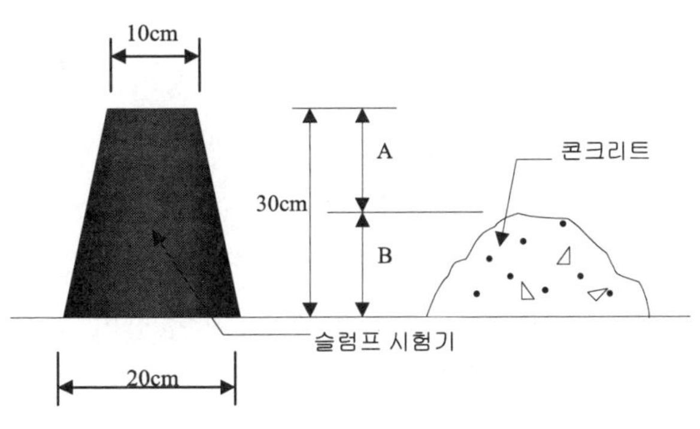

그림 5.11 슬럼프 시험 방법

(3) 철근의 시험

철근의 시험은 KS D 0001의 인장 시험 방법에 따른다.

5.3 철근의 배근 방법

5.3.1 배근의 기본 원칙

철근콘크리트 구조에서 콘크리트 단면에 철근을 배치하는 것을 배근이라고 하며, 배근은 인장력이 작용하는 부분에 철근을 배치하는 것이 기본원칙이다. 즉, 철근콘크리트 부재에서 압축력이 작용하는 부분은 콘크리트가 저항하고, 인장력이 작용하는 부분은 인장력에 강한 철근이 저항하게 된다.

그림 5.12에 보의 형태 변화에 따른 철근 배근 요령에 대해서 표시하였다.

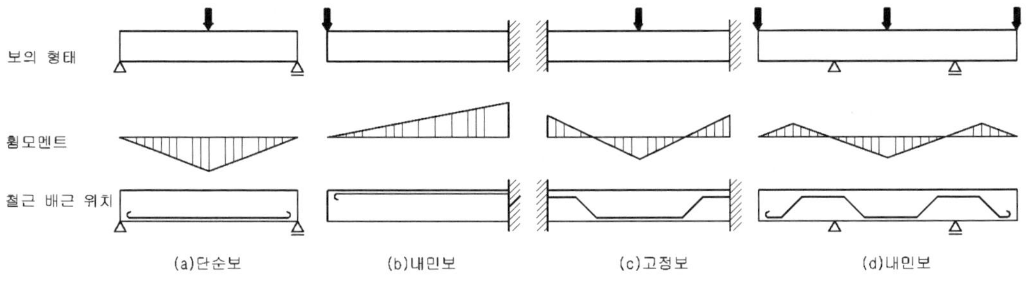

그림 5.12 보의 형태에 따른 철근 배근 요령

5.3.2 철근의 이음 및 정착

철근은 기둥과 보 및 슬래브 등의 부재에 하나의 철근으로 배근하는 것이 바람직 하지만, 운반 및 조립상의 문제 때문에 철근을 이을 필요가 있다. 철근 이음의 방법에는 그림 5.13의 겹침이음과 그림 5.14의 맞댄이음이 있다.

원형철근을 겹침에 의해 이음을 하는 경우에는 그림 5.13 (a)와 같이 철근의 끝부분을 구부러 갈고리(hook)를 만들어야 하며, 그림 5.13 (b)와 같은 방법으로 원형철근을 이을 수는 없다.

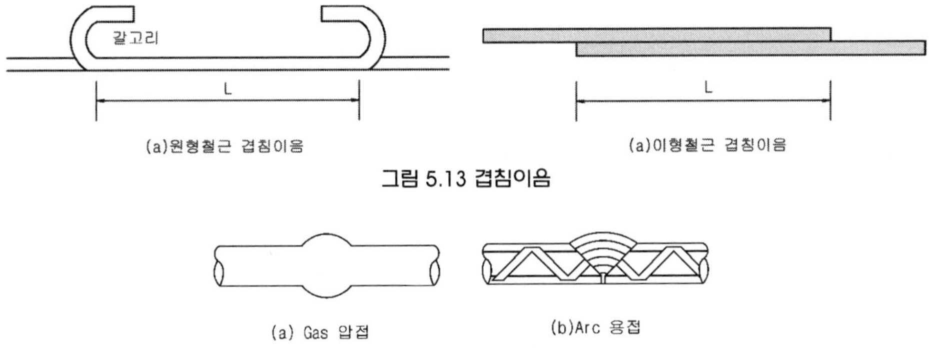

그림 5.13 겹침이음

그림 5.14 맞댐이음

철근의 이음을 실시하는 경우 이음위치는 원칙적으로 콘크리트에 항상 압축응력이 발생하는 부분 또는 응력이 작은 부분에 설치한다. 특히, 이음은 한 곳에 집중하지 않고, 서로 엇갈리게 배치하는 것을 원칙으로 한다.

철근콘크리트 구조에서는 기초와 기둥, 보와 기둥 등의 부재를 일체화하여 각 접합부를 단단하게 할 필요가 있다. 따라서 그림 5.15와 같이 보의 주근은 기둥 콘크리트 내에, 기둥 주근은 기초콘크리트에 매설할 필요가 있다.

이와 같이 철근을 콘크리트 내에 필요한 만큼 매입하여 인발되지 않도록 하는 것을 정착이라고 하며, 정착에 필요한 정착길이는 철근 응력의 크기, 콘크리트 강도에 따라 또는 허용부착응력도 및 철근 말단부의 갈고리 유무 등에 의해 결정된다.

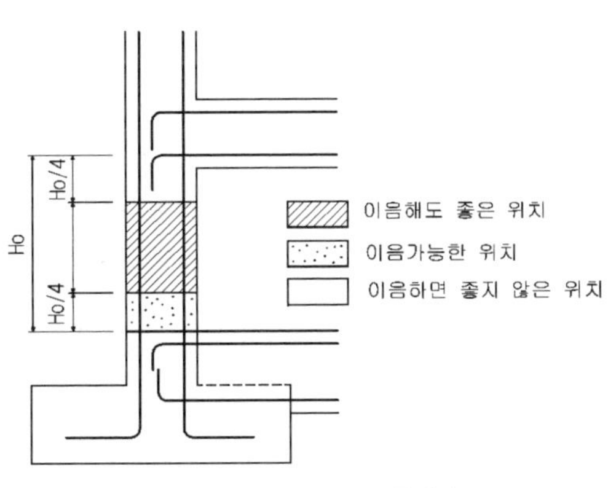

그림 5.15 기둥 주근 이음 위치

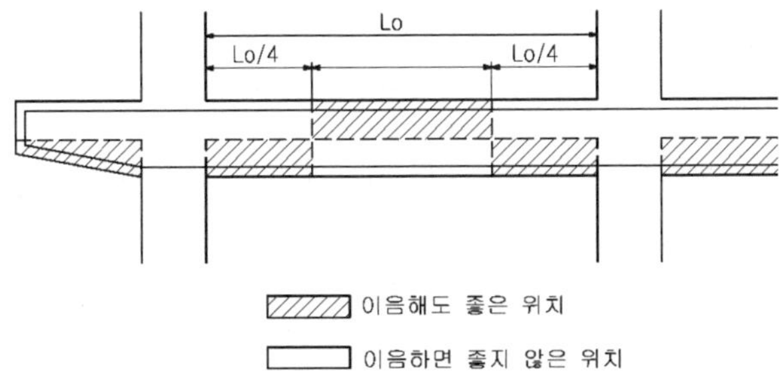

그림 5.16 보 주근 이음 위치

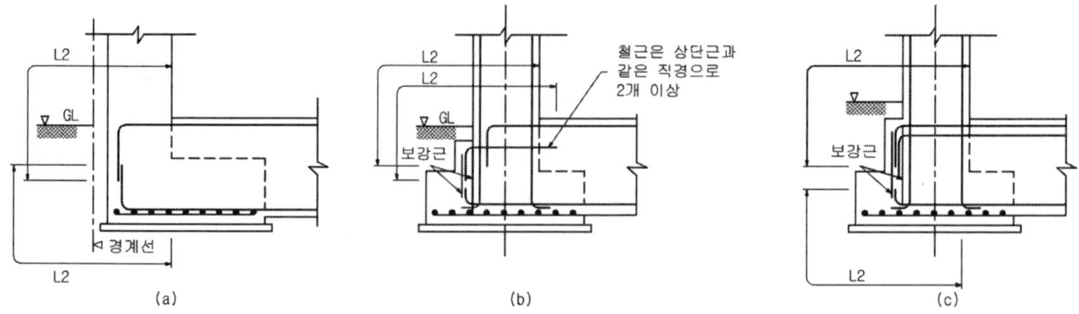

그림 5.17 기초와 기초보에서 기초보의 정착길이 (L2)

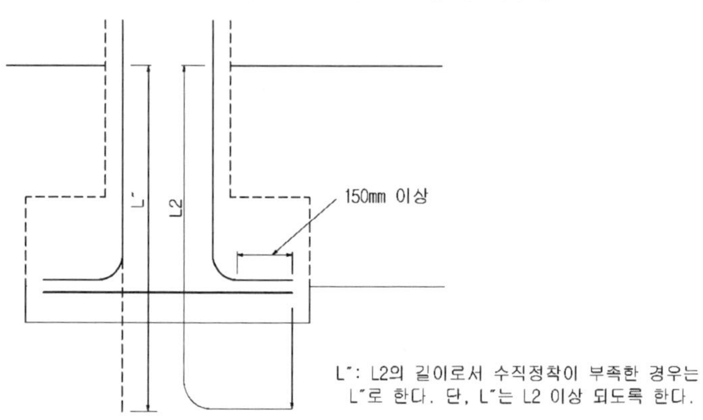

그림 5.18 기초 위 기둥 철근의 정착길이 (L2)

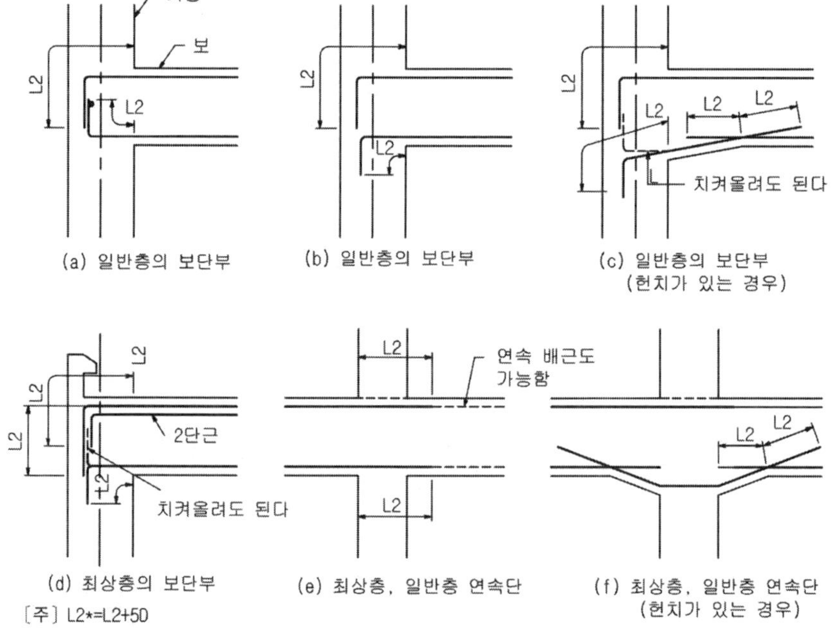

그림 5.19 보와 기둥의 접합부에서 보 주근의 정착길이(L2)

5.3.3 철근의 피복두께

철근콘크리트 구조물의 내구연한이 큰 것은 콘크리트가 철근을 잘 감싸고 있기 때문이다. 이와 같이 철근을 콘크리트로 덮은 두께를 피복두께라 하며, 피복두께는 콘크리트 표면에서 가장 가까운 철근의 표면까지의 두께를 말한다.

피복두께는 철근콘크리트 구조물의 내구 및 내화성능을 우수하게 하고, 콘크리트 면에 발생하는 균열 및 습기에 의한 철근의 부식 등을 방지하는 중요한 요인이다. 피복두께를 취하는 방법에 대해서는 그림 5.20과 같으며, 건축법규에서 정하고 있는 철근의 피복두께는 다음과 같다.

(1) 흙에 접하거나 옥외의 공기에 직접 노출되는 콘크리트의 경우

① 직경 29mm 이상의 철근 : 피복두께 60mm 이상

② 직경 16mm 초과 29mm 미만의 철근 : 피복두께 50mm 이상

③ 직경 16mm 이하의 철근 : 피복두께 40mm 이상

(2) 옥외의 공기나 흙에 직접 접하지 않는 콘크리트의 경우

① 슬래브, 벽체, 장선 : 피복두께 20mm 이상

② 보, 기둥 : 피복두께 40mm 이상

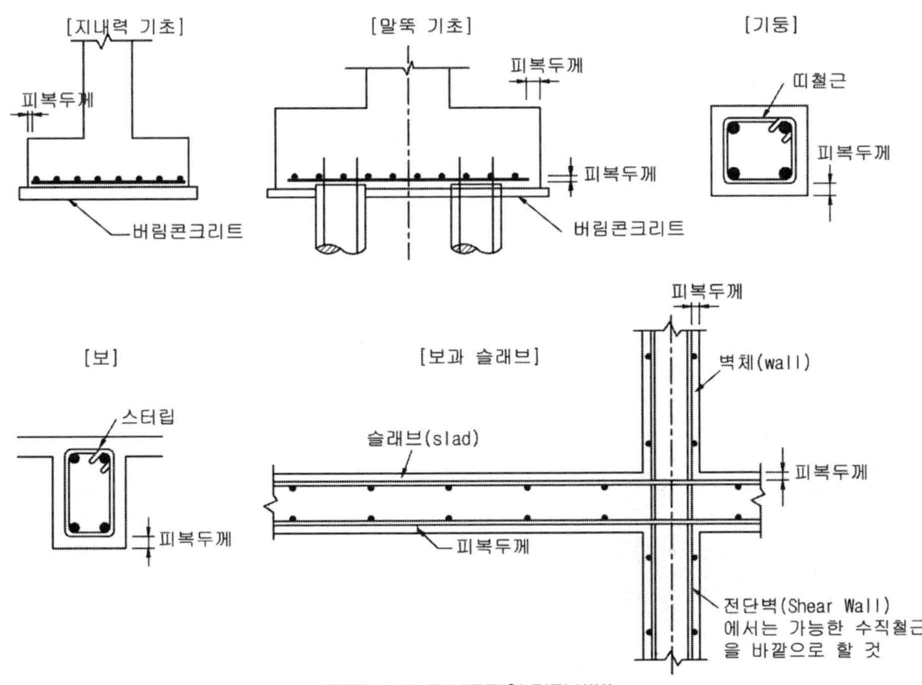

그림 5.20 피복두께의 결정 방법

5.4 철근콘크리트조의 각부 구조

5.4.1 기초(Foundation, Footing)

철근콘크리트 기초는 건축물의 하부에 있어 상부로부터의 축 방향 하중, 휨모멘트를 지반에 전하여 안전하게 건축물을 지지하는 역할을 한다.

철근 콘크리트 구조에 있어서 기초의 형식은 다음과 같다.

(1) 독립 기초

① 독립기초는 단독기초라고도 하며, 그림 5.21과 같이 기둥 1개의 하중을 1개의 독립기초가 저항한다.

② 독립기초의 저면은 정사각형 또는 직사각형, 원형 등이 있으며, 부지 경계선에 접한 곳에서는 사다리꼴로 설계하여 기초의 중(重)심선과 하중의 작용점을 일치시켜 편심을 피해야 한다.

③ 기초판의 휨모멘트 및 전단력에 대한 단면과 배근의 산정에 사용되는 그림 5.22의 기초 슬래브 유효나비 b (또는 b')는 다음 값을 사용하여 보에 준하여 계산한다.

$$b = a + 2D \quad \text{또한 } L \text{ 이하}$$

$$b' = a' + 2D \quad \text{또한 } L' \text{ 이하}$$

④ 경질 지반에 지지되지 않은 독립기초에는 기초보(지중보)를 설계하면 기초와 기초를 연결하여 기초의 부동침하(不同沈下)를 억제할 수 있는 효과가 있다.

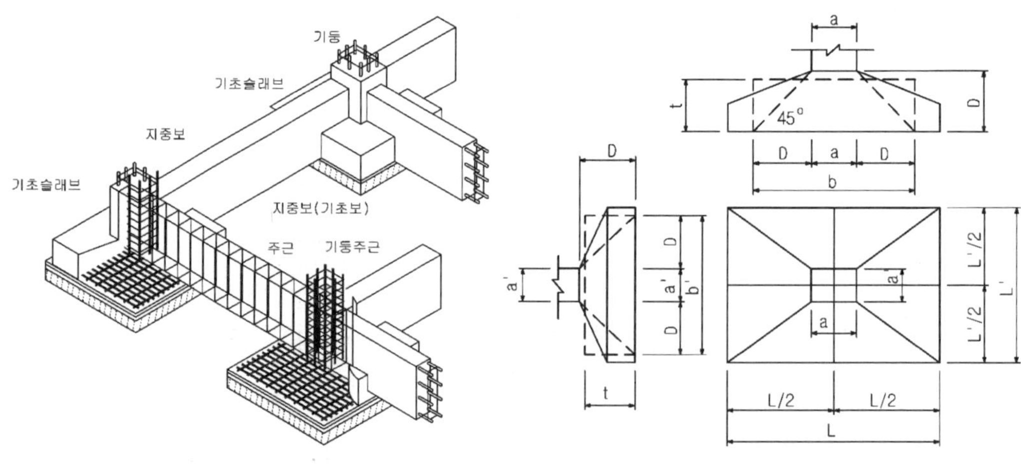

그림 5.21 독립기초의 형태

그림 5.22 기초판의 유효나비

⑤ 기초 바닥판 밑에 말뚝을 설계할 때에는 기초판 밑의 지내력은 무시하고 말뚝의 내력에만 의존하는 것이 보통이다

(2) 복합 기초

① 복합 기초는 그림 5.23과 같이 2개의 기둥을 1개의 기초로 지지하는 기초 형식을 말한다.

② 복합 기초는 각 기둥의 하중이 다르므로 기초 저면의 평면모양이 사다리꼴이 되는 경우가 많으며, 형태는 2본의 기둥 하중의 합력의 작용점과 기초 저면의 중심(重心)이 일치하도록 계산하여 결정하여야 한다.

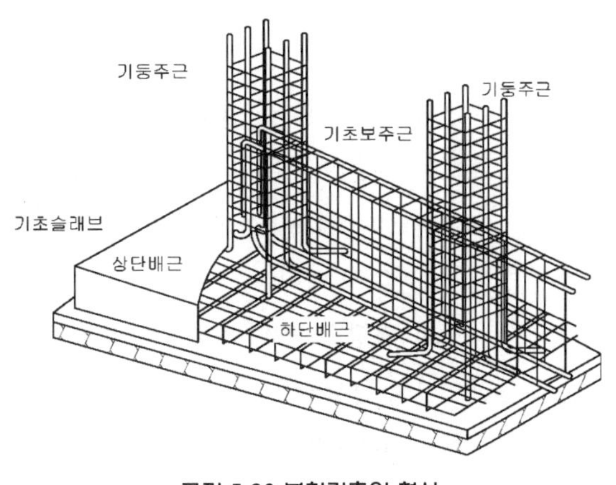

그림 5.23 복합기초의 형식

(3) 연속 기초

① 그림 5.24와 같이 건축물의 주위 또는 벽 밑에서 기둥 및 벽의 하부를 연결한 기초로서, 줄(띠)기초 또는 연속기초라고도 한다.

② 연속기초는 위쪽으로 향한 T형보로 보고 설계할 수 있다.

(4) 온통 기초

① 지하실이 있는 건축물의 기초판은 대부분 온통기초로 한다.

② 지반이 약하여 소요 기초 저면적의 합이 전 바닥의 1/2 이상으로 되는 경우에는 건축물의 하부 전부를 기초슬래브로 한다. 이러한 것을 온통 기초라고 한다.

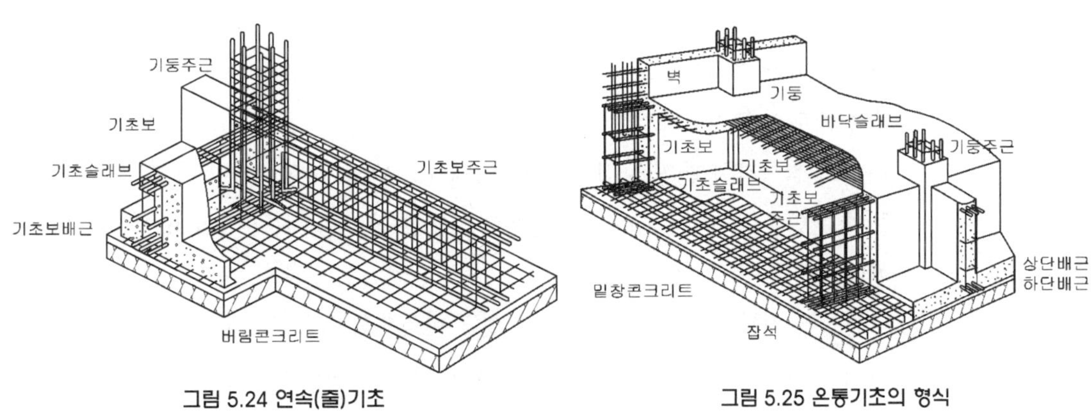

그림 5.24 연속(줄)기초

그림 5.25 온통기초의 형식

③ 기초 슬래브 및 기초보의 배근은 일반적인 슬래브와 정반대로 배근한다. 즉 부재의 인장력이 중앙부에는 상측에 단부에는 하측에 발생된다.

5.4.2 기 둥

기둥이란 유효 높이(h)가 기둥 단면 최소치수(D)의 3배 이상 되는 직립(直立) 압축 부재로서 각층의 바닥하중을 받아 기초에 전달하는 주요 구조부재로서 축방향(軸方向)의 수직철근(vertical bar)을 주근(主筋)이라 하고, 이 주근을 둘러 싼 철근을 띠철근(帶筋, hoop)이라고 한다.

또한 원형 또는 나선형으로 둘러 감은 철근을 나선철근(spiral hoop)이라 한다. 띠철근이나 나선철근은 주근의 좌굴(挫屈, buckling)을 방지하고 수평력에 대한 전단 보강의 역할을 하며, 주근의 위치를 고정하고 피복두께를 유지하는 역할을 한다.

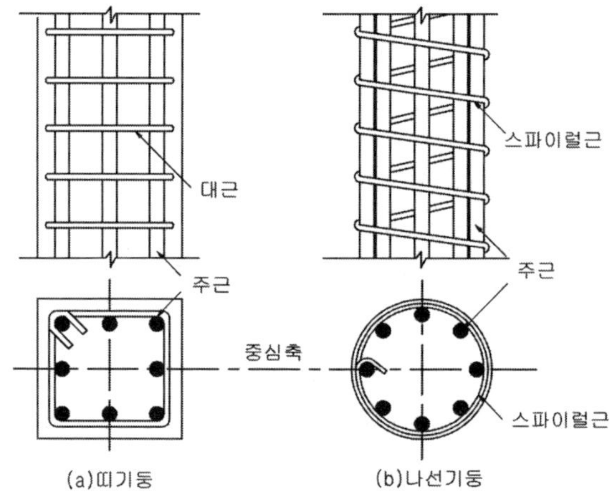

그림 5.26 기둥의 종류 및 기둥에 배근되는 철근의 종류

① 기둥 단면의 최소치수는 20㎝ 이상, 최소 단면적은 600㎠ 이상으로 한다. 다만, 창문틀 기둥은 제외한다.
따라서 직사각형 단면은 실제 크기가 20cm×30cm 이상이어야 하고, 정사각형 기둥의 단면은 한 변이 25cm 이상, 원형기둥의 단면은 지름이 28cm 이상이 되어야 한다.

② 나선철근 기둥의 유효 단면은 나선 철근 바깥지름으로 측정되는 심부의 단면으로 하며, 나선철근 기둥의 심부 지름은 20cm 이상이어야 한다.

③ 주철근의 단면적은 기둥 전 단면적의 0.01배 이상, 0.08배 이하로 하고, 겹침 이음되는 곳에서는 0.04배를 넘지 않아야 한다.

④ 주철근의 순 간격은 4cm 또는 철근 공칭지름의 1.5배 중 큰 값 이상으로 하여야 한다.

⑤ 주철근의 최소 개수는 직사각형이나 원형 띠철근 기둥에 4개, 삼각형 띠철근 기둥에 3개, 나선철근 기둥에 6개 이상 배근하여야 하며, 그 밖의 형태의 기둥에는 각 꼭지점이나 모서리에 최소한 1개의 철근을 배근하여야 한다.

⑥ 띠철근 기둥에 배근되는 띠철근은 주철근의 크기가 D32 이하일 때 D10 이상의 띠철근을 사용하며, D35 이상 또는 다발철근일 때에는 D13이상으로 한다.

⑦ 띠철근의 수직간격은 주철근 지름의 16배 이하, 띠철근 지름의 48배 이하, 기둥 단면의 최소 치수 중 가장 작은 값으로 한다.

⑧ 띠철근의 배근은 모서리 주철근과 그에 하나 걸러 있는 주철근은 135° 이하로 구부러진 띠철근에 의하여 횡방향으로 지지되도록 배근하고, 횡방향으로 지지되는 철근의 순간격은 15cm 이하로 한다.

⑨ 기초와 슬래브 상부에 위치하는 첫 번째 띠철근과 슬래브나 지판에 배치된 최하단 수평철근 아래 배치되는 띠철근은 일반 띠철근 간격의 1/2 이내로 한다.

⑩ 나선기둥에 사용되는 나선철근은 지름 9mm 이상의 철근이 사용되며, 나선철근의 순간격은 7.5cm 이하로 하며, 2.5cm 이상으로 하여야 한다.

⑪ 나선철근의 정착을 위해 각 나선철근에서 1.5 회전 만큼 더 여분의 길이를 가지게 하며, 나선철근의 이음은 철근지름의 48배 이상 또는 30cm 이상의 겹침이음으로 하거나 용접이음으로 한다.

⑫ 주철근의 이음 위치는 가능한 응력이 적은 곳에 두고, 한 개소에 집중하지 않도록 어긋나게 이어 주되 한 자리에서 반 이상을 잇지 아니하도록 한다.

⑬ 주철근의 이음 중심 위치는 기둥 유효높이의 2/3 범위 내에 두는데, 시공상 보통 1/3 정도에서 잇는 것이 편리하다.

예제

아래 그림과 같은 철근 콘크리트 기둥에서 대근(띠근)의 적절한 간격을 구하시오.

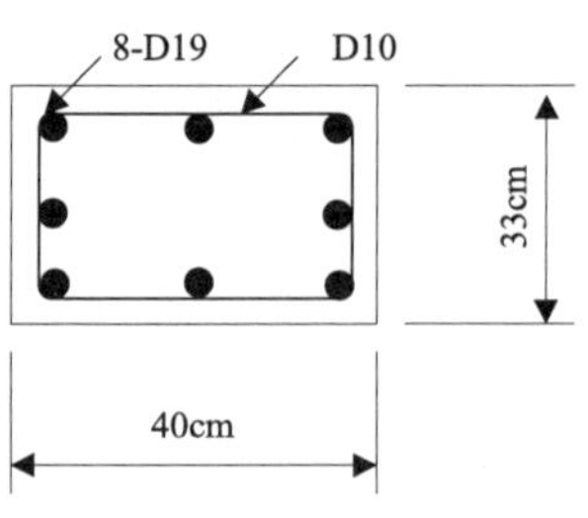

【풀이】 대근(hoop)의 간격은 다음 4개 사항 중에서 작은 값으로 정한다.

㉠ 주근 지름의 16배 이하 = 16×1.9 = 30.4㎝

㉡ 기둥 단면의 단변길이 이하 = 33㎝

㉢ 대근 지름의 48배 이하 = 48×1 = 48㎝

∴ 이 중에서 가장 작은 값은 30.4㎝ 이므로 30cm이하로 하면 된다.

5.4.3 보

(1) 보 설계 개요

보는 기둥과 함께 철근콘크리트 골조를 구성하는 중요한 구조부재이다. 보에는 기둥과 기둥을 연결하는 큰보(girder)와 큰보와 큰보를 연결하는 작은보(beam) 이외에 벽과 일체화된 벽보, 한 단이 고정되고 다른 한 단은 자유인 내민보 등이 있다.

보에는 다음 그림 5.27(a)와 같이 부재의 축 방향과 어떤 각도를 가진 하중이 작용함으로써 휨모멘트가 발생하여 보의 변형이 발생하게 되며, 보에 작용하는 휨모멘트에 의하여 그림 5.27(b)와 같이 축방향으로 압축응력과 인장응력이 생기며, 전단력에 의하여 보의 하중 작용 방향으로 전단응력이 발생한다.

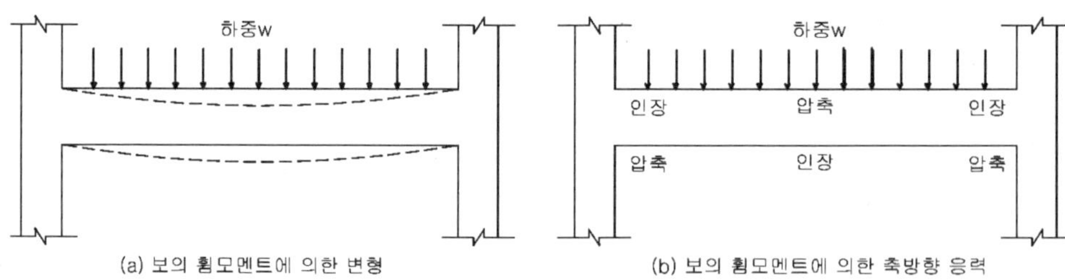

그림 5.27 보의 변형과 축방향 응력

그러므로 보를 설계한다는 것은 휨 모멘트에 의한 인장응력과 압축응력, 전단력에 의한 전단응력에 대해 보가 균열 및 파괴가 발생하지 않도록 설계하는 것을 의미한다.

그림 5.27(b)에서 보에 휨모멘트가 가장 크게 작용하는 보 중앙부 단면 상부에 압축응력이 하부에는 인장응력이 작용하게 된다. 콘크리트는 인장에 대해 약하기 때문에 인장응력이 작용하는 부분에 철근을 배근한다.

보 설계 기본은 그림 5.28(a)와 같이 보 단면 내에 응력이 '0'인 중립축이 존재하게 되고, 이 중립축을 기준으로 상부에는 압축응력이 하부에는 인장응력이 작용하게 된다. 따라서 상부 압축응력에 대해서는 콘크리트가 부담하게 되고, 하부 인장응력에 대해서는 철근이 부담하게 된다.

이와 같은 콘크리트의 압축응력(C)과 철근의 인장응력(T)은 그림 5.28(d)와 같이 작용하게 되므로, 압축응력과 인장응력에 의해 보 단면 내부에는 휨 모멘트가 발생하게 되며, 보 단면 내부에서 발생하는 휨모멘트가 외력에 의한 휨 모멘트에 저항하게 되는 것이 보 설계 시 기본이 된다.

그림 5.28 (c)에서 콘크리트의 극한 변형률은 0.003으로 한다. 또한, 콘크리트에 의한 압축력(C)과 철근에 의한 인장력(T)이 같아지게 하기 위해 배근하는 철근비를 균형철근비(평형철근비, ρ_b)라고 한다.

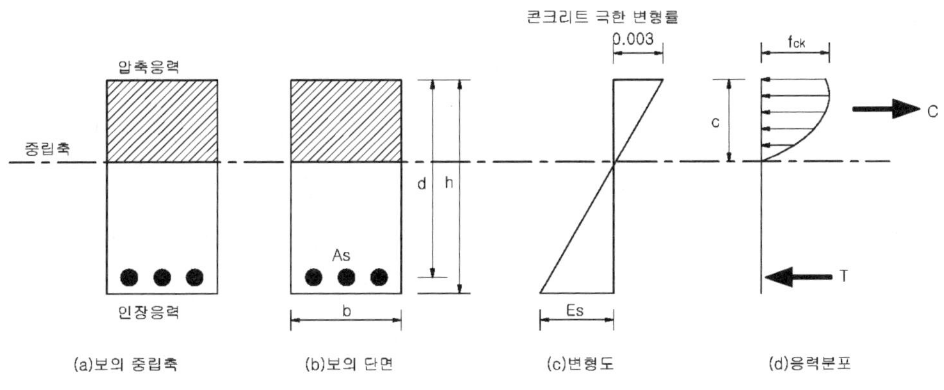

그림 5.28 보 단면에서의 변형 및 응력

(2) 보 철근 배근

보에 배근하는 철근의 종류는 휨모멘트에 의한 인장응력에 저항하기 위해 배근하는 철근을 휨보강근 또는 주철근이라 하며, 전단응력에 저항하기 위해 배근하는 철근을 전단보강근 또는 늑근이라 한다.

보에 인장응력이 작용하는 곳에 배근하는 주근은 그림 5.27(b)에서와 같이 보의 단부에서는 상부에 보의 중앙부에서는 하부에 배근하게 된다. 따라서 주근은 스팬 중앙의 인장 철근을 반곡점에서 휘어 올려 단부의 인장 철근으로 하며 주근을 벤트업 철근(bent-up, 절곡 철근)이라고도 하며, 이때 반곡점은 순지간의 1/4로 한다. 또한, 주근은 직경 12mm 이상의 것을 사용하여야 한다.

주근의 배근 간격은 1단 배근일 때 철근 사이의 순 간격은 철근의 공칭지름, 2.5cm, 굵은 골재 최대치수의 4/3 이상으로 하고, 2단 이상으로 배근되는 경우에 단 사이의 순간격을 2.5cm로 하며 상단철근은 하단철근 바로 위에 배근한다.

주근은 보의 지간 사이서 이음을 하지 않는 것이 좋으나, 이을 경우에는 인장력이 적거나 압축력이 작용하는 구간에서 잇는다. 즉, 상부 철근의 이음 중심은 중앙부 구간 내에서, 하부 철근의 이음 중심은 양단부 구간 내에서, 벤트업 철근의 이음 중심은 벤트 업 구간 내에 둔다.

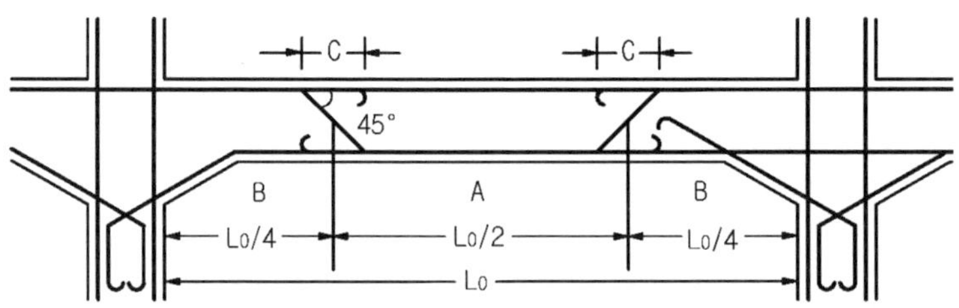

그림 5.29 철근의 이음범위

전단응력에 대해 보강하는 늑근은 그림 5.30과 같은 형태로 직경 6mm 이상의 것을 사용하여야 하며, 사인장 균열이 생긴 곳에 늑근이 배근되어 있지 않으면 전단응력에 의한 변형을 억제할 수 없으므로, 설계 기준에서는 균열의 경사각을 45° 로 하여 수직 늑근의 간격은 d/2 또는 60cm 이하로 하여 45° 방향으로 뻗는 균열에 적어도 하나의 늑근과 교차하도록 하고 있다.

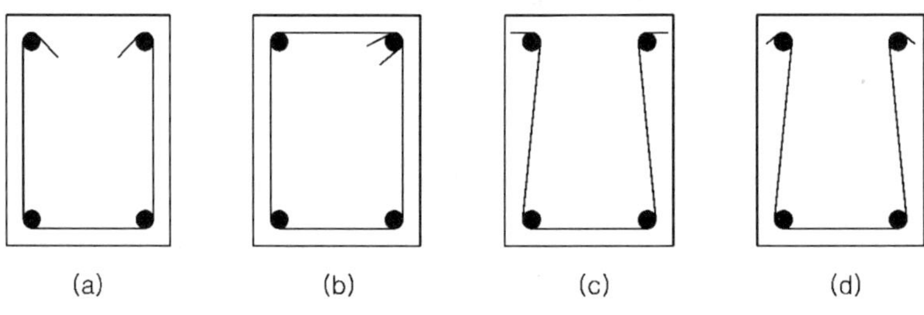

그림 5.30 기본적인 늑근의 형태

⑶ 보의 형태

보의 유효 춤을 크게 하면 압축응력과 인장응력 중심거리가 증가하게 되므로, 저항 모멘트가 커지고 처짐을 줄이는 데 효과적이지만 층높이가 높아지는 단점이 있다.

일반적으로 층높이가 허용되는 경우 보의 유효춤은 보 폭의 1.5~2.5배의 범위에서 많이 설계된다.

앞에서 설명한 바와 같이 보에 배근되는 주 철근은 인장응력이 작용하는 부분에 배근하게 된다. 이와 같이 인장응력이 작용하는 곳에만 배근하는 보를 단근보라 하며, 그 형태가 직사각형일 때 단근장방형 보라 한다. 그러나 저항 모멘트가 커지는 경우에 압축응력이 작용하는 부분에도 철근을 배근할 필요가 있다. 이와 같이 압축응력이 작용하는 부분에도 철근을 배근한 보를 복근 장방형 보라 한다.

또한, 보의 중앙부 상부에는 압축응력이 작용하게 되고, 일반적으로 보와 바닥판(slab)는 동시에 콘크리트 타설 작업이 이루어지므로, 하나의 덩어리로 구성되게 된다. 여기서 보와 일체가 된 바닥판은 보의 압축응력에 많은 기여를 하게 되며, 이와 같은 보를 T형보 또는 형태에 따라 반 T형보라 한다.

그림 5.31(c), (d)의 T형보 및 반 T형보의 유효폭(b)은 다음과 같은 값으로 한다.

① T형 보의 유효폭은 다음 값 중 가장 작은 값으로 한다.

- 보 경간(span)의 1/4
- 슬래브 두께의 16배에 보 복부 폭을 더한 값 = $16h_f + b_w$ 그림 5.31(d) 참조
- 양쪽 슬래브 중심간 거리

② 반 T형 보의 유효폭은 다음 값 중 가장 작은 값으로 한다.

- 보 경간(span)의 1/12
- 슬래브 두께의 6배에 보 복부 폭을 더한 값 = $6h_f + b_w$ 그림 5.31(c) 참조
- 보 외측에서 슬래브 중심까지의 거리

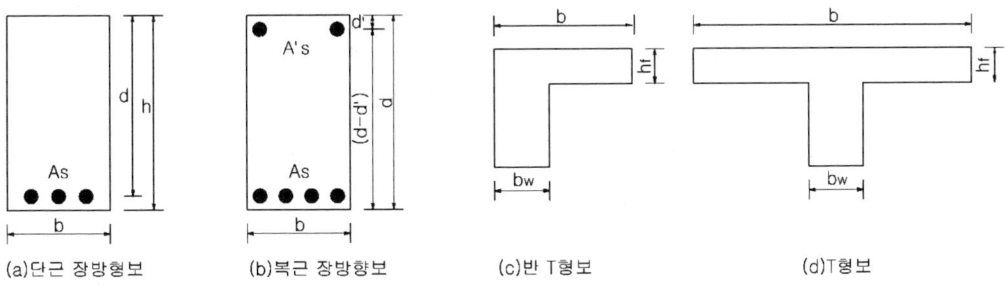

그림 5.31 보의 단면 형태

예제

그림에서 보 G를 T형보로 설계하려고 한다. G 보의 슬래브 유효폭을 구하라. 다만 슬래브 두께는 12cm, 보의 나비는 30cm로 한다.

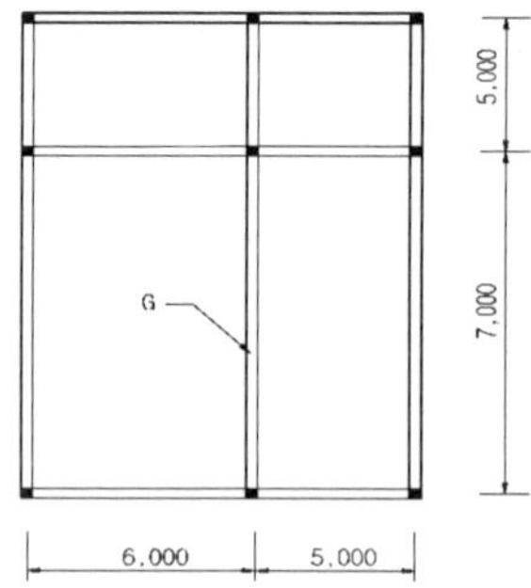

【풀이 ① $B = 16t + b = 16 \times 12 + 30 = 222$ cm

② $B = 300 + 250 = 550$ cm

③ $B = 1/4 \times 700 = 175$ cm

이중 작은 값이 유효나비이다.

∴ $B = 175$ cm

(4) 보의 구조제한

① 콘크리트는 압축파괴 변형률이 0.003에 도달했을 때 파괴된다고 가정한다.

② 콘크리트의 인장강도는 대략 압축강도의 1/10 정도이므로 휨재의 설계에서는 콘크리트의 인장강도를 무시하고 보강된 철근이 인장응력을 지지하도록 한다.

③ 철근콘크리트 보에 파괴가 발생한다면 콘크리트의 압축파괴보다는 철근에 의한 인장파괴가 발생하도록 설계하여야 한다.

④ 인장파괴를 유도하기 위해 보나 슬래브 등 휨재에 배근되는 최대철근비는 균형철근비(ρ_b)의 0.75배를 초과할 수 없다.

⑤ 콘크리트의 설계압축강도가 300kgf/cm^{2}이하의 콘크리트에 배근되는 철근의 최소철근비는 $14 / f_y$ 이상이어야 한다. 여기서 f_y 는 철근의 항복강도이다.

⑥ 철근의 피복두께는 철근을 화재로부터 보호하고, 공기와의 접촉에 의해 부식되는 것을 방지하기 위해 최소 4cm 이상 유지되어야 한다.

⑦ 보나 슬래브의 과다한 처짐은 칸막이벽에 균열을 일으키거나 문, 창문 등의 기능을 저해하는 여러 가지 문제가 발생하게 된다. 따라서 구조설계기준에서는 최대허용 처짐을 다음 표5.1과 같이 정하고 있다.

표 5.1 최대 허용처짐

<table>
<tr><th>부 재 의 형 태</th><th>고려해야 할 처짐</th><th>처짐한계</th></tr>
<tr><td>과도한 처짐에 의한 손상되기 쉬운 비구조 요소를 지지 또는 부착하지 않은 평지붕 구조</td><td>적재하중 L에 의한 순간처짐</td><td>$\frac{l}{180}$</td></tr>
<tr><td>과도한 처짐에 의한 손상되기 쉬운 비구조 요소를 지지 또는 부착하지 않은 바닥 구조</td><td>적재하중 L에 의한 순간처짐</td><td>$\frac{l}{360}$</td></tr>
<tr><td>과도한 처짐에 의한 손상되기 쉬운 비구조 요소를 지지 또는 부착한 지붕 또는 바닥구조</td><td rowspan="2">전체 처짐 중에서 비구조 요소가 부착된 후에 발생하는 처짐부분 (모든 지속하중에 의한 장기처짐과 추가적인 적재하중에 의한 순간처짐의 합)</td><td>$\frac{l}{480}$</td></tr>
<tr><td>과도한 처짐에 의한 손상될 염려가 없는 비구조 요소를 지지 또는 부착한 지붕 또는 바닥구조</td><td>$\frac{l}{240}$</td></tr>
</table>

⑧ 전단보강 철근의 종류는 그림 5.32와 같이 한다.

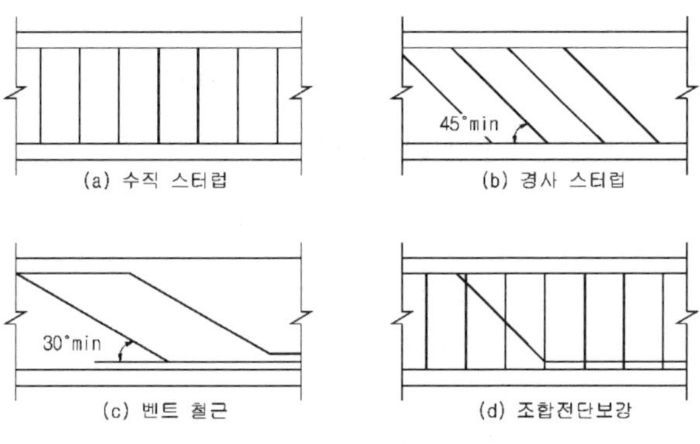

(a) 수직 스터럽 (b) 경사 스터럽 (c) 벤트 철근 (d) 조합전단보강

그림 5.32 전단보강 철근의 종류

5.4.4 슬래브(slab)

(1) 개 요

슬래브란 건축물의 바닥판으로 길이와 폭에 비해 두께(춤)가 작은 평판구조로서 슬래브의 종류는 크게 보가 없이 직접 기둥에 지지되는 평 슬래브 구조와 보에 지지되는 보 슬래브 구조로 구분된다.

보 슬래브 구조는 슬래브의 형태에 따라 그림 5.33과 같이 보에 전달되는 하중경로가 달라진다. 즉, 그림 5.33(a)과 같이 긴 변이 짧은 변의 2배 이상 되는 긴 직사각형 보 슬래브 구조에서는 슬래브 하중의 90% 이상이 짧은 변 방향으로 전달되기 때문에 하중이 짧은 변 방향으로만 지지되는 것으로 보며, 이러한 슬래브를 1방향 슬래브라 한다.

그러나 그림 5.33(b)에서와 같이 긴 변과 짧은 변의 차이가 크게 나지 않는 경우에는 하중이 양 방향으로 전달되므로, 이러한 슬래브를 2방향 슬래브라고 한다.

1방향 슬래브 및 2방향 슬래브에 대한 설계 시 고려해야 하는 일반사항은 다음과 같다.

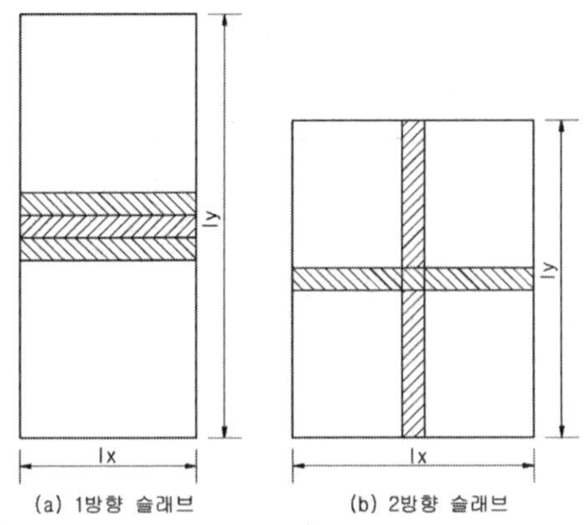

그림 5.33 1방향, 2방향슬래브

① 단변(短邊) 순 스팬을 lx, 장변(長邊)의 순 스팬을 ly 라고 할 때, 여기서 순 스팬 (span) 이란 지지 부재 간의 안치수를 말한다.

주변부터 $\frac{lx}{4}$ 폭의 부분을 주열대(柱列帶)라고 하며, 중간 부분을 주간대(柱間帶)라고 부른다.

② 1방향 슬래브는 $\frac{ly}{lx} > 2$ 인 슬래브로서, 대변(對邊)에서 지지되고 지지연변(支持緣邊)에 직각으로 주근을 배근한다.

③ 2방향 슬래브는 $\frac{ly}{lx} \leq 2$ 인 슬래브로서, 4변에서 지지되어 있고, 2방향에 대하여 지지연변에 직각으로 철근이 배근된 슬래브이다. 이때 단변이 주근(主筋)이고 장변이 배력근(配力筋)이 된다.

⑵ 보 없는 슬래브

기둥에 하중을 전달하는데 있어서 보 없이 2방향 이상으로 배근되고 슬래브에 작용하는 모든 하중이 기둥에 의해 지지되어 있는 슬래브로 플랫(flat)슬래브라고 한다. 플랫 슬래브는 기둥주변에 휨응력과 전단응력이 커지기 때문에 뚫림 전단에 대한 안전성을 높일 필요가 있다.

이와 같은 목적으로 플랫 슬래브 기둥 주변에 슬래브 두께를 다른 곳 보다 크게 한 부분을 지판(drop panel)이라고 한다.

① 플랫 슬래브는 그림 5.34에서와 같이 기둥이나 벽 등 받침부 중심에서 각 방향으로 경간의 1/6 이상 되어야 하며, 지판의 두께는 슬래브 두께의 1/4 이상 되어야 한다.

② 플랫 슬래브 구조는 서로 직교하는 2개의 보군(群)으로 나누어 각 방향마다 기둥과 더불어 라멘구조를 형성하는 것으로 취급한다.

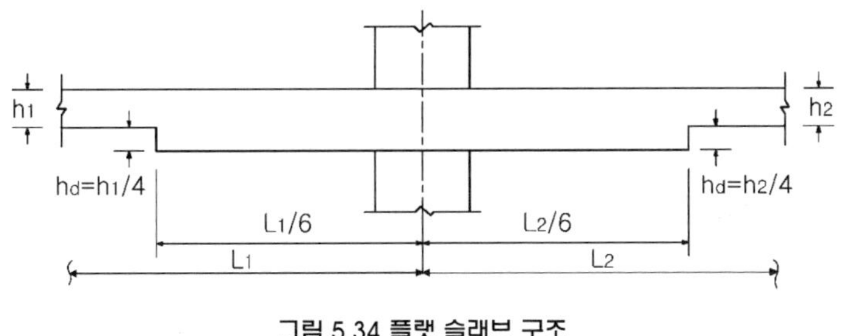

그림 5.34 플랫 슬래브 구조

(3) 슬래브의 구조제한

① 1방향 슬래브의 최소두께는 변형, 휨, 전단 등을 고려하여 표 5.2의 값을 만족하면서 지판이 없는 슬래브는 12cm이상, 지판이 있는 슬래브는 10cm이상이어야 한다.

표 5.2 콘크리트 보 및 1방향 슬래브의 최소 두께

부 재	최 소 두 께			
	단순지지	일단연속	양단연속	캔틸레버
보 또는 리브가 있는 1방향 슬래브	l / 16	l / 18.5	l / 21	l / 8
1방향 슬래브	l / 20	l / 24	l / 28	l / 10

② 2방향 슬래브의 최소두께는 표 5.3에 제시한 값 이상 또한 8cm 이상으로 한다.

표 5.3 2방향 슬래브의 최소 두께

지 지 조 건	주 변 고 정	캔 틸 레 버
$\lambda \leq 2$, 2방향 슬래브	$\frac{\lambda lx}{16+24\lambda}$	-

표 5.3에서 $\lambda = \frac{ly}{lx}$,

여기서 lx 는 단변의 순길이, ly 는 장변의 순길이

(4) 슬래브 철근배근

① 1방향 슬래브에 배근되는 철근은 주근 및 부근으로 구분되며 최대 철근간격은 다음과 같다.

- 주근의 최소 철근량은 건조수축 및 온도철근의 량으로 하며, 최대 철근 간격은 바닥두께의 3배, 다만 45cm 이하로 한다.

• 부근의 최소 철근량은 건조수축 및 온도철근의 량으로 하며, 최대 철근 간격은 바닥두께의 5배, 다만 45cm 이하로 한다.

• 그러나 어떤 경우에 있어서도 철근비는 슬래브의 건조 수축·온도철근의 철근비인 0.0014이상 또는 항복강도가 4,000kgf/cm^2 이하인 이형철근은 0.002 값 이상이어야 한다.

② 2방향 슬래브에 배근되는 철근량은 위험단면에서의 모멘트에 따라 계산되어야 하

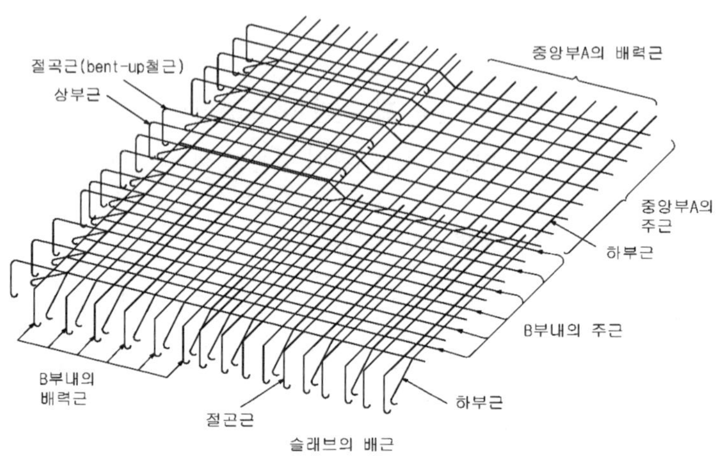

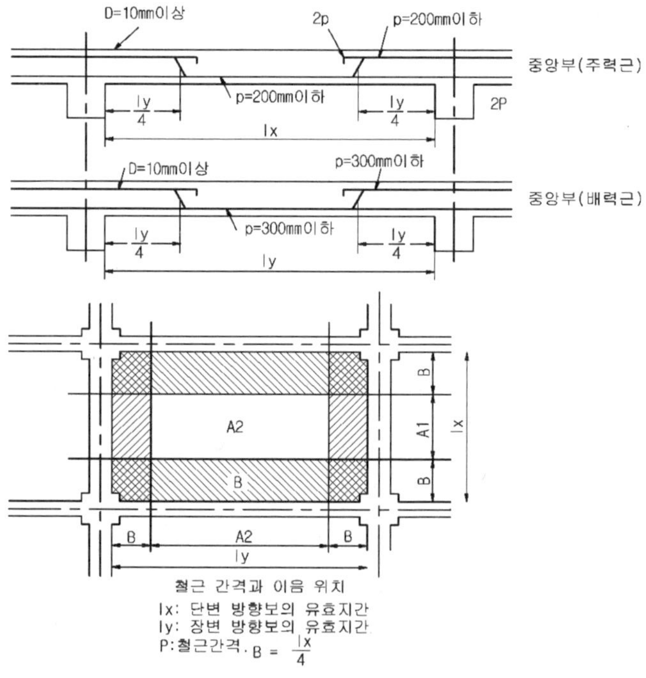

그림 5.35 2방향 슬래브 철근배근 예

고, 건조수축·온도철근비인 0.0014이상이어야 하며, 최대 철근간격은 슬래브 두께의 5배 이하, 40cm 이하로 한다. 또한, 위험단면에서의 철근간격은 슬래브 두께의 2배 이하로 하고, 30cm 이하로 한다.

③ 2방향 슬래브 철근의 배근은 그림 5.35와 같이하며, 그림 5.36에 2방향 슬래브 철근 배근 예를 표시하였다.

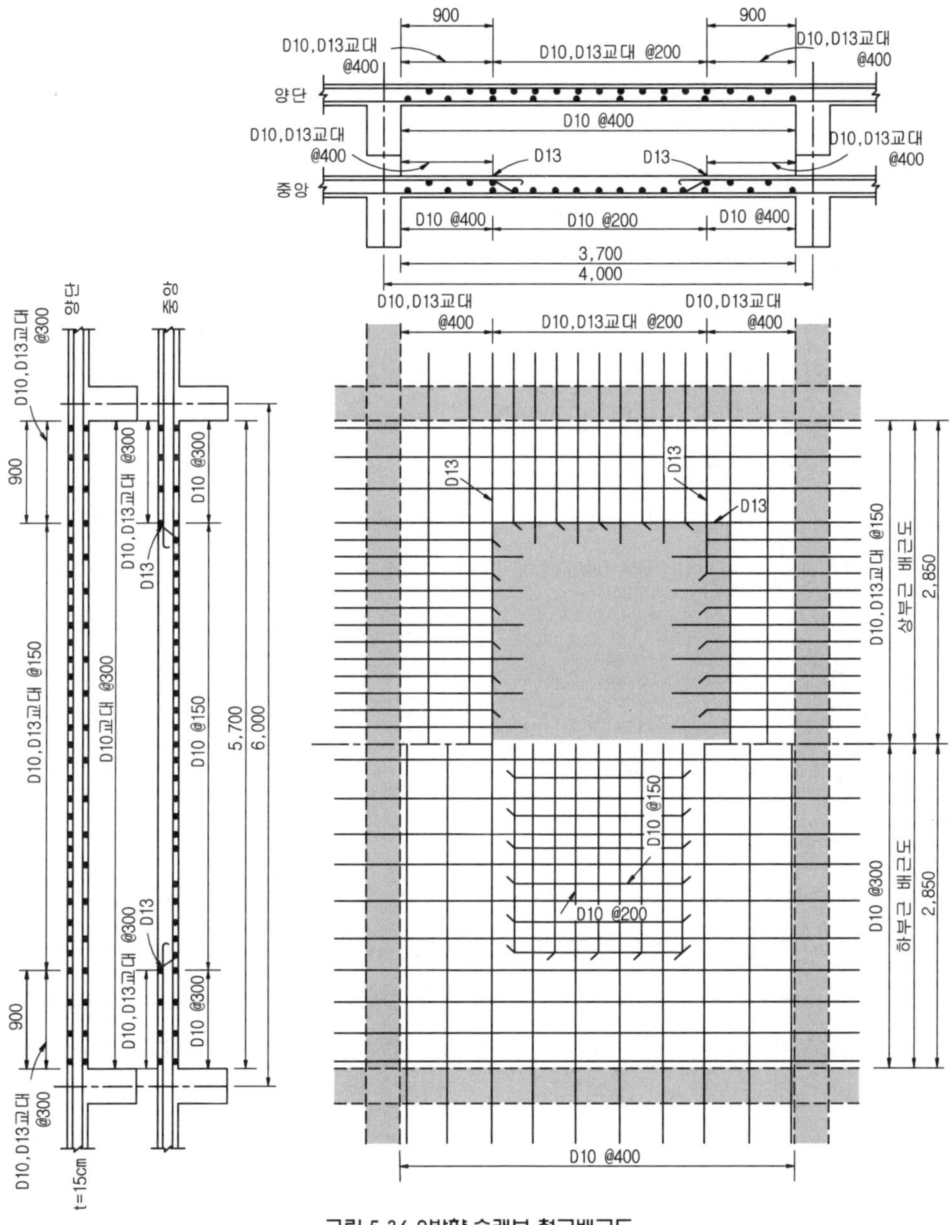

그림 5.36 2방향 슬래브 철근배근도

5.4.5 쉘(shell) 구조

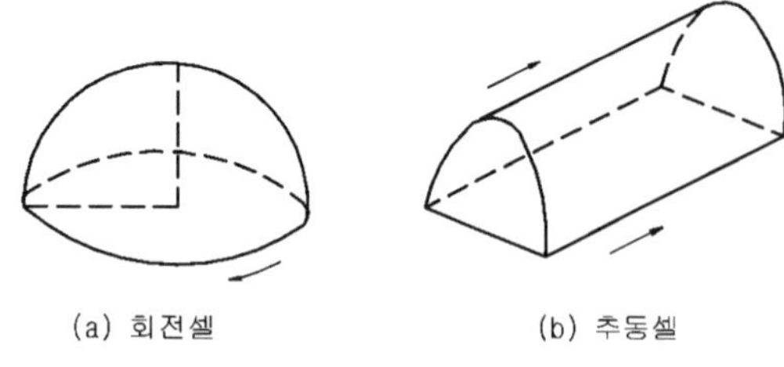

그림 5.37 쉘의 모양

큰 스팬의 구조물에 곡면(曲面) 박판 슬래브를 이용하는 것이 쉘(shell) 구조이다. 쉘 구조에 작용하는 하중은 축선(軸線)을 따라 압축력으로 하부에 전달되므로 휨 모멘트가 적어 작은 단면으로 큰 스팬의 구조물을 만들 수 있다. 주로 곡면 지붕구조에 많이 쓰인다.

5.4.6 내력벽의 구조

(1) 벽체의 구조 제한

① 벽체의 최소 두께는 실용설계법으로 설계하는 경우 내력벽의 수직 또는 수평 지점간의 거리 중 작은 값의 1/25 이상 또는 10cm 이상으로 하며, 지하실 외벽이나 기초벽체 두께는 20cm 이상으로 한다. 내력벽을 압축재 설계방법으로 설계하는 경우에는 벽체의 최소 두께 제한을 받지 않는다.

또한, 건물 내 내력벽의 최소 두께는 최상단에서 4.5m 까지는 15cm 이상이어야 하며, 매(每) 3m 내려갈 때마다 1cm씩의 비율로 증가시켜야 한다. 다만, 벽 두께가 12cm 이상의 경우로서 구조계산에 의하여 안전하다고 확인된 경우에는 그러하지 아니하다.

② 비 내력벽의 최소두께는 10cm 이상 또는 이를 수평으로 지지하고 있는 부재 최소거리의 1/30이상으로 한다.

(2) 내력벽에 대한 배근

① 최소수직철근비는 철근의 항복강도가 4,000kgf/cm^{2}이상인 D16 이하의 이형철근이나 지름 16mm 이하의 용접철망은 0.0012, 기타 이형철근은 0.0015로 한다.

② 최소 수평철근비는 벽체 전 단면적에 대해 철근의 항복강도가 4,000kgf/cm^{2}이상인 D16 이하의 이형철근이나 지름 16mm 이하의 용접철망은 0.0020, 기타 이형철근은 0.0025로 한다.

③ 수직 및 수평철근의 배근 간격은 벽두께의 3배 이하 또는 40cm 이하로 배근하여야 한다.

④ 벽 두께가 25cm 이상일 때는 벽 양면에 따라 복근으로 배근한다.

⑤ 내력벽의 철근은 바닥, 기둥, 교차벽, 버트레스(buttress) 등에 정착시킨다.

⑥ 내력벽의 개구부에는 지금 D13 mm 이상의 보강 철근 길이는 개구부 끝에서 60cm 이상으로 한다.

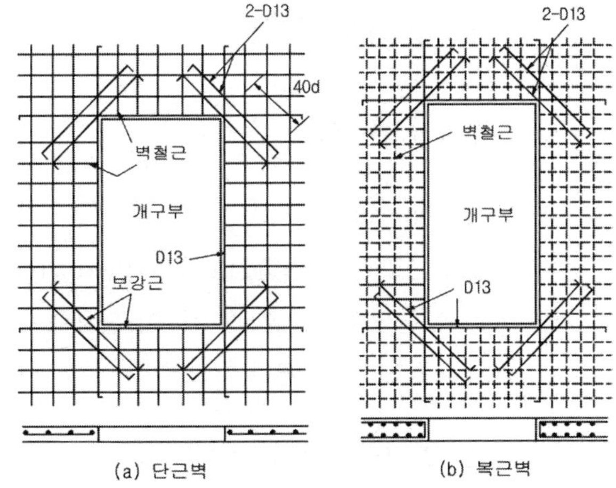

그림 5.38 벽체 개구부 보강법

5.5 옹 벽

옹벽은 그림 5.39에서와 같이 전면벽, 앞굽판, 뒷굽판으로 구분되며, 옹벽의 종류에는 그림 5.40과 같이 중력식옹벽, 캔틸레버식 옹벽, 부축벽식 옹벽으로 구분된다.

① 중력식옹벽은 옹벽 자중으로 토압에 저항하는 옹벽으로 비교적 높이가 낮은 경우에 무근콘크리트나 조적조 등으로 만들어지며, 높이 3m 이내의 범위에서 사용된다.

② 캔틸레버식 옹벽은 3m~6m 정도의 높이에 사용되며, 철근콘크리트에 의해 시공되는 가장 일반적인 형태이다.

③ 부축벽식 옹벽은 6m 이상의 비교적 높은 높이에 사용되는 형식으로 캔틸레버식 옹벽에 부축벽이 추가된 형태이다.

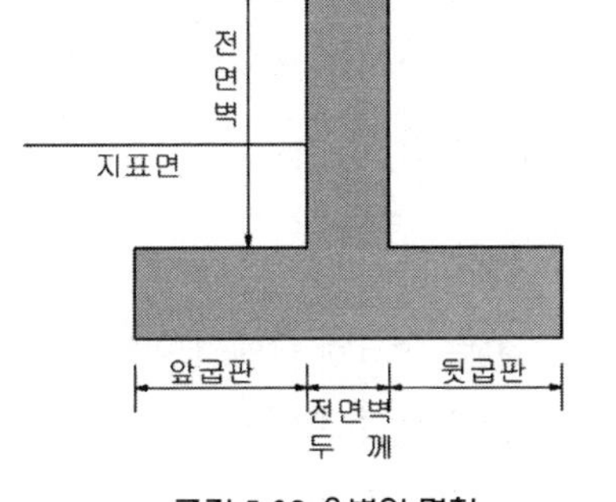

그림 5.39 옹벽의 명칭

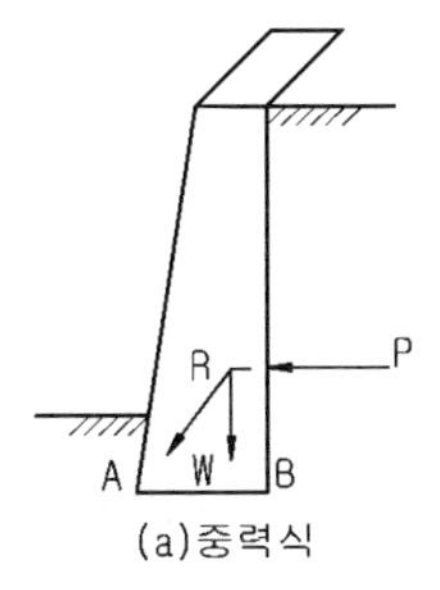

(a)중력식

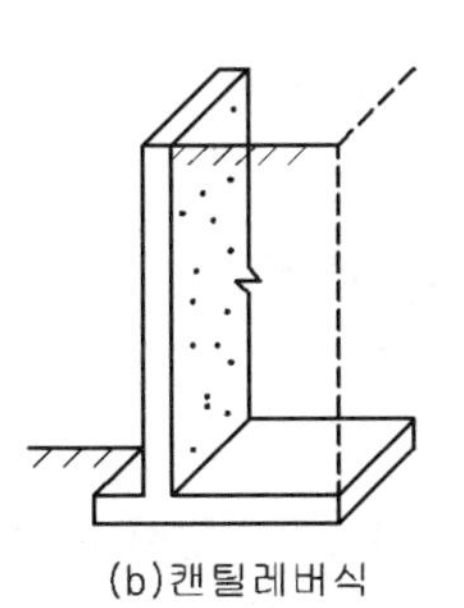

(b)캔틸레버식

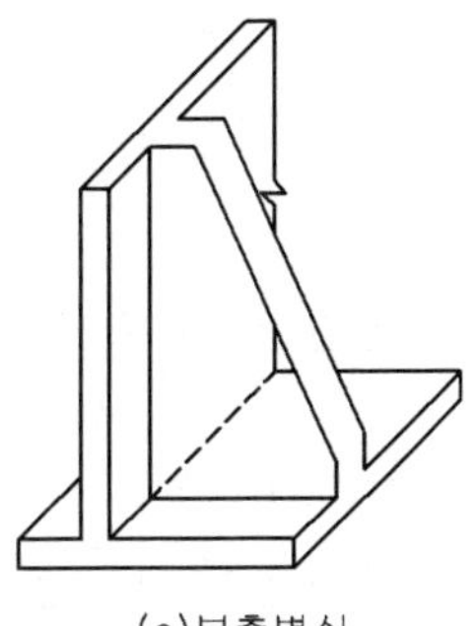

(c)부축벽식

그림 5.40 옹벽의 종류

5.6 조립식 구조

5.6.1 개 론

(1) 개 요

조립구조 (組立溝造, prefabricated structure)는 벽체·바닥판·지붕판 등 건물의 각 부분을 한 단위판으로 생산하여 현장에서 조립·접합하여 건축하는 구조이다. 간단히 prefab구조라고 부른다.

(2) 조립구조의 특성(장단점)

① 공장 생산이 가능하여 대량 생산을 할 수 있고,

② 극단적으로 작은 단면의 부재로 꾸미니까 재료가 절약되고,

③ 기계화 시공으로 단기 완성이 가능하고,

④ 현장 거푸집 공사가 절약되고,

⑤ 정밀도가 높고 강도가 큰 철근 콘크리트 부재를 쓸 수 있는 이점이 있으나,

⑥ 접합부에 결함이 생기기 쉽고,

⑦ 단면이 작으므로 화재 시에 강도 저하의 우려가 있고,

⑧ 같은 형의 건물을 대량으로 건축하기 위하여서만 가능한 결점이 있다.

(3) 조립구조의 분류

조립 양식에 의해서 분류하면

① 가구식 조립구조는 목재·철골·철근 콘크리트조 등으로 가구식으로 뼈대(骨造=기둥·보 형식)를 구성하고, 여기에 벽판(창문틀 포함)·바닥판(계단판 포함)·지붕판 등의 단위판(panel)을 조립하는 구조이다.

② 패널(panel)식 조립구조는 뼈대를 따로 구성하지 않고 벽판·바닥판·지붕판 등의 단위판(panel) 만으로 조립하는 구조이다.

5.6.2 가구식 조립구조

(1) 기 초

① 기초는 보통 철근 콘크리트조의 줄기초나 독립 기초에 연결한 기초보를 현장 시공한다.

② 기둥은 미리 기초에 매설된 앵커 볼트(anchor bolt)에 의하여 세우게 된다.

③ 줄기초 또는 기초보의 나비는 기둥의 최소 단면 길이 이상으로 하고, 높이(춤, depth)는 건물의 처마 높이의 1/12 이상 또 60cm(단층 45cm) 이상으로 하며, 복근으로 배근한다.

(2) 기둥과 보

부재는 철근 콘크리트조에 비하여 대단히 작게 할 수 있으나, 화재 시 견딜 수 있어야 하고, 접합부의 결함을 고려하여 특별한 설계에 의하고 시공해야 한다.

(3) 접합부의 구조

① 접합부의 결합 방법에는 여러 가지로 고안되어 있고 연구되고 있다. 대체로 P.C판과 P.C판의 접합에 있어서 세로 접합에는 습식 접합(wet joint), 수평 접합에는 건식 접합(dry joint)을 사용하는 경우가 많다.

② 습식 접합은 부재와 부재 사이에 콘크리트나 모르타르를 채워 넣어서 접합시키는 방법으로 콘크리트 또는 모르타르의 수축·응결 등을 고려하고 부재 간에 부착이 잘 안 될 것을 고려하여 철물로 보강하는 것이 보통이다.

③ 건식 접합은 부재 상호간의 철물을 용접하거나 볼트로 접합시키는 방법이다.

5.6.3 패널(penal)식 조립구조

(1) 패널식 조립구조는 벽판·바닥판·계단판 등을 공장에서 만들고, 현장에서는 조립 접합부 처리만 하게 된 것이다.

(2) 기초 접합부는 가구식 조립구조와 같다.

5.7 철근콘크리트 계단

5.7.1 개 요

(1) 계단은 상·하층의 교통 역할 외에 의장적 역할도 한다.

(2) 구조적으로는 경사 슬래브에 단을 만든 것으로 배근 방식은 기본적으로 슬래브와 동일하다.

5.7.2 계단의 형식

계단의 형식에는 다음과 같은 것이 있다.

⑴ 측보 형식 계단

① 계단 양측에 배치된 보(측보)에 계단 슬래브를 걸친 것으로, 보의 배치에 따라 4방향 고정, 3방향 고정, 2방향 고정 슬래브로 분류되며, 가장 많이 이용되는 계단이다.

② 4방향 고정의 직사각형 슬래브 형식에서는 계단폭 방향으로 주근을, 계단 길이 방향으로 배력근을 배치한다.

⑵ 경사 슬래브 형식 계단

계단에 측보를 설치하지 않을 경우이며, 2방향 고정, 또는 3방향 고정의 직사각형 슬래브로 계산하여 주근을 경사방향으로 배근한다.

⑶ 캔틸레버(cantilever) 형식 계단

계단 폭이 적은 경우이며, 주근은 계단 슬래브의 길이 방향으로 배근하지 않고 상부 철근(주근)을 계단 폭의 방향으로 배근하게 된다.

6 철 골 구 조

6.1 개 론

① 철골구조(steel structure)란 건축물의 주요 구조부(기둥, 벽, 보, 바닥, 계단, 지붕) 등을 모두 철강으로 구축한 것으로 강구조(steel construction)라고도 한다.

② 철골구조를 콘크리트로 피복한 구조를 철골 철근콘크리트 구조(steel framed reinforced concrete construction) 또는 합성구조(composite construction)라고도 한다.

③ 구조용 강재의 두께가 4mm 미만의 것을 이용한 철골구조를 경량철골구조라고 한다.

④ 강관을 이용한 구조를 강관 구조라 한다.

⑤ 철을 최초로 사용한 구조물은 1779년 영국의 주철교이고, 강골조로 된 최초의 건축물은 1884년 미국의 William Le Baron Jenney가 세운 10층 건물이다.

6.2 철골구조의 장단점

6.2.1 장 점

① 내구, 내진적이며 횡력(横力)에 강한 불연성 구조이다.

② 다른 재료에 비해 균질도가 높아 신뢰성이 높다.

③ 강도가 커서 철근콘크리트 구조에 비해 건물 중량을 가볍게 할 수 있다.

④ 큰 경간(span) 구조물이나 고층구조물에 적합하다.
⑤ 인성이 커서 변위에 대한 저항성이 높다.
⑥ 현장상태나 기후조건에 관계없이 시공할 수 있다.

6.2.2 단 점

① 부재 길이가 비교적 길고 두께가 얇기 때문에 좌굴하기 쉽다.
② 열에 대하여 약하며, 고온에서 강도 저하나 변형되기 쉽다.
③ 녹슬기 쉽다.
④ 용접의 경우 이외에는 접합면을 일체로 보기 어렵다.
⑤ 공사비가 비교적 고가(高價)이다.

6.3 재 료

6.3.1 강재의 구분

① 탄소강은 탄소 C의 함유량에 따라 연강과 경강으로 구분한다.
연강(軟鋼)은 C의 함유량이 약 0.15 ~ 0.3^{0}/wt 로 토목, 건축용으로 사용되고,
경강(硬鋼)은 C의 함유량이 약 0.4 ~ 0.5^{0}/wt 로 기계용 재료로 사용된다.
② 고장력강은 연강에 합금원소를 가하여 제조한 강재이다.
인장강도 50kgf/mm^2, 항복점 강도 30kgf/mm^2 이상으로 용접성, 가공성이 우수하고 항복점도 높아 강재의 단면을 줄일 수 있다.

6.3.2 강재의 재료적 성질

① 강재의 재질에 대해서는 한국산업규격(KS)에 상세히 표시되어 있다.

재 료	영계수	전단탄성계수	포아송 비	선팽창계수
	(tf/cm^2)	(tf/cm^2)	(Poisson)	1/℃
강, 주강	2,100	810	0.3	0.000012

② 전단탄성계수 : 탄성영역에서 전단응력의 전단 변형도에 대한 비례로 다음과 같은 방법으로 구한다.

$$G = \frac{E}{2(1+\upsilon)}$$ υ : 포아송 비, E : 탄성계수(영계수)

$$\text{포와송 수} = \frac{\text{폭방향 변형률}}{\text{축방향 변형률}} = \frac{\varepsilon}{\delta} = m \quad \text{포와송 비} = \frac{1}{m}$$

6.3.3 구조용 압연 형강의 종류와 표시법

① 강관 및 각관의 기호 및 표시법은 그림 6.1과 같다.

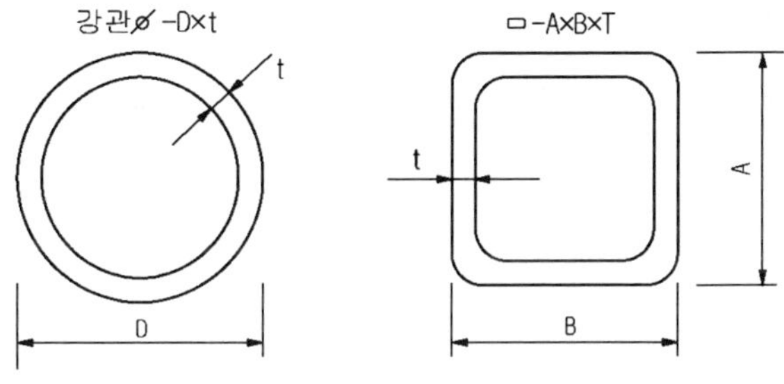

그림 6.1 강관 및 각형 강관의 표시법

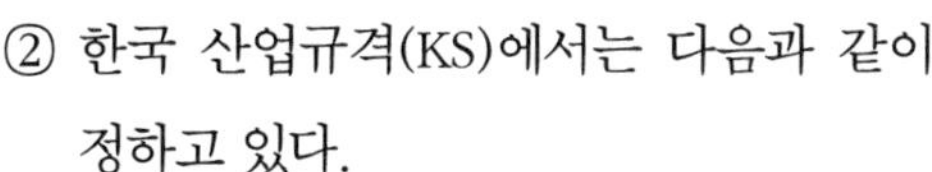
② 한국 산업규격(KS)에서는 다음과 같이 정하고 있다.

- KS D 3503 일반구조용 압연강재
- KS D 3515 용접 구조용 압연 강재
- KS D 3557 리벳용 원형강
- KS D 3504 철근콘크리트 용 봉강
- KS D 3530 일반구조용 경량 형강
- KS D 3501 열간 압연 강판 및 강대
- KS D 3566 일반 구조용 탄소강관
- KS D 3568 일반 구조용 각형 강관

③ 평강과 강판, 경량 형강

- 평강(Flat Steel) : 두께 3mm 아상, 나비 125mm 미만의 것.
- 강판(Steel Plate) : 두께 3mm 아상, 나비 125mm 이상의 것.
- 두꺼운판 : 두께 6mm 아상
- 박판 : 두께 3mm 아상 6mm이하

- 경량 형강 : 두께 1.6~4.5mm 정도의 얇은 강판으로 여러 가지의 단면 형상을 가지고 있으며, 단위중량에 비해 단면 2차 모멘트가 크므로 휨재로 많이 사용, 국부 좌굴의 우려가 있다

④ 구조용 강재는 크게 나눠 봉강, 평강, 압연형강, 경량형강 및 강관 등이 있으며, 압연형강의 종류는 표 6.1과 같다.

표 6.1 구조용 강재의 종류

명칭	단면 모양	기재 방법
등변L 형강 (equal legs angle)	A, t, A	L - A x A x t
부등변L 형강 (unequal legs angle)	A, t, B	L - A x B x t
I 형강 (I-beam)	A, t, B	I - A x B x t
H 형강 (wide flange shape)	t2, A, t1, B	H - A x B x t1 x t2
ㄷ 형강 (channel)	A, t, B	ㄷ - A x B x t
T 형강	A, t, B	T - A x B x t
강판 (plate)	t, A	PL - A x t
평강 (flat bar)	t, A	FB - A x t
봉강	○	D-또는ø

6.4 구조용 강재의 허용응력도

구조용 강재의 허용응력도는 다음의 방법에 의하여 산정하되, 허용응력도를 결정하는 기준값은 표 6.2와 같다.

표 6.2 구조용 강재의 항복강도(Fy)

(tf/cm²)

강재종별		일반구조용			용접구조용		
		SS 400 SPS 400 SPSR 400 경량형강	SS 490	SS 540	SM 400	SM 490A SM 490B SPSR 490 SPS 490	SM 520
Fy	두께 40mm 이하	2.4	2.8	3.8	2.4	3.3	3.6
	두께 40mm 초과한 것	2.2	2.6	-	2.2	3.0	3.4

(1) 구조용 강재의 허용 인장응력도는 유효단면적에 대하여 다음의 식에 의하여 산정한 값으로 한다.

$$f_y = \frac{F_y}{1.5}$$

f_y = 허용인장응력도(tf/cm²), F_y = 항복강도(tf/cm²)

(2) 구조용 강재의 허용전단 응력도는 다음의 식에 의하여 산정한 값으로 한다.

$$f_s = \frac{F_y}{1.5\sqrt{3}}$$

f_s = 허용전단응력도(tf/cm²), F_y = 항복강도(tf/cm²)

(3) 리벳, 볼트 및 고력 볼트

① 리벳, 볼트 및 고력 볼트의 허용 인장응력도 및 허용 전단응력도는 다음 표 6.3에 따른다.

② 리벳·볼트 이음판의 허용지압 응력도는 리벳 및 볼트의 축 지름에 판의 두께를 곱한 투영단면에 대하여 산정하되, 다음의 산식에 의하여 산정한 값으로 한다.

표 6.3 리벳·볼트 및 고력볼트의 장기응력에 대한 허용응력도

(tf/cm^2)

재	료	인 장	전 단
리 벳	SV 330, SV 400	1.6	1.2
볼 트	SS 400, SM 400 중볼트	1.2	0.9
고력볼트	F 8 T	2.5	1.2
	F 10 T F 11 T	3.1 3.3	1.5 1.6

③ 이 경우 민 리벳 및 민 볼트일 때 판의 두께는 판속에 묻힌 깊이의 1/2을 판의 두께에서 뺀 값으로 하고, 고력볼트 접합일 때는 허용 지압 응력도에 의한 제한을 받지 않는다.

④ 허용지압응력도 $f_i = 1.25\,F_y$ (tf/cm^2)

(4) 용 접

① 모살용접, 구멍용접, 홈용접, 부분용입점, 강관분기이음용접의 이음매의 허용응력도는 모재의 허용전단응력도로 한다.

따라서, $f_w = f_s = \dfrac{F_y}{1.5\sqrt{3}}$

f_w = 용접이음매의 허용응력도 (tf/cm^2)

② 맞댄용접의 허용응력도는 용접하는 모재 중 작은 쪽의 허용응력도로 한다.

6.5 접 합

6.5.1 접합의 종류와 장단점

(1) 리벳접합

① 둥근 머리 리벳이 가장 많이 사용되고 가장 강하다.

② 사용범위가 넓으나, 최근에는 용접이나 고력볼트로 대치되는 경향이 있다.

③ 시공 시 소음이 발생한다.

④ 리벳구멍에 의한 단면이 결손된다.

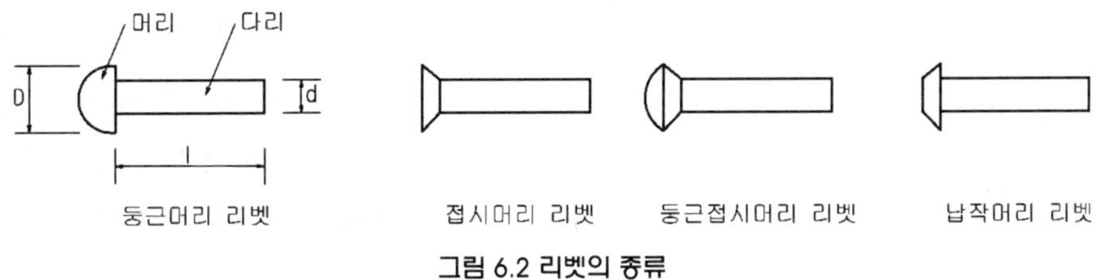

그림 6.2 리벳의 종류

(2) 볼트접합

① 시공이 용이하고 해체조립이 간편하다.

② 시공 시 소음이 없다.

③ 단면결손이 발생하여 구조부의 변위가 커지게 된다.

④ 진동이나 충격을 받는 부분에는 사용할 수 없다.

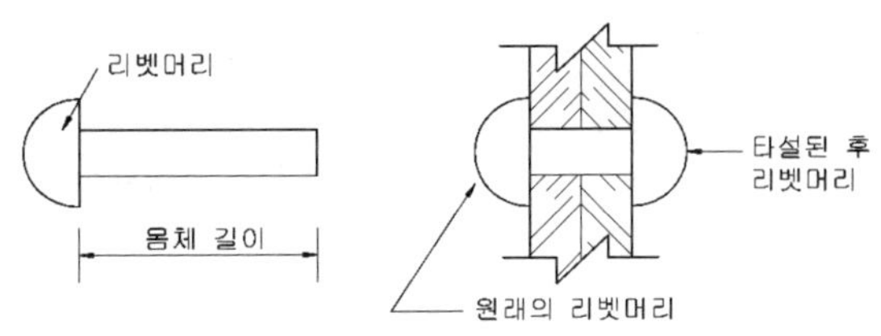

그림 6.3 리벳접합 형태

(3) 고력 볼트 접합

① 모재(母材)를 강하게 죄어 모재간의 마찰력에 의해 힘을 전달하는 접합으로 일반 볼트보다 강하다.

② 시공이 용이하고 소음이 없다.

③ 사용 범위가 넓어 많이 사용한다.

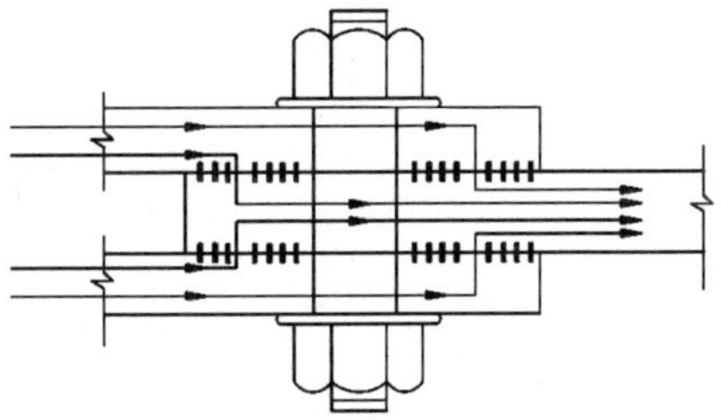

그림 6.4 고력 볼트 접합

(4) 용접접합

① 접합부가 일체화되는 강접합이다.

② 용접자세에 따라 상향, 수평, 하향이 있으며, 하향이 가장 양호하다.

③ 단면결손이 없어 강재가 절약된다.

④ 시공 시 소음이 없다.

⑤ 숙련공의 기능이나 자세에 따라 접합부의 강도 차이가 난다.

⑥ 접합부의 검사에 고도의 기술이 요구된다.

6.5.2 피치, 게이지 라인, 게이지, 클리어런스

(1) 피치(pitch)

리벳, 볼트, 고력볼트의 중심간 거리, 또는 띄움 용접에서의 용접 중심간 거리, 즉 리벳, 볼트의 중심간 간격이다.

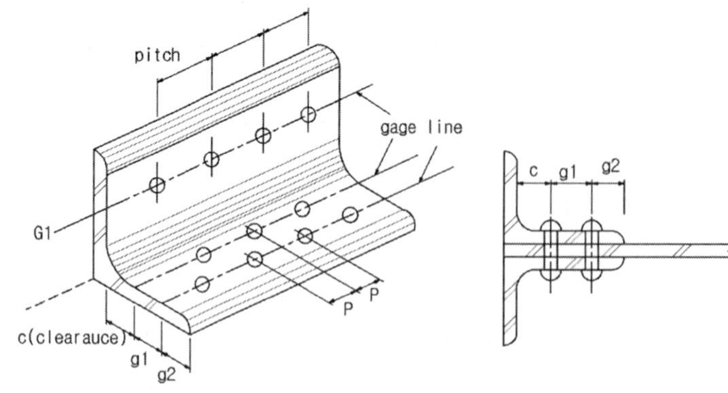

그림 6.5 피치, 게이지 라인, 게이지

(2) 게이지 라인(gauge line)

리벳, 볼트, 고력볼트의 중심선을 연결한 선으로서 리벳이나 볼트 배치의 기준이 된다.

(3) 게이지(gauge)

게이지 라인과 게이지 라인 간의 거리 또는 게이지 라인과 재단부와의 거리

(4) 클리어런스(Clearance)

리벳팅, 볼트조임 작업에 지장이 없도록 하기 위한 리벳의 중심에서 장애물까지의 거리

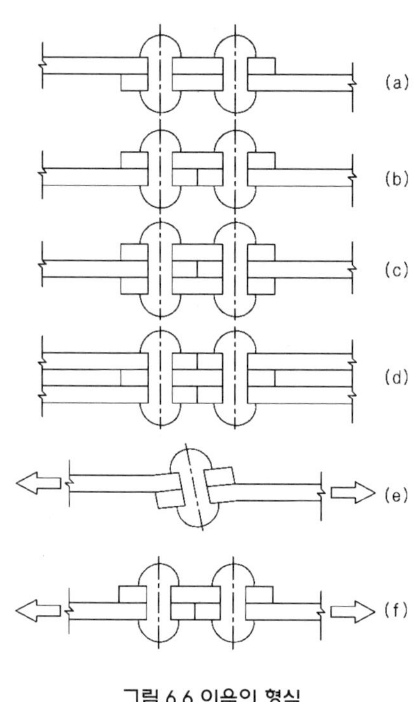

그림 6.6 이음의 형식

6.5.3 접합부의 형태

부재 이음의 형태는 그림 6.6과 같다.

(1) 겹침이음(iap joint)

그림 6.6의 (e)와 같이 변형되기 쉬우므로 피하는 것이 좋다.

(2) 맞댄이음(butt joint)

한쪽덧판 맞댄이음〈그림 6.6(b)〉, 양쪽덧판 맞댄이음〈그림 6.6(c)〉, 중간덧판 맞댄이음〈그림 6.6(d)〉, 양쪽덧판 맞댄이음의 변형이 제일 적다.

6.5.4 접합부 일반사항

① 구조상 중요한 부재의 접합부에는 2본 이상의 리벳, 볼트, 고력볼트를 박되, 조립재의 철재 등에는 1본만 박아도 된다.

② 리벳 구멍의 크기는 옆 표와 같이 한다.

리벳의 지름	리벳구멍의 더 크기
20mm미만	1.0mm
20mm이상	1.5mm

③ 리벳의 구멍은 송곳뚫기로 하거나 서브펀치(sub-punch)하여, 리이머(reamer) 다듬기로 한다. 다만, 재편의 두께가 13mm이하일 때에는 마무리 치수를 펀치뚫기를 할 수 있다.

④ 볼트 구멍의 지름은 공칭축 지름에 0.5mm를 더한 값으로 한다.

⑤ 처마높이가 9m이하이고, 경간이 13m이하인 건축물(연면적 3,000m^{2}를 넘는 것을 제외)에 있어서 볼트가 움직이지 않도록 그 주위를 콘크리트를 채워 넣거나 너트의 부분을 용접하거나 너트를 이중으로 사용한다.

⑥ 앵커볼트의 구멍 지름은 앵커볼트의 축지름보다 +5mm까지 크게 할 수 있다.

⑦ 핀구멍의 지름은 핀의 지름이 130mm 미만일 때는 0.5mm이내, 130mm이상 일 때는 1.0mm까지 크게 할 수 있다.

⑧ 고력볼트의 구멍은 아래 표에 따른다.

고력볼트의 지름	고력볼트의 더 크기
27mm 미만	2.0mm
27mm 이상	3.0mm

6.5.5 연단거리

① 연단거리(e)란 접합부재의 단부에 배치되는 리벳, 볼트의 중심에서 접합재의 가장자리까지의 거리로서 재의 끝남기라고도 한다.

② 리벳, 볼트 및 고력볼트의 최소연단거리는 아래 표와 같이 한다.

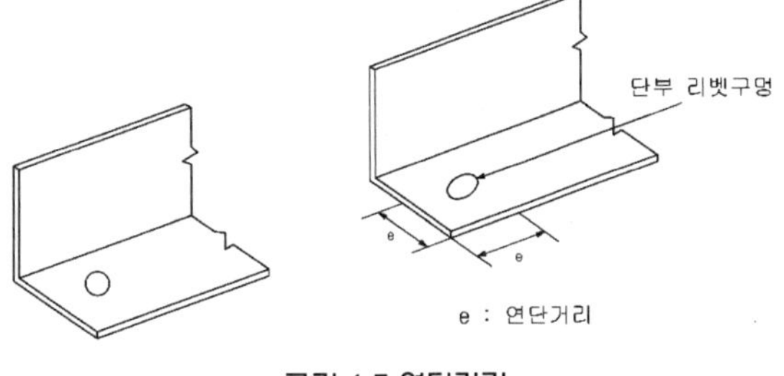

그림 6.7 연단거리

표 6.4 최소 연단거리 (mm)

연 단 의 종 류	지름 (mm)				
	12	16	20	22	24
전단연단, 수동가스 절단연단	22	28	34	38	44
압축연단, 자동가스 절단연단 톱절단 연단, 기계 마무리 연단	18	22	26	38	32

③ 최대연단거리(e)

$e \leq 12t$ 또는 $e \leq 150mm$

t : 판의 두께

6.5.6 리벳, 볼트접합의 허용내력

(1) 전단리벳, 볼트의 허용응력

전단 저항을 하는 리벳의 형태는 그림 6.8과 같이 1면전단과 2면 전단으로 구분할 수 있으며, 전단 저항을 하는 리벳에는 전단력과 지압력(支壓力)이 발생하므로, 전단 리벳의 허용 전단력과 허용 지압력 중 작은 값으로 설계한다.

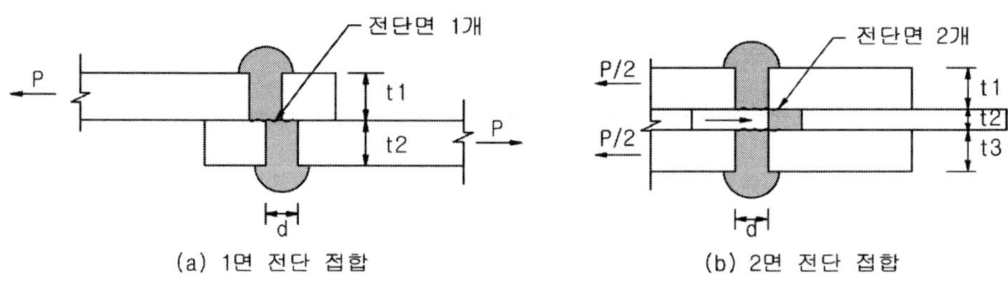

그림 6.8 전단접합의 형태

① 1면 전단일 때 $R_s = f_s \times \dfrac{\pi d^2}{4}$

② 2면 전단일 때 $R_s = f_s \times \dfrac{\pi d^2}{4} \times 2 = f_s \times \dfrac{\pi d^2}{2}$

③ 허용지압력 $R_l = d \times t \times f_l$

R_s : 리벳, 볼트의 허용전단력(tf)

R_l : 리벳, 볼트의 허용지압력(tf)

f_s : 리벳, 볼트의 허용전단응력도(tf/cm^2)

d : 리벳, 볼트의 공칭 축지름(cm)

f_l : 리벳, 볼트의 허용지압응력도(tf/cm^2)= 1.25Fy

t : 접합될 재편의 판두께 중 작은 쪽의 값(cm)

$t_1 < t_2$ 이면 $t = t_1$ $t_1 + t_3 < t_2$ 이면 $t = t_1 + t_3$
$t_1 > t_2$ 이면 $t = t_2$ $t_1 + t_3 > t_2$ 이면 $t = t_2$

(2) 전단리벳, 볼트의 허용인장력

그림 6.9와 같이 인장력을 받는 부재를 리벳이나 볼트로 접합하였을 때 리벳이나 볼트구멍에 발생하는 허용 인장력은 다음 식과 같이 계산한다.

리벳 또는 볼트의 허용인장력

$$R_t = f_t \times \frac{\pi d^2}{4}$$

R_t : 리벳, 볼트의 허용인장력(tf)

f_t : 리벳, 볼트의 허용인장응력도(tf/cm^2)

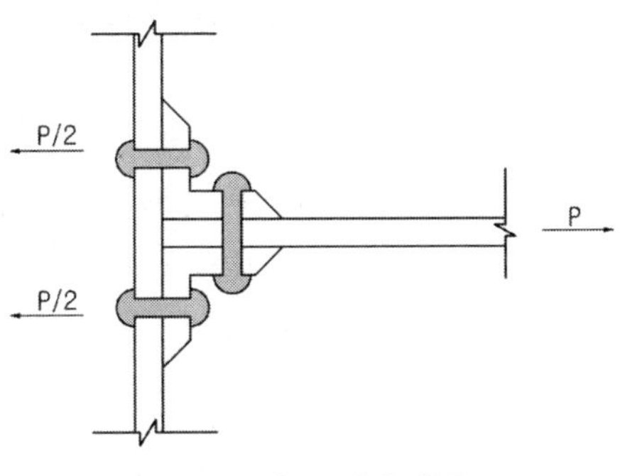

그림 6.9 인장접합의 형태

예제

다음 그림과 같은 부재에서 P는 얼마인가?
단, 허용 전단응력도 1.2tf/cm^2, 허용 지압응력도는 3.0t/fcm^{2}이다.

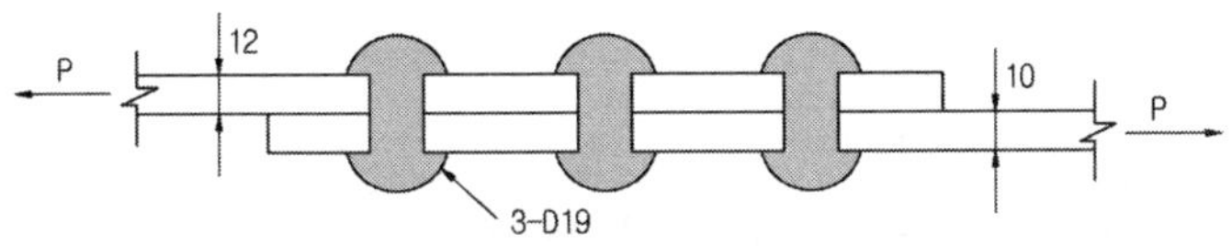

예제

다음 그림에 표시된 이음 위치에는 최대 몇 톤(tf)의 힘을 작용시킬 수 있는가?
단, 허용 전단응력도 1.2tf/cm^2, 허용 지압응력도는 3.0tf/cm^{2}이다.

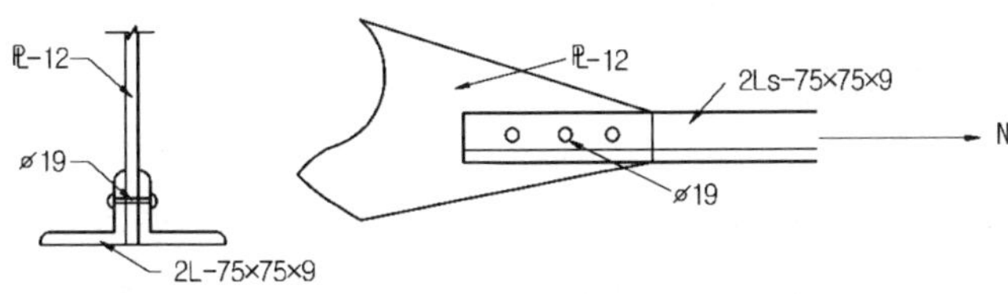

6.5.7 리벳, 볼트 접합 시 주의사항

① 응력방향에 1열로 나열하는 전단리벳은 볼트 수가 많으면 응력이 불균등 하게 전달되므로 6본 정도로 하고, 그 이상일 때는 리벳의 허용응력을 저감한다.
② 리벳 또는 볼트로 체결하는 판의 총 두께(grip)는 지름의 5배 이하로 하고, 부득이 5배를 초과하는 경우에는 그 초과한 길이 6mm 마다 리벳 또는 볼트 개수를 4%씩 증가시켜야 한다. 초과분이 6mm 미만 일 때에는 개수를 더하지 않더라도 6mm 이상일 때에는 최소 1개는 더하여야 한다.
③ 끼움판(filler)의 두께는 6mm 이상을 사용한다.
④ 리벳, 볼트의 중심간 거리(pitch)는 공칭축 지름의 2.5배 이상으로 한다.

6.5.8 고력볼트의 허용내력

① 판과 판에 일정한 장력으로 체결하여 판의 마찰력에 의해 전달된다.
② 마찰접합 이외에 인장접합이 있으며, 판의 허용지압력은 없다.
③ 허용 전단 내력과 허용 인장 내력은 리벳과 볼트의 경우와 동일하게 한다.
④ 전단력 만을 받을 때에는 반복응력 효과를 고려할 필요는 없고 체결할 두께 제한도 없다.

6.5.9 리벳,볼트 및 고력볼트의 병용

① 하나의 이음에 리벳, 볼트, 고력볼트, 용접을 병용 했을 때에는 모든 응력은 용접이 받도록 한다.
② 하나의 이음에 리벳과 고력볼트를 병용했을 경우에는 각각의 허용응력에 부담시킨다.
③ 하나의 이음에 리벳과 볼트를 병용했을 경우에는 모든 응력을 리벳에 부담시킨다.

6.5.10 용접이음

(1) 용접의 종류와 목두께

건축 구조물에서는 아크(arc) 용접법이 많이 사용된다. 아크용접은 모재와 용접봉에 전류를 통하면 그 사이에 전기불꽃(spark)이 계속 생겨 고열(3,500°C 정도)로 모재의 일부와 용접봉의 끝이 녹아내려 모재의 틈새에 채우는 용접방법이다.

용접이음의 종류는 맞댄용접과 모살용접으로 구분한다.

① 맞댄용접(butt welding)은 두재를 서로 맞댄 앞벌림 홈(開先)에 용접하는 것으로 홈의 형식에 따라 그림 6.10과 같이 분류된다.

② 모살용접(fillet welding)은 접합재의 면을 직각 또는 60° ~120° 로 맞추어 그 모서리 구석부를 용접하는 것으로 그림 6. 11과 같다.

③ T형 이음에서 각도가 60° 이하 또는 120° 이상일 때는 맞댄용접으로 한다.

④ 유효 목두께는 그림 6.12와 같이 한다.

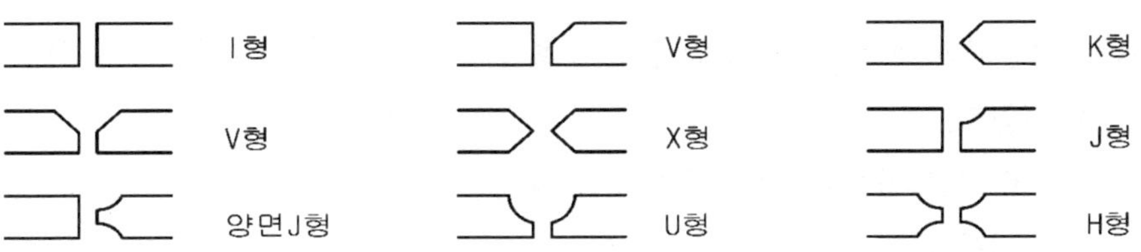

그림 6.10 맞댄용접 홈의 형식

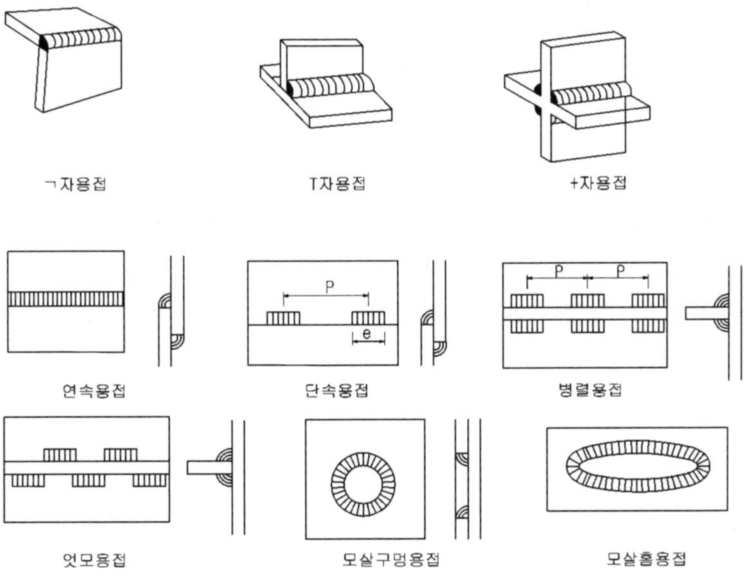

그림 6.11 모살용접의 종류

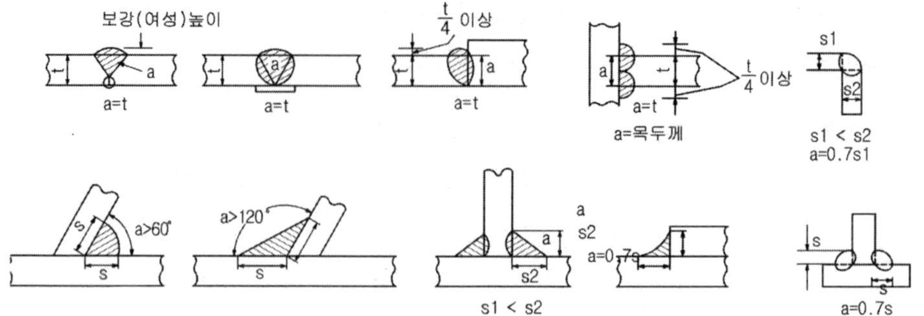

그림 6.12 용접 이음매와 유효 목두께

⑵ 용접 유효길이

① 모살용접의 유효길이는 돌림 용접을 포함하여 용접 전 길이에서 모살 치수의 2배를 감한다.

② 응력을 부담하는 모살용접의 유효길이는 모살 크기의 10배 이상 또는 40mm 이상으로 한다.

③ 맞댄 용접의 유효 길이는 재축에 직각으로 측정한 접합부의 폭으로 한다.

⑶ 용접 표시기호

① 용접 접합부의 상태를 도면에 표시하기 위해 맞댄 용접의 홈(groove)형상, 모살 용접의 크기, 용접길이, 비드(bead)면의 마무리 상태 등을 기호로 표시하여야 한다.

② 용접기호는 KS B 0052에 상세히 규정하고 있으며, 표 6.5의 기본 용접기호와 표 6.6의 보조 용접기호를 이용하여 그림 6.13과 같이 표시한다.

③ 표시법으로는 용접하는 쪽이 화살표 반대쪽(배면측) 일 때에는 용접기호와 치수를 기선의 위쪽에 표시한다.

반대로 용접하는 쪽이 화살표 쪽(전면측) 일 때에는 기선의 아래쪽에 표시한다.

표 6.5 기본 용접기호

용접의 종류		기본기호	용접의 종류		기본기호	비 고
홈 용 접	양쪽 플랜지 형		플렛 또는 슬롯 용접			
	한쪽 플랜지 형		비드			
	I형	||	살돋음			
	V형, X형	V	저 항 용 접	점용접	✳	기선에 대칭으로 기입
	V형, K형			프로젝션 용접		
	J형, 양면 J형			심용접		기선에 대칭으로 기입
	U형, 양면 U형(H형)			플레시 또는 업셋용접	|	
	플레어 V형, 플레어 X형		모살용접			
	플레어 V 형, 플레어 K형					

표 6.6 보조 용접기호

구 분		보조기호	비 고
용접부의 표면상황	평탄		
	볼록		기선 바깥을 향해 블록
	오목		기선 바깥을 향해 오목
용접부의 다듬질 방법	치핑	C	마무리 방법을 특별히 구별하지 않을 때는 F라 한다
	연삭	G	
	절삭	M	
현장용접		●	전체 둘레 용접이 확실할 때는 이를 생략할 수 있다
전체 둘레 용접		○	
전체 둘레 현장용접		◉	

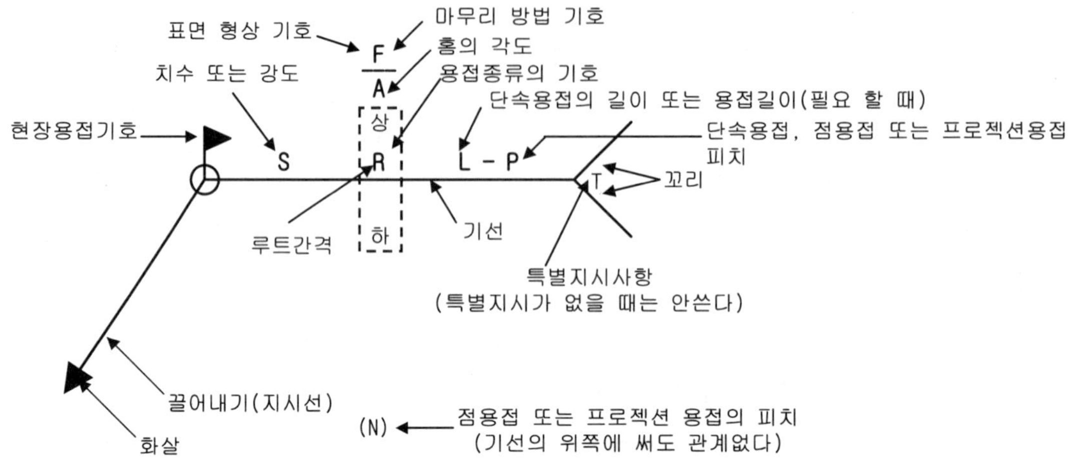

(a) 용접하는 쪽이 화살표가 있는 반대쪽(배면 측) 일 때

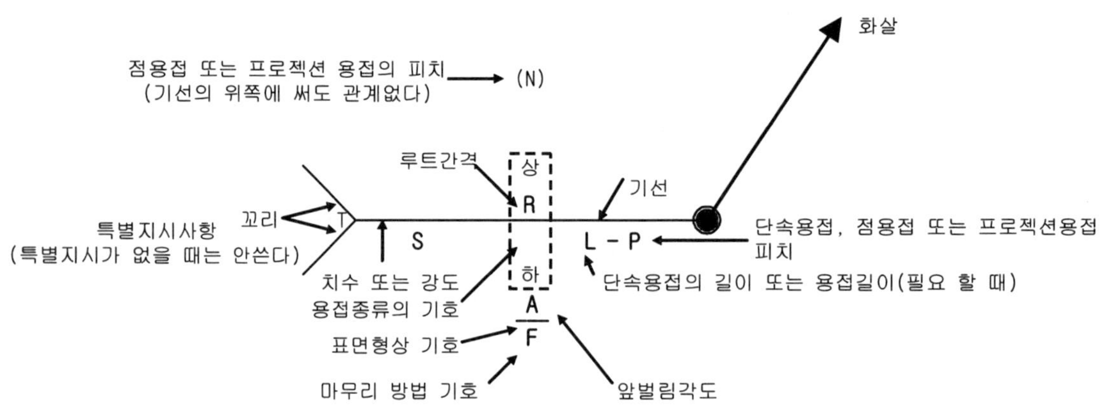

(b) 용접하는 쪽이 화살표가 있는 쪽(앞 측) 일 때

그림 6.13 용접표시법의 예

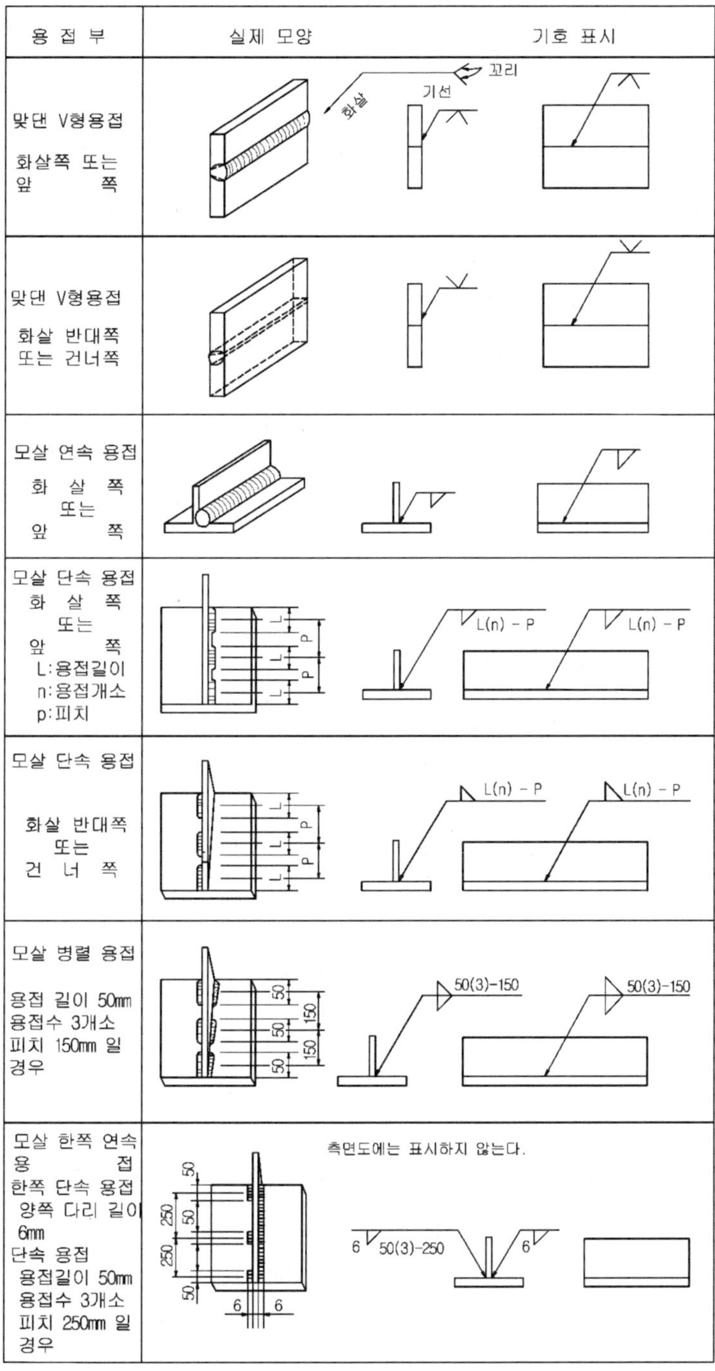
용 접 부
실제 모양
기호 표시
맞댄 V형용접
화살쪽 또는 앞 쪽
꼬리
화살
기선
맞댄 V형용접
화살 반대쪽 또는 건너쪽
모살 연속 용접
화 살 쪽 또는 앞 쪽
모살 단속 용접
화 살 쪽 또는 앞 쪽
L:용접길이
n:용접개소
p:피치
L(n) - P
L(n) - P
모살 단속 용접
화살 반대쪽 또는 건 너 쪽
L(n) - P
L(n) - P
모살 병렬 용접
용접 길이 50㎜
용접수 3개소
피치 150㎜ 일 경우
50(3)-150
50(3)-150
모살 한쪽 연속 용 접
한쪽 단속 용접
양쪽 다리 길이 6㎜
단속 용접
용접길이 50㎜
용접수 3개소
피치 250㎜ 일 경우
측면도에는 표시하지 않는다.
6
50(3)-250
6

그림 6.14 용 접 표 시 법

(4) 용접의 결함

① 슬랙(slag) 감싸들기는 용접봉의 피복재 심선과 모재가 변하여 생긴 회분이 융착 금속 내에 혼입된 것.

② 오버 랩(over lap)은 융착 금속이 끝부분에서 모재와 융합되지 않고 덮인 부분.

③ 언더 컷(under cut)은 용접부의 모재가 너무 많이 녹아내려 우묵하게 된 상태.

④ 공기구멍(blow hole)은 금속이 녹아들어 생기는 기포나 작은 틈.

⑤ 크랙(crack)은 용접 후 냉각 시에 생기는 갈램.

⑥ 피트(pit)는 용접부분의 표면에 생긴 미세한 구멍.

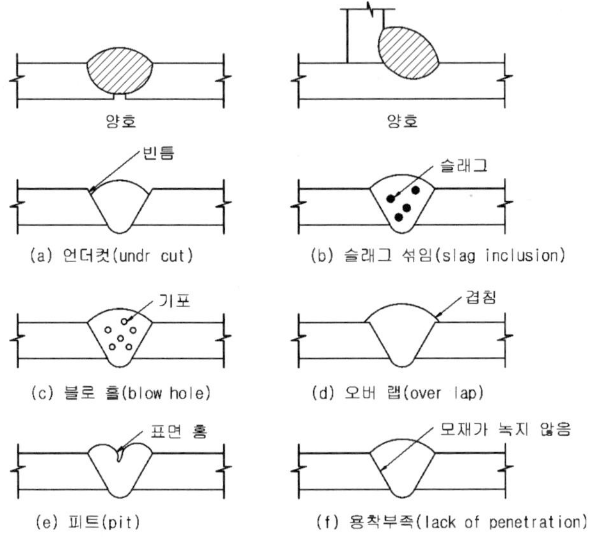

그림 6.15 용접의 결함

6.6 트러스(Truss)

① 부재를 3각형으로 조립하여 각 부재의 힘을 모두 축 방향으로 균형을 이루도록 한 것으로 가는 부재로 큰 힘에 견디도록 한다.

② 트러스에 사용되는 부재의 명칭은 그림 6.16과 같다.

③ 상현재는 주로 압축력을 받고 하현재는 주로 인장력을 받는다.

④ 복재는 상현재와 하현재를 연결하는 부재로서 수직재와 경사재가 있다.

⑤ 하우 트러스(howe truss)의 복재에서 경사재는 압축재이고 수직재는 인장재이나, 프랫 트러스(pratt truss)는 이와 반대이다.

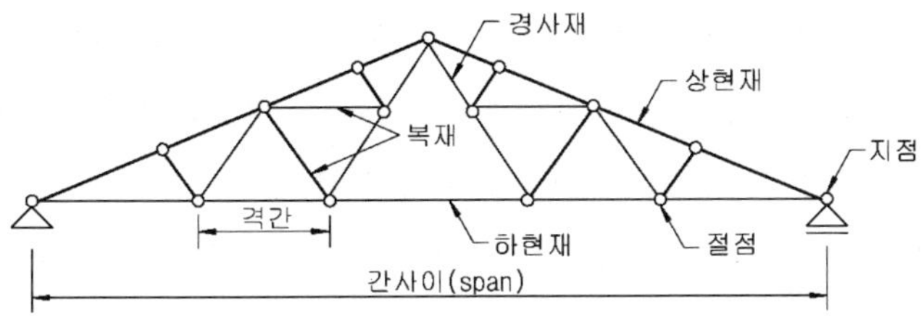

그림 6.16 트러스에 사용되는 부재 명칭

⑥ 평지붕은 주로 플랫트러스나 와랜트러스(warren truss)로 한다.

⑦ 트러스의 종류에는 그림 6.17과 같은 평면트러스와 입체트러스가 있다. 또 평면 트러스는 평 트러스(flat truss)와 경사 트러스(sloped truss)가 있다.

⑧ 절점은 부재의 교차점으로 트러스의 각 부재 기준선은 각 절점에서 1점에 모이도록 시공 및 설계하여야 한다.

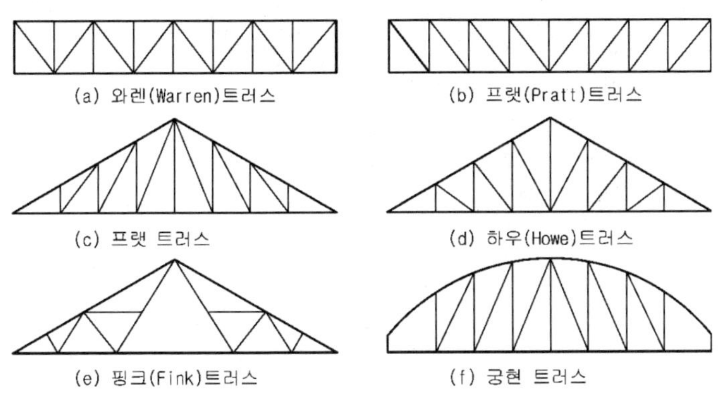

그림 6.17 평면 트러스의 종류

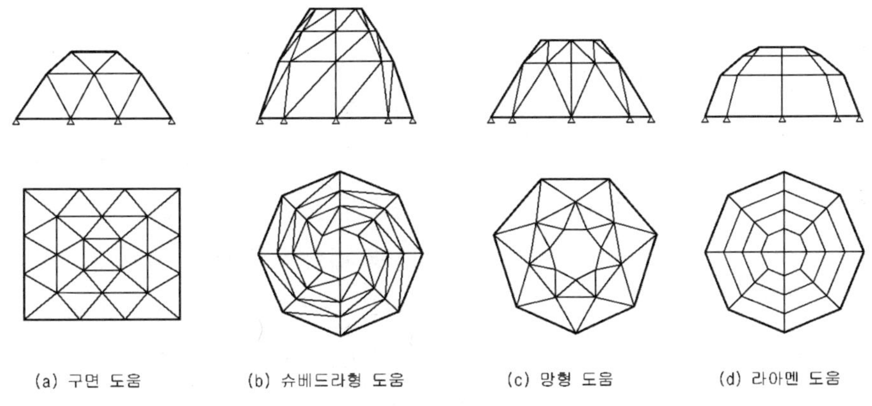

그림 6.18 입체 트러스

⑨ 부재의 기준선이란 부재 응력 산정 때의 응력선으로 부재의 중심축과 같게 하는 것이 바람직하나 제작상 문제로 보통 게이지 라인을 이용하는 경우가 많다.

⑩ 부재의 접합에는 그림 6.19와 같이 거싯판(gusset plate)을 사용하여 적어도 2개 이상의 리벳을 박아야 한다. 거싯판은 6~12mm판을 직사각형에 가까운 형태로 사용한다.

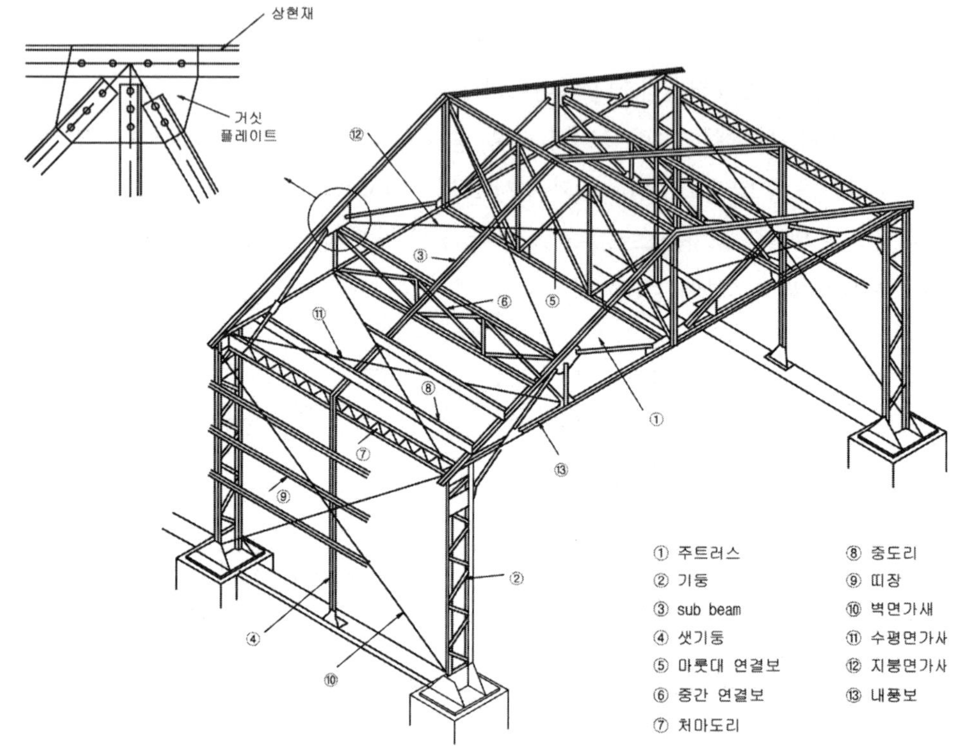

그림 6.19 철골 트러스의 골조 구성

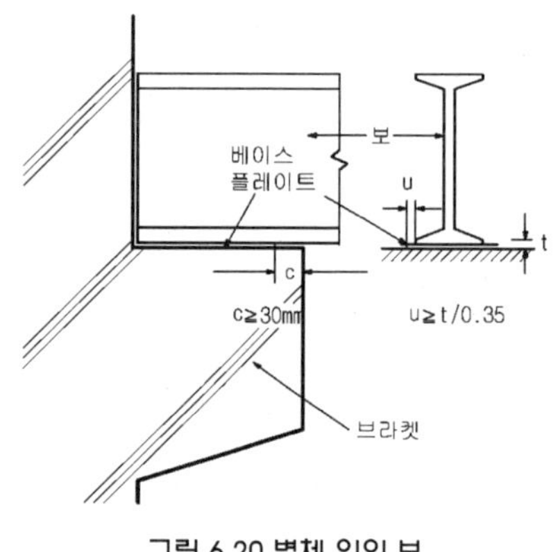

그림 6.20 벽체 위의 보

⑪ 가새(bracing)는 대각선 방향으로 연결하여 수평력에 저항하도록 한다.

⑫ 철근콘크리트조의 벽체(또는 기둥) 위에 간사이(span)가 큰 보를 얹어 놓을 경우에는 그 양단 지점을 베이스 플레이트(base plate)를 이용하여 한쪽 단부에는 고정단(anchoer bolt 2개 이상 사용)으로 하고 다른 한쪽에는 가동단(可動端)으로 하여 변형이 생기지 않도록 한다.

6.7 가새의 배치

가새는 철골 구조에 수직한 면의 강성을 높이는 데 유효한 구조재이다. 수평 방향의 외력에 대해서는 철근콘크리트 조의 내진벽 역할을 한다.

① 가새는 건물 전체가 비틀림(torsion)을 받지 않도록 배치한다. 건물의 평면에 대하여 대칭으로 배치하는 것이 좋으며, 한쪽에 치우쳐 배치하는 것은 좋지 않다

② 가새는 일반적으로 X형으로 배치한다.

③ 압축재는 짧게 하고 인장재는 길게 한다.

④ 가새나 버팀대 등은 인장력을 받는 경우가 많으며, 인장력의 크기에 따라 철근이나 형강을 이용한다.

⑤ 인장재의 단부 또는 연결부분의 접합에는 용접, 리벳, 볼트, 턴버클(turn buckle), 클레비스(clevis), 아이 바(eye bar), 루우프 바(roop bar), 슬리브 너트(sleeve nut) 등으로 긴결한다.

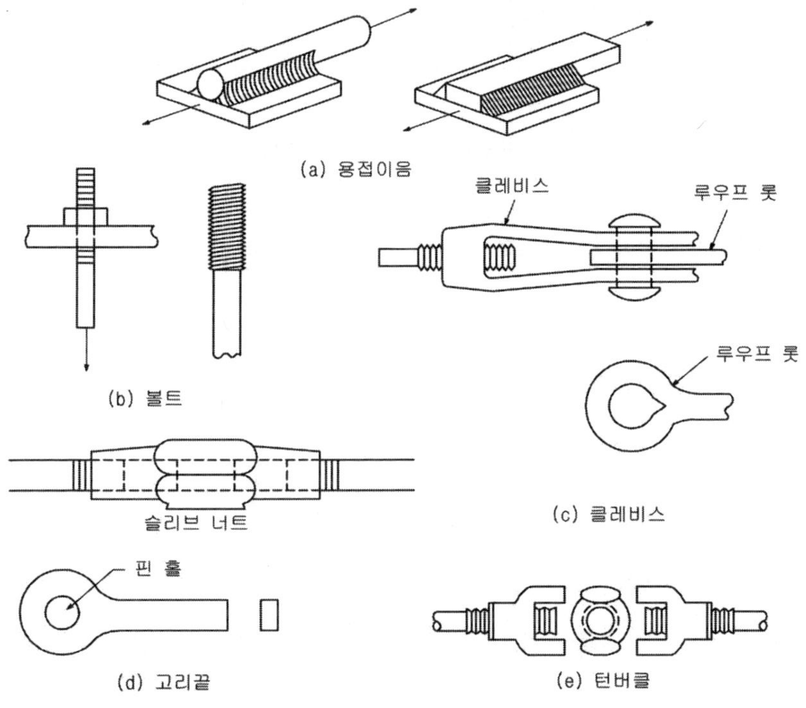

그림 6.21 인장재의 접합 종류

6.8 인장재와 압축재

6.8.1 인장재

(1) 인장재의 설계

① 그림 6.22에서 굵은 선으로 표시된 부분이 인장응력을 받는 부재이다.

② 철골구조에 사용되는 인장재는 봉강, 형강, 조립재 및 케이블 또는 와이어 등이 있다.

③ 인장재 접합에 수반되는 볼트 또는 리벳의 구멍은 하중을 지지하는 면적을 줄이고 응력 집중 현상을 불러일으키므로 인장재 설계에서는 이러한 단면 결손을 고려한 유효단면적으로 설계한다.

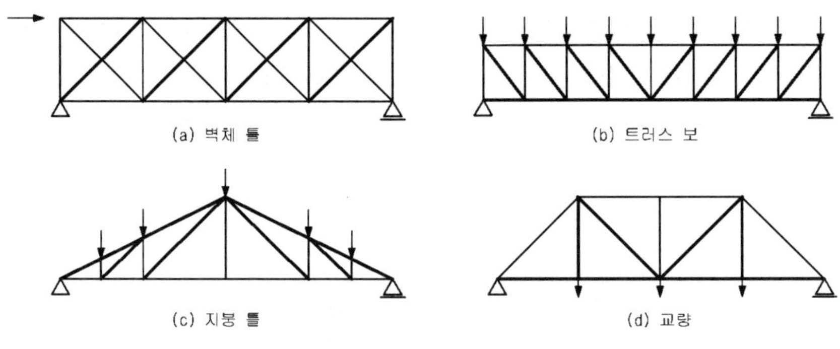

그림 6.22 인장응력을 받는 부재

인장력 T를 받는 부재 단면의 유효 단면적을 A_n 이라고 하면 인장응력(σ_t)은 다음 식에 의해 구한다.

$$\sigma_t = \frac{T}{A_n} \leq f_t \ (\mathrm{t/cm^2}) \text{ 또는 } \frac{\sigma_t}{f_t} \leq 1$$

여기서 f_t 는 허용인장응력도(tf/cm^2)이다.

유효 단면적 A_n 은 다음의 방법에 의해 산정한다.

① 리벳 배열이 정렬일 때

유효 단면적 A_n 은 부재의 전 단면적에서 리벳구멍의 단면적을 뺀 값으로 한다.

$$A_n = A_g - n \times d \times t$$

여기서 $A_g = B \times t$ (전단면적 : cm^2)

B - 부재의 나비 (㎝)

t - 부재의 두께 (㎝)

n - 리벳개수 (개)

d - 리벳 구멍지름 (㎝)

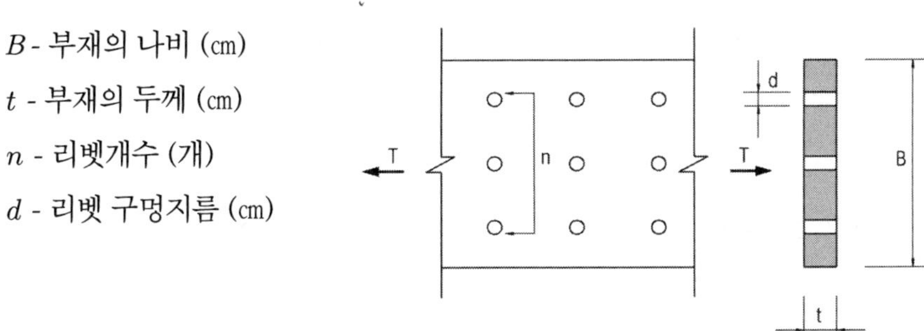

그림 6.23 리벳 배열 (정렬인 경우)

② 리벳 배열이 엇갈림(zigzag)일 때

리벳구멍을 연결하는 파단선을 설정하고, 시작되는 첫 리벳구멍에 대해서는 전 단면적을 결손단면적으로 하고, 파단선에 의해 이어지는 다음 리벳 구멍 결손은 다음 식에 의한다.

$b \leq 0.5g$ 일 때 $\quad a = a_o$

$0.5g < b \leq 1.5g$ 일때 $\quad a = (1.5 - b/g)a_o$

$$A_n = A_g - (a_o + \sum a)$$

여기서

$A_g = B \times t$

a - 리벳 구멍단면적 (㎠)

b - 리벳간격 (㎝)

g - 게이지(gauge : ㎝)

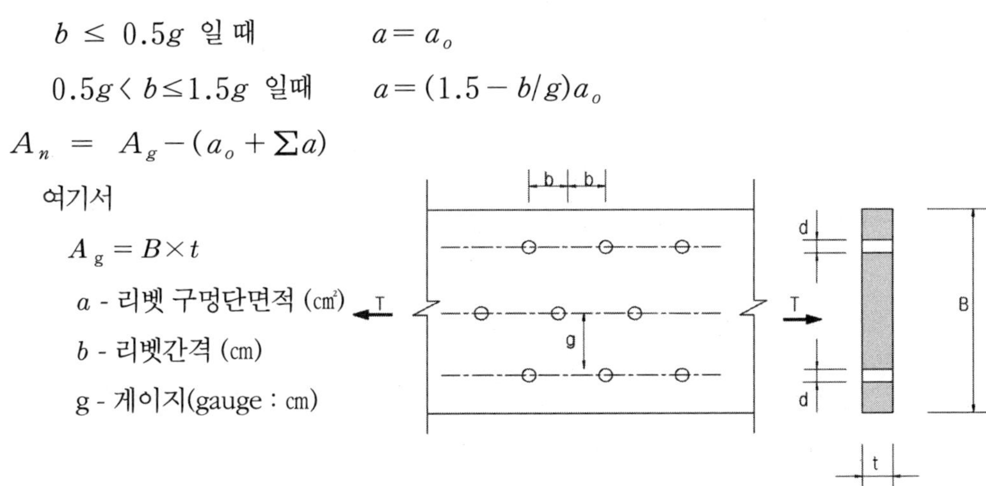

그림 6.24 리벳 배열(엇갈림 배치인 경우)

(2) 인장재의 구조제한

① 강판 형강을 조립하여 조립 인장재로 했을 때에는 그 접합 리벳, 볼트, 고력볼트의 축방향 간격은 리벳, 볼트, 고력볼트 지름의 12배 이하 또는 집결재 편 중 가장 얇은 판 두께의 30배 이하로 한다. 단속 용접일 때에는 집결재 편 중 가장 얇은 판 두께의 30배 이하로 한다.

② 조립 인장재에 2개 이상의 형강을 조립할 때에는 그 접합하는 리벳, 볼트, 고력볼트, 단속용접의 축방향 간격은 100cm 이하로 한다.

③ L형강, ㄷ형강 등이 거싯 플레이트의 한쪽에만 설치될 때에는 편심의 영향을 고려

하여야 하되, 일반적으로 그 유효단면에서 내민 다리의 1/2의 단면을 감한 단면으로 산정할 수 있다.

6.8.2 압축재

(1) 압축재의 설계

① 압축력 N을 받는 전단면적 A인 부재는 다음 식이 성립하여야 한다.

$$\sigma_c = \frac{N}{A} \leq f_c \quad (\mathrm{t/cm^2}) \quad \text{또는} \quad \frac{\sigma_c}{f_c} \leq 1$$

여기서 f_c : 세장비에 따른 허용 압축응력도(tf/cm^2)

단일압축재의 세장비 $\lambda = \frac{l_k}{i}$

여기서 l_k = 좌굴길이 (㎝)

$i = \sqrt{\frac{I}{A}}$ = 좌굴축에 대한 단면 2차반경 (㎝)

② 기둥은 수직 압축재로서 좌굴(buckling) 현상이 일어난다.

(2) 압축재 및 기둥재에 대한 구조제한

① 압축재 세장비는 250 이하로 한다. 다만, 기둥재의 세장비는 200 이하로 하고, 가새 기타 2차 부재에서는 240 이하로 한다.
② 압축재를 조립하는 연속리벳, 고력볼트, 단속용접의 피치는 집결재 중의 가장 얇은 두께의 $33/\sqrt{F_y}$배 이하 또는 30cm 이하로 한다. 다만 리벳, 고력볼트가 엇비슷하게 배치될 때에는 각 게이지 라인의 피치는 위 값의 1.5배 이하로 한다.
③ 낄판, 띠판 또는 라티스로 구분된 구간수는 3 이상으로 한다.
④ 낄판 형식, 띠판 형식에서는 소재의 세장비는 50 이하가 되도록 한다.
⑤ 래티스의 세장비는 140 이하로 한다.
⑥ 소재간의 거리가 큰 조립 압축재의 재단부는 충분한 강도의 거싯 플레이트 또는 띠판에 3개 이상의 리벳, 고력볼트 또는 이와 동등 이상의 용접으로 접합한다. 이 부분의 리벳 또는 고력볼트의 피치는 지름의 4배 이하, 용접일 때에는 연속용접으로 한다.

⑦ 구멍 뚫린 커버 플레이트 형식에서는 구멍길이는 구멍 나비의 2배 이하, 구멍과 구멍의 안쪽사이의 거리는 조립재의 리벳 또는 용접열간 거리 이상으로 하고 구멍의 모서리 부분의 반지름은 5cm이상으로 한다.

6.9 보

6.9.1 보의 구성

(1) 플렌지(flange)

보의 단면 상하에 날개처럼 내민 부분으로서 휨모멘트를 받는다.

(2) 웨브(web)

보의 중앙부의 복부재(腹部材)로서 전단력을 받는다.

6.9.2 보의 종류

(1) 형강보

① 단일 형강보 : H형강이나 ㄷ형강 등을 단독으로 사용한 것으로 보의 춤은 처짐을 고려하여 스팬의 1/20~1/30 정도로 한다.

② 복합 형강보 : H형강이나 ㄷ형강 등을 2개 이상 접합하여 사용한 것으로 비교적 큰 하중이 작용하는 부분에 이용된다.

(2) 조립보(組立梁)

① 판보(plate girder)

웨브(web)에 강판(plate)을 쓰고 상하부에 플렌지 플레이트((flange plate)를 용접하거나 ㄱ형강을 리벳이나 고력볼트로 접합해서 만든 보이다.

강재가 많이 소요되므로 고가이나 각 점에 전단력이 크게 작용하는 철교나 크레인 등 큰 이동하중이 작용할 때 사용된다.

ⓐ 웨브 플레이트(web plate)와 스티프너(stiffener) : 판 보의 웨브 플레이트는 전단력을 받는다. 보에 전단력이 크게 작용할 때에는 좌굴(buckling)방지로 웨브의 양측면에 스티프너(주로 ㄱ형강)를 덧대어서 전단력을 보강한다.

ⓑ 플렌지(flange)와 커버 플레이트(cover plate) : 보의 휨모멘트는 플렌지가 받는

데 그 보강재로서 플렌지 덧판인 커버 플레이트를 댄다. 그 매수는 4매 까지로 대는데 플렌지 전 단면적의 70%이하로 한다.

② 트러스 보(trussed girder)

각종 형강과 거싯 판(gusset plate)을 사용하여 조립한 보로서 보의 춤이 커서 모멘트 및 전단력에 강하므로 큰 스팬(large span)의 구조물에 사용된다. 평트러스와 경사트러스가 있다.

③ 래티스 보(lattice girder)

형강과 래티스로 조립된 보로서 전단력에 약하여 경미한 구조에 이용된다. 단 래티스의 각도는 30^0, 복 래티스의 각도는 45^0정도로 한다.

④ 띠판 보(격자보)

형강과 띠판을 조립하여 만든 보로서 전단력이 약하여 작은 보에 이용된다. 웨브가 비어 있기 때문에 오픈 웨브보(open web girder)라고도 하며 합성구조에 이용된다.

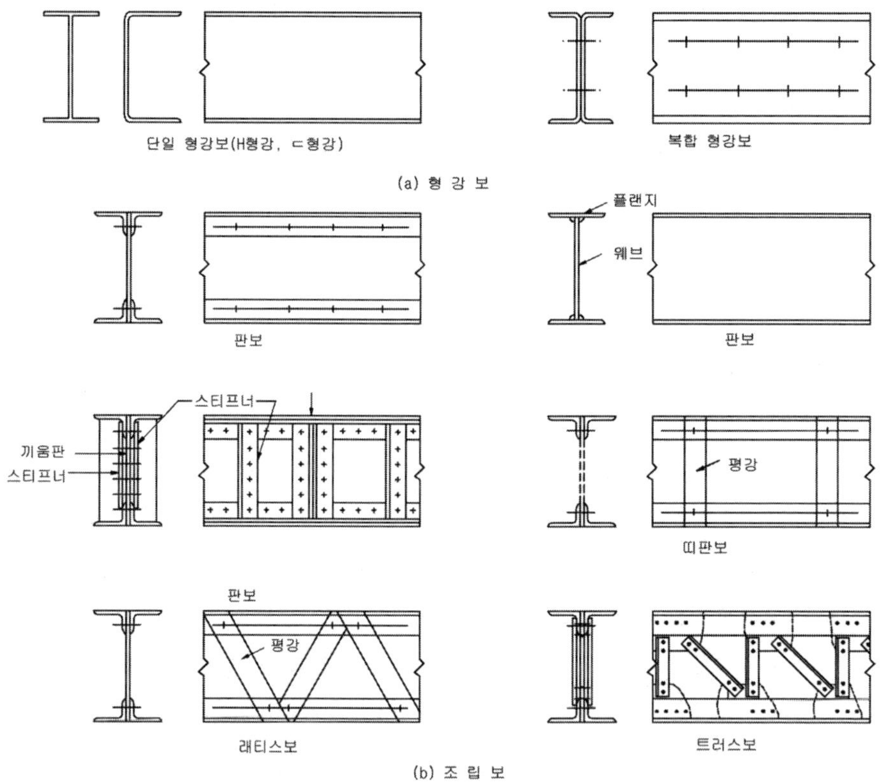

그림 6.25 철골 보의 종류

6.9.3 보의 처짐

보의 처짐은 표 6.9의 값으로 한다.

표 6.9 보의 처짐

	보	처짐의 한도
일 반 보	보 통 보	스팬의 1/300 이하
	내 민 보	스팬의 1/250 이하
크레인 거더	수동크레인	스팬의 1/500 이하
	진동크레인	스팬의 1/800～1/1200 이하

6.9.4 보의 이음

보의 이음은 원칙적으로 응력이 적은 곳에서 실시하며, 보 단부에서 1~2m 정도의 위치에서 실시하는 것이 바람직하다.

보의 이음은 내력 확보와 현장에서의 시공사정 등으로 보아 일반적으로 신뢰성이 높은 고력볼트 접합이 사용되는 경우가 가장 많고, 용접에 의한 접합을 실시하거나, 용접과 고력볼트를 병용하는 경우도 있다.

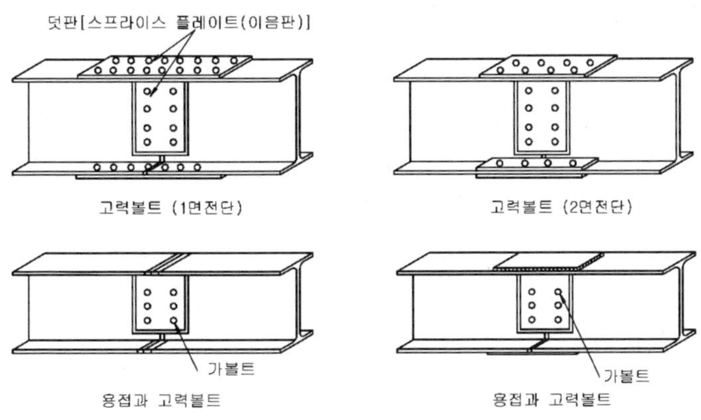

그림 6.26 철골보의 이음

6.9.5 보와 슬래브(slab)와의 접합

① 철골조 건물 바닥판구조는 다음 그림과 같이 여러 형식이 있으나, 특히 그림 (e)와 (f)는 철골보 위에 데크 플레이트(deck plate)를 깔고 철근콘크리트 또는 경량콘크

리트를 부은 바닥판으로 가장 많이 사용한다. 이것은 바닥 거푸집(형틀)을 겸용하게 된다.

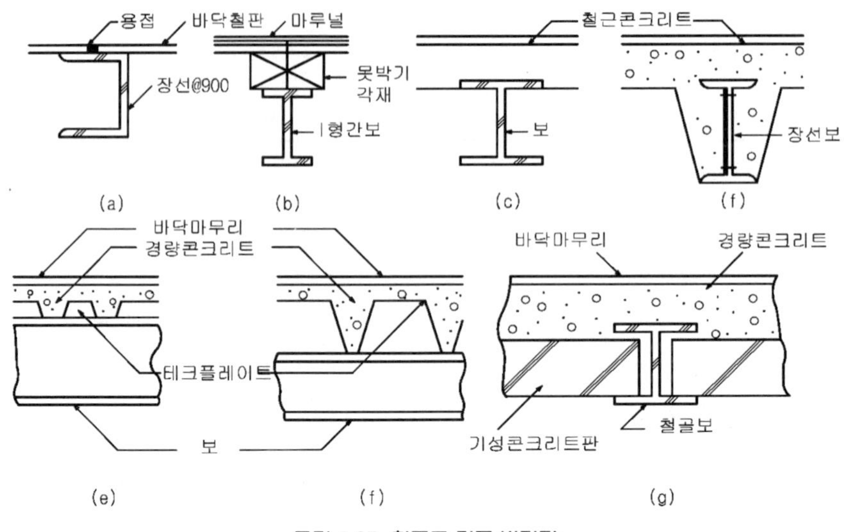

그림 6.27 철골조 건물 바닥판

② 또 다른 방법은 철근콘크리트 슬래브를 철골조의 보와 일체가 되도록 그림 6.28과 같이 보의 플렌지에 쉬어 커넥터(shear connector)를 설치하여 묻거나 보의 상현재(flange)를 콘크리트 안에 묻어 슬라이딩 현상을 막는다.

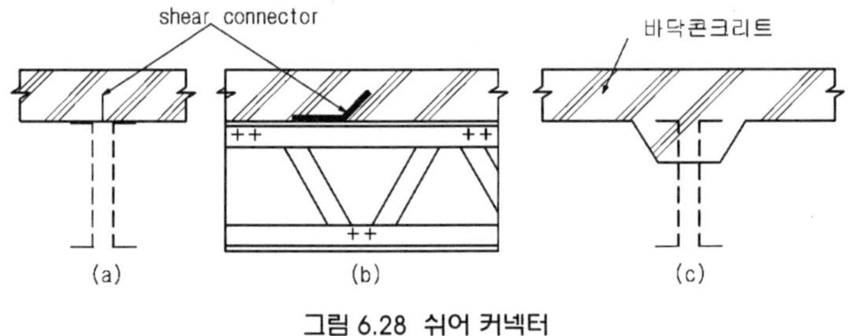

그림 6.28 쉬어 커넥터

6.10 기 둥

6.10.1 기둥의 종류

(1) 형강기둥

그림 6.29에서와 같이 H형강이나 I형강, 강관 등 1개의 압연강을 기둥으로 사용하는

방법으로 조립기둥에 비해 작업이 용이하고 공기를 단축할 수 있는 장점이 있어 저층 및 고층 건축물 모두에 자주 사용된다. 형강을 단독으로 사용한 것을 단일 형강기둥이라고 하고 2개 이상 조합한 것을 복합 형강기둥이라고 한다.

(2) 조립기둥

그림 6.29에서와 같이 2개 이상의 H형강, I형강, 박판 등의 형강을 짜 맞추어 접합함으로써 각각의 형강이 상호 작용되도록 한 기둥의 형식이다.

① 플레이트 기둥(plate column) : 플렌지는 형강으로 웨브는 플레이트로 조립한 형식 또는 플레이트만으로 조립하여 용접한 형식이 있다.

② 트러스 기둥(trussed column) : 기둥 단면이 크면 트러스 기둥이 적용된다. 앵글 등의 웨브재를 거싯 플레이트를 사용해서 트러스 상에 리벳 또는 용접으로 조립한다. 주로 큰 스팬의 공장이나 창고 등의 건축물에 이용된다.

③ 래티스 기둥(lattice column) : 웨브 부분에 사재(lattice)를 사용하여 트러스 형식으로 조립한 기둥으로 플랜지의 리벳간격을 40cm이하로 한다. 래티스 각도는 단 래티스는 30°, 복래티스는 45° 정도로 한다. 경미한 구조에 사용된다.

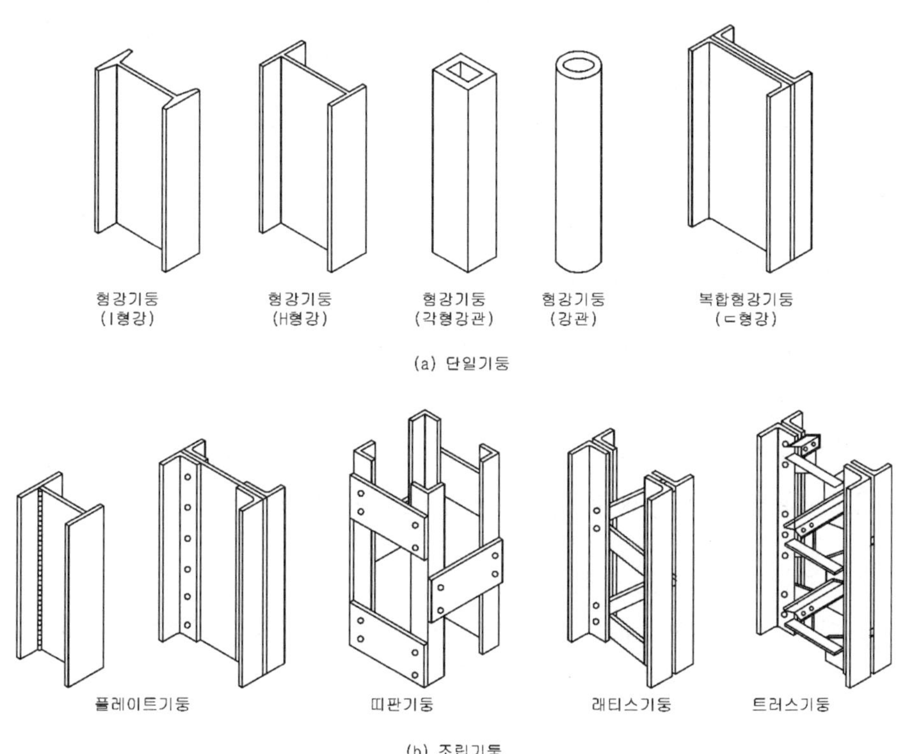

그림 6.29 철골 기둥의 종류

④ 띠판 기둥(격자 기둥) : 형강을 띠판으로 등 간격으로 연결한 것으로 전단저항을 기대할 수 없기 때문에 순 철골기둥으로의 사용은 드물고 철골·철근콘크리트용으로 많이 사용된다.

6.10.2 기둥의 이음

기둥의 이음위치는 2~3층(길이는 10m 이하로 제한)마다 바닥 위 1.0m 전 후의 동일한 위치에 두는 경우가 많다. 기둥 이음은 내력과 강성, 현장에서의 시공성을 고려해 그림 6.30과 같이 고력볼트에 의한 접합 또는 고력볼트와 용접을 병용해서 접합하는 경우가 많다.

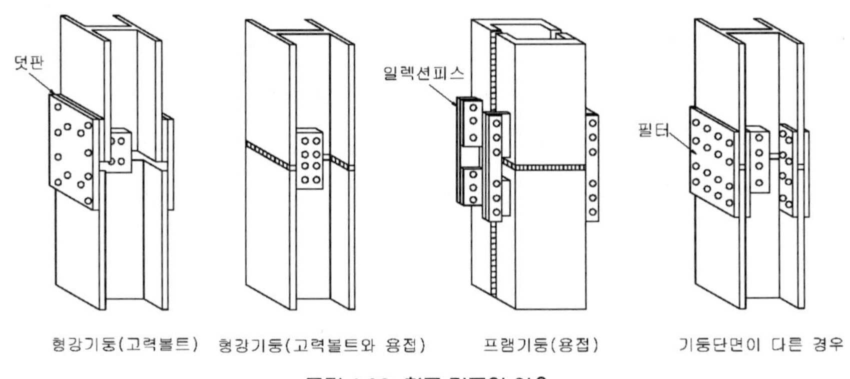

그림 6.30 철골 기둥의 이음

6.10.3 보와 기둥의 맞춤

라멘구조의 보와 기둥의 접합은 강접합으로 실시하며, 충분한 내력과 강성이 얻어질 수 있도록 한다.

기둥과 보의 접합 방법에는 고정철물을 사용하는 방법과 용접에 의한 접합방법 또는 고정철물과 용접을 병용해서 사용하는 방법으로 구분된다.

(1) 고정철물에 의한 접합

① 철판접합(gusset plate) : 1개의 철판을 기둥과 보 단부에 연결시켜 리벳이나 고력볼트에 의해 접합한 것으로 비교적 간편하게 강성을 얻을 수 있으므로 많이 사용된다.

② 앵글접합 : 거싯 플레이트를 앵글(angle)로 대신해서 기둥에 접합하는 방법으로 철

판에 비해 강성이 매우 작아 반강접이라고 할 수 있다.

③ 스플릿 T접합 : 거싯 플레이트를 사용하지 않고 T형강 등을 사용해서 고력볼트에 의해 접합하는 방법으로 시공성이 우수하다.

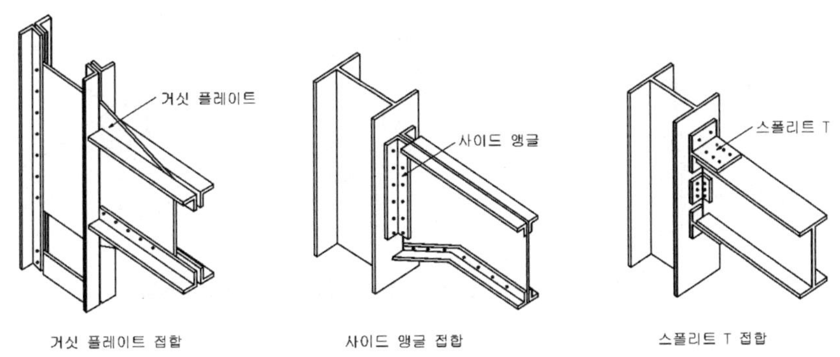

그림 6.31 고정철물에 의한 보와 기둥의 접합

(2) 용접에 의한 접합

용접에 의한 보와 기둥의 현장접합에는 브래킷(bracket)방식과 직접접합방식이 있다.

① 브래킷 방식 : 공장에서 보 단부의 일부를 기둥에 용접해 놓고 현장에서 이 이음부에 보를 설치하여 접합하는 방식이다. 이 방식은 가장 큰 휨모멘트가 작용하여 보와 기둥의 접합이 확실하게 강접합이 되며, 이음위치에서 보의 단면치수를 변경시킬 수 있는 등 많은 이점이 있다.

브래킷 방식에는 기둥을 상하로 통하게 하고, 보 단부를 공장에서 용접하는 기둥관통방식과 보를 횡으로 통하게 하고 상하 기둥을 보의 플랜지로 용접하는 보 관통 방식이 있다.

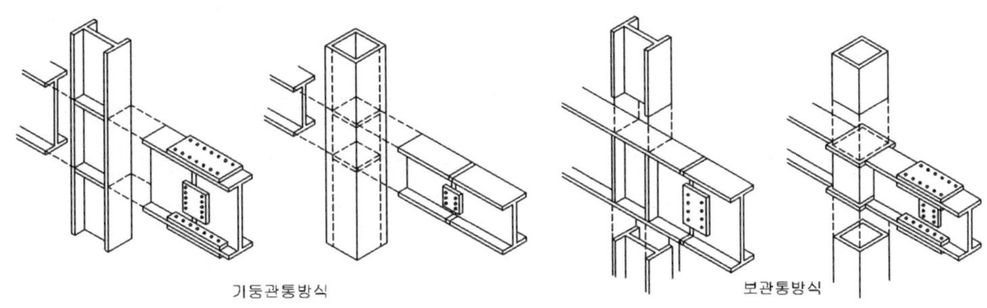

그림 6.32 브래킷 방식에 의한 보와 기둥의 접합

② 직접접합 방식 : 기둥 관통형에 사용되며, 기둥 부근에서 보를 직접 연결하는 방식이다.

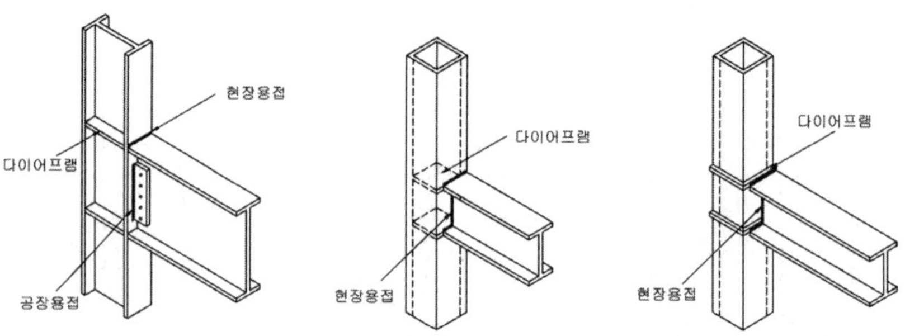

그림 6.33 직접 접합하는 방식에 의한 보와 기둥의 접합

6.11 주각구조

주각(柱脚)은 기둥의 축방향력, 휨모멘트, 전단력을 기초에 안전하게 전달하는 역할을 하는 부분으로 인장력은 정착볼트(anchor bolt)가 담당하도록 하고 밑판(base plate)은 휨응력에 저항할 수 있는 두께로 한다.

휨응력이 클 때에는 기둥과 밑면에 날개판(wing plate), 옆앵글(side angle), 돌기(rib) 등을 대어 보강한다.

주각의 형태는 응력의 전달 방법에 의해 다음과 같은 종류가 있다.

① 고정주각 : 철골기둥의 하부구조로부터 올라온 철근콘크리트 기둥에 둘러쌓여 묻히는 형식의 주각으로 소·중규모의 건축물에 이용된다.

② 반고정주각 : 노출형으로 철골기둥과 베이스 플레이트와의 사이에 리브 플레이트를 사용하며 이 사이를 용접하여 베이스 플레이트의 변형을 구속하는 방식의 주각 구조이다.

③ 핀(pin)주각 : 주각에서 기초에 축방향력과 전단력만 전달되기 때문에 소·중규모 건축물에 사용하는 경우가 많다. 핀지지는 교량, 아치주각, 큰 스팬의 플레이트 보나 트러스 보의 지점에 많이 사용된다.

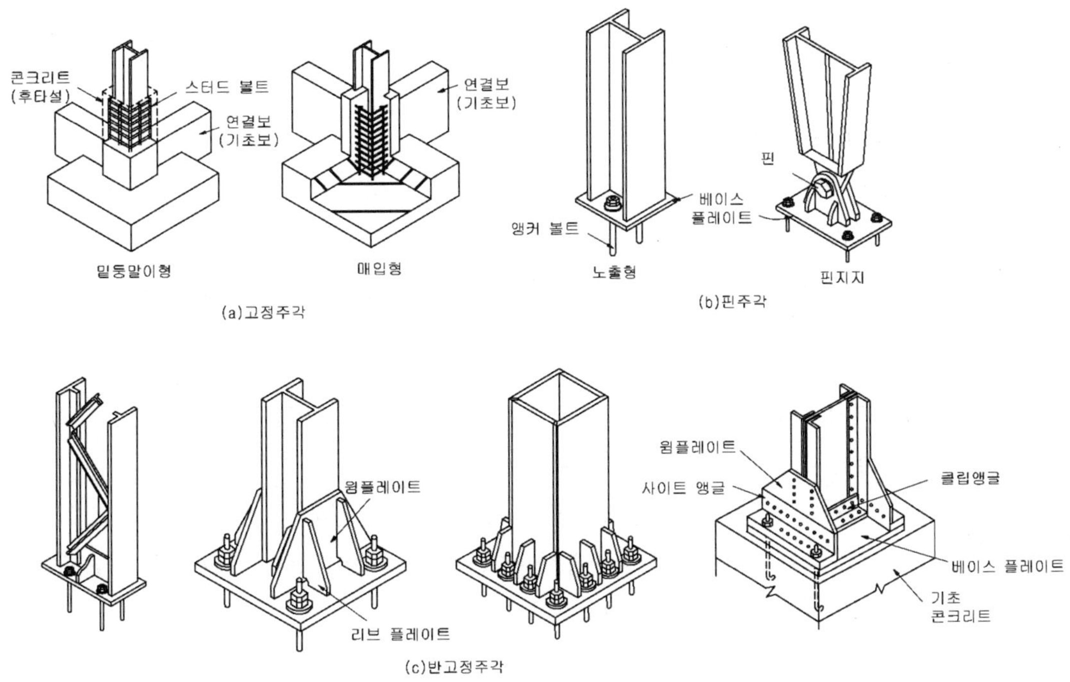

그림 6.34 주각 구조

6.12 철재(鐵材)의 방화(防火)

(1) 강재의 열에 의한 강도변화

① 강재는 열을 받으면 300℃까지는 그 강도가 25% 정도 증가한다.

② 그 이상 400℃에서는 상온에서의 강도와 같아진다.

③ 500℃ 정도에서는 그 강도는 1/2로 줄고(상온에서의 최대 허용압축강도에 이른다.) 인장재·압축재는 지탱할 수 있다.

④ 800℃ 이상일 때에는 그 부재는 파괴된다.

(2) 내화피복(耐火被覆)

① 퍼얼라이트 회반죽(perlite gypsum plaster) 등을 두께 25~45mm 정도 바른다.

② 광물질 섬유(석면·유리섬유)에 퍼얼라이트 또는 질석 등을 섞어 접착제로 반죽하여 뿜칠기로 뿜어서 붙인다.

6.13 각종 철골구조

(1) 파이프 구조

① 강관(鋼管 : steel pipe)으로 구성된 구조로서 창고·공장·체육관 등의 장대한 간사이(large span)의 지붕틀에 많이 이용된다.

② 좌굴에 대하여 강도가 크면서도 부재 중량이 가볍고 공사비도 저렴하다.

(2) 경량 철골구조

① 단면에 비해 살두께를 얇게 하며 철재량에 비해 강도가 크다.

② 두께는 4mm미만(보통 1.6~3.3mm)으로 한다.

③ 반자틀재·간막이 벽체 등에 조립식으로 많이 사용된다.

④ 바닥판·지붕널로 쓰이는 철판에 주름잡은 덱크 플레이트(deck plate)라는 것도 있다.

⑤ 철재의 방청에 더욱 유의해야 한다.

6.14 합성구조(철골·철근콘크리트 구조)

합성구조(合成構造)라 함은 기성 강(철골)부재와 현장에서 부어넣은 콘크리트 또는 철근 콘크리트가 합성된 휨재 및 압축재로서 이질재(異質材)의 2요소가 서로 결합되어 단일체처럼 작용하는 구조이다.

(1) 특성(特性)

① 보의 춤을 축소시킬 수 있어 단면 외형(外形)을 작게 할수 있다.

② 내화성능(耐火性能)이 우수하다.

③ 철골부분을 먼저 조립하여 가설(假設)발판으로 이용할 수 있으므로 가설공사를 일부 생략할 수 있고 공사기간이 단축된다.

④ 지진(地震) 및 반복외력(反復外力)에 대해 강인성(强靭性)이 높다.

⑤ 역학적으로 우수하고 일체식이므로 고층건물에 가장 적합하다.

⑥ 사용하는 강재량(鋼材量)이 많고 가공비(加工費)가 많이 소요된다.

(2) 구조방법(構造方法)

① 콘크리트 부분을 무시하고 철근의 단면을 철골 단면에 가산하여 철골구조로 산정

하는 철골식이 있다.

② 철골 단면은 철근의 단면으로 하여 철근콘크리트 구조로 산정하는 철근 콘크리트 조이 있다.

③ 철골부분의 강도와 철근 콘크리트 부분의 강도를 합하여 철골 · 철근 콘크리트조로 산정하는 방법이 있다.

이상의 것 중 ③의 방법을 채택하는 것이 경제적이다.

(3) 구조적인 기준

① H형강을 사용하는 기둥이나 보는 웨브의 양측에 스터드 볼트(stud bolt)를 용접 접착해서 붙여 사용하면 부착력을 증대시킬 수 있다.

② 오픈 웨브(open web) 형식의 격자보 · 래티스보(또는 기둥)를 쓰는 것도 부착력을 증대시키는데 유익하다.

③ 보(또는 기둥)의 전단력은 웨브재 · 늑근 · 대근이 받고 구부림 철근(bend bar)은 거의 쓰지 않는다.

④ 철골 및 철근의 피복두께는 철골은 5cm 이상으로, 철근은 3cm 이상으로 한다.

⑤ T형보에서 슬래브(slab)의 유효나비는 철근콘크리트 T형보에 준한다.

⑥ 주근(主筋) · 띠철근 · 늑근(肋筋)의 배근기준은 철근 콘크리트조에 준한다.

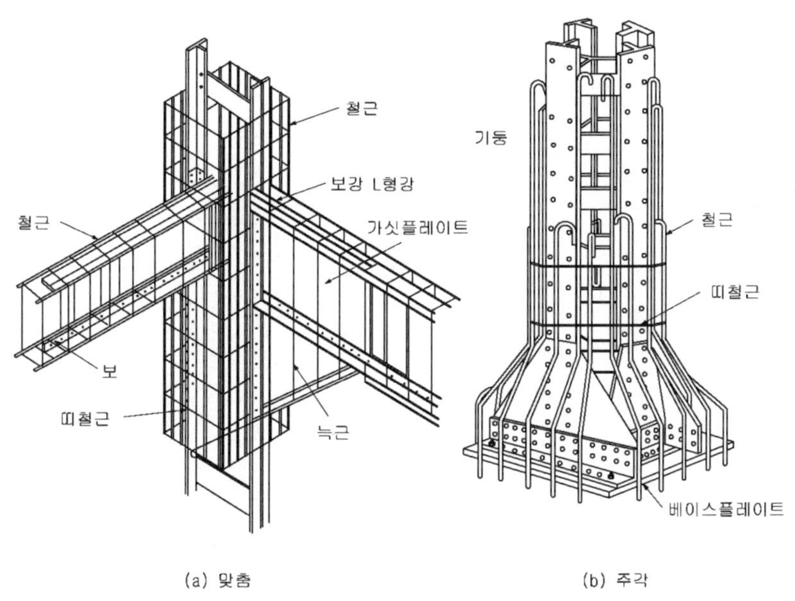

그림 6.35 합성구조의 맞춤

⑦ 기둥의 최소 철근비는 철골·철근을 합하여 0.8%~4% 로 한다.

⑧ 기둥의 세장비는 100 이하로 하고 대판·래티스재는 70 이하가 되도록 한다.

7 지 붕 잇 기

7.1 개 론

7.1.1 지붕잇기의 특징(조건)

① 내수적이고
② 온도·습도에 따라 신축이 생기지 않고
③ 열전도율이 작고
④ 경량(輕量)이어야 하고
⑤ 동해(凍害)에 대해 안전하고
⑥ 모양과 색조가 좋아 건물에 잘 조화되어야 한다.

7.1.2 지붕재료와 물매

지붕재료는 기와(蓋瓦, roof tile), 슬레이트(slate), 금속판(金屬板), 슁글(shingle), 유리, 합성수지제품 등이 있다. 지붕의 물매는 지붕의 방수와 외관상 중요한 것으로서, 지붕의 크기, 지붕재료의 성질, 크기 및 모양, 풍우량(風雨量) 등에 의해 결정되며, 그 잇기의 특징은 다음과 같이 정리할 수 있다.

① 지붕의 간사이가 클수록 물매는 되게(급하게) 한다.
② 지붕재료 개개의 크기가 클수록 비 샘이 적으므로 물매는 뜨게(낮게) 하고 작을수

록 되게(높게) 한다.

③ 금속판 및 대형 슬레이트 지붕은 뜬물매로 하고, 기와 및 소형 슬레이트 지붕은 된물매로 한다.

④ 강수량이 많은 지방이나 적설량(積雪量)이 많은 지방에서는 물매를 되게 해야 한다.

표 7.1 지붕물매의 최소 한도

재 료	경 사		재 료	경 사	
	물매(cm)	경사비		물매(cm)	경사비
평 기 와	4.0	4 : 10	금 속 판 평 이 음	3.0	3 : 10
본 기 와	3.5	3.5 : 10	금 속 판 기 와 가 락, 골 판 이 음	2.5	2.5 : 10
슬 레 이 트 (소형)	5.0	5 : 10	아 스 팔 트 루 핑	3.0	3 : 10
슬 레 이 트 (대형)	3.0	3 : 10	널 · 이 엉	5.0	5 : 10

7.2 기와잇기

7.2.1 한식(韓式) 기와잇기

암기와·숫기와를 진흙을 이겨 붙이며 잇는 것으로 정기와 잇기 라고도 하며, 지붕의 형태는 보통 합각지붕으로 많이 하며, 박공지붕으로 할 때도 있다.

(1) 기와의 종류

그림과 같이 암기와, 수키와, 내림새(암막새), 막새(숫막새), 보습장, 망새(용머리), 착고(착고막이), 적새(암마루장, 숫마루장) 등이 있다.

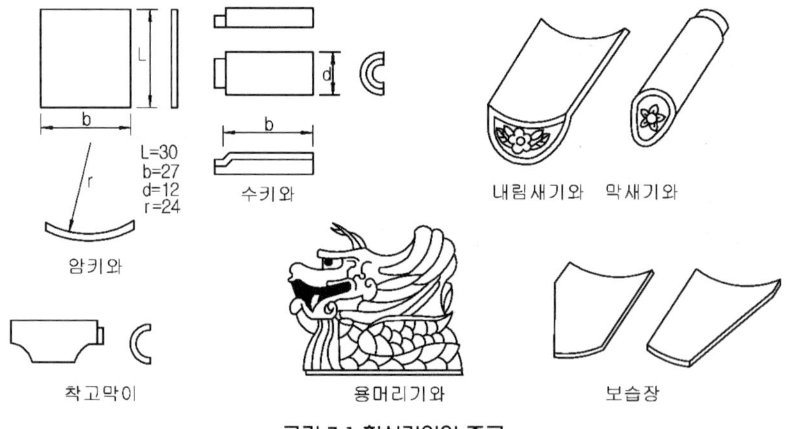

그림 7.1 한식기와의 종류

(2) 바 탕

서까래 위에 또는 그 사이에 산자(散子)를 새끼로 엮어 대고 진흙을 되게 이겨 바른다. 이 흙을 알매흙이라 한다. 처마끝 또는 박공 위에는 연암을 못 박아 댄다.

(3) 암기와 잇기

처마끝 연암에서 9cm 내밀고 알매흙 위에 진흙을 채워가며 아래위가 서로 잘 맞아 비새지 않도록 줄바르게 잇는다. 이때 기와이음발(기와가 겹쳐지지 않는 부분의 길이)은 기와길이의 1/3~1/2 (9~14cm)로 한다.

(4) 숫기와 잇기

숫기와 밑에 홍두께 흙이라는 진흙을 뭉쳐 놓고 잇는다. 처마 끝에 막새를 쓰지 않고 숫기와 마구리에 회백토를 물려 바르기도 한다. 이것을 아귀토라 한다.

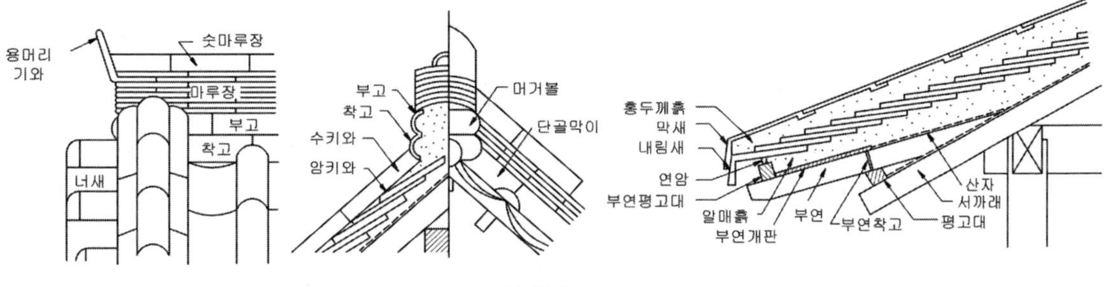

그림 7.2 한식 기와 잇기

(5) 지붕마루

① 용마루, 일반마루(수평마루), 추녀마루, 합각마루, 박공마루 등이 있다.

② 지붕마루 숫기와 사이의 골에는 숫기와를 다듬어 옆 세워 댄다. 이것을 착고막이(또는 착고)라 하며, 그 위에 숫기와를 또 옆 세워 대는 것을 부고라고 한다.

③ 용마루 양 끝마구리에도 숫기와를 옆 세워 댄다. 이것을 머거블이라 한다.

④ 부고 위에 암기와(암마루장)를 5장, 마루 양끝 부분에는 2~4장 정도 더 깔아 비스듬히 휘어 오르게 하고 숫기와(숫마루장)를 덮는다.

⑤ 추녀마루 처마끝은 암기와장을 삼각형으로 다듬어 모서리에 대고 숫기와를 잇는다. 이것을 보습장이라 한다.

⑥ 골추녀에는 암기와를 낮게 두 줄로 깔아 회첨골(會詹谷)을 만든다.

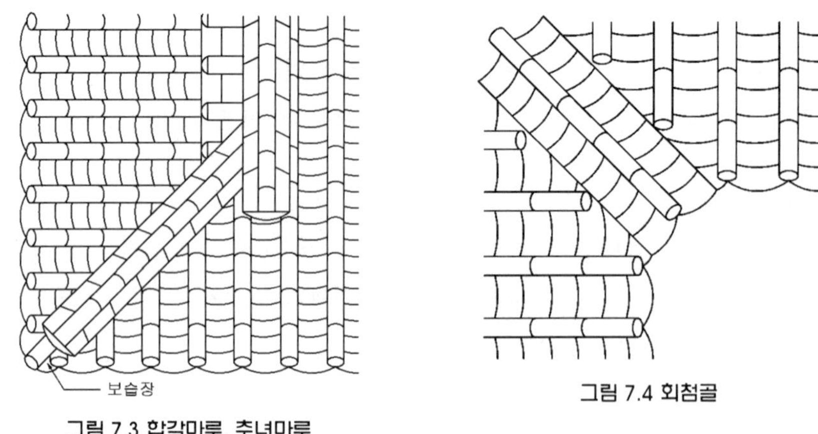

그림 7.3 합각마루, 추녀마루

그림 7.4 회첨골

7.2.2 일식(日式) 기와잇기

(1) 기와의 종류

평기와, 걸침기와, 내림새, 감새(좌, 우), 감내림새(좌 우), 귀내림새, 골내림새(좌,우), 적새(암마루장, 숫마루장), 용머리망새, 용머리막새 등이 있다.

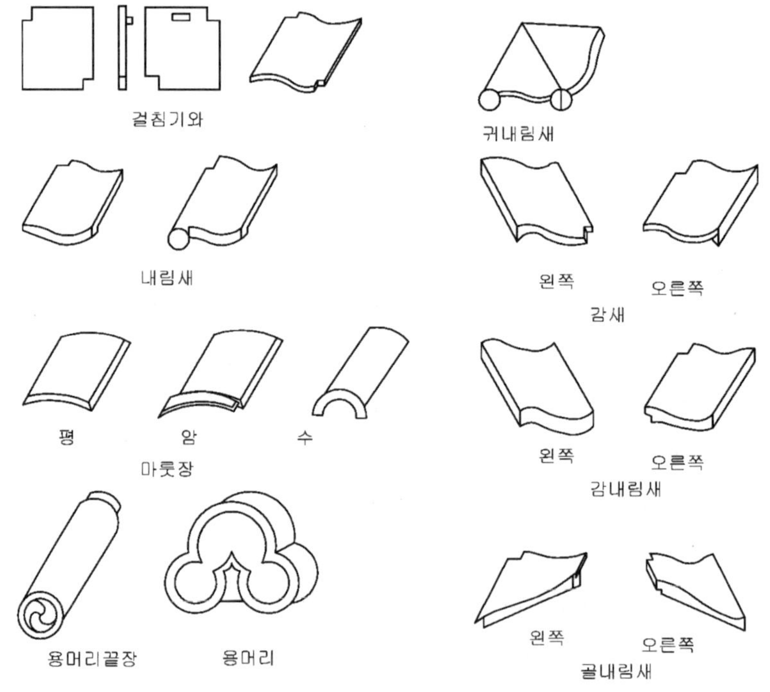

그림 7.5 일식 기와의 종류

⑵ 평기와 및 걸침기와 잇기

평기와는 걸침턱이 없는 것으로 지붕널 또는 산자위에 알매흙을 깔고 줄바르게 깔아 잇는 것이다. 걸침턱이 있는 걸침기와는 지붕널(개판) 위에 방수지를 깐 다음 기와 크기에 맞추어 2cm 각재의 기와살(tile batten, 기와걸이)을 못박아대고 기와의 턱을 기와살에 걸치고 줄 바르게 깔아 잇는 것이다.

기와는 5단 걸름으로 지붕 끝은 2열로, 기타 주요부는 1열로 동선(銅線), 철선, 못 등으로 기와를 지붕널에 연결하여 폭풍우시에 날리지 않게 한다.

처마 끝에는 평고대(평고자)를 설치하고 내림새 기와를 쓰고, 박공지붕의 박공쪽에는 박공기와(감새)를 쓰고, 박공처마 끝에는 감내림새를 쓴다. 모임지붕의 귀부분에는 귀내림새를 쓰고 골(회첨)에는 골내림새를 쓴다.

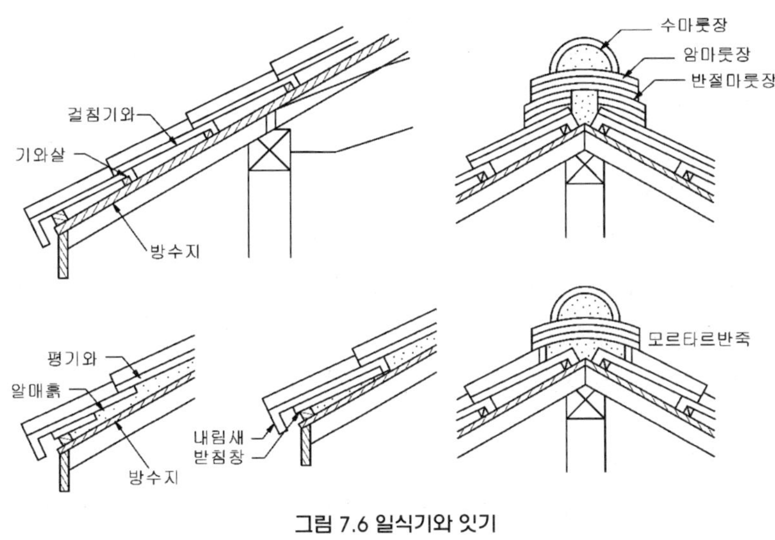

그림 7.6 일식기와 잇기

7.2.3 양식(洋式) 기와잇기

양식기와의 대표적인 것은 스페인 기와(Spanish roof tile), 프랑스 기와(French roof tile) 등이 있다. 스페인 기와는 암키와와 수키와가 거의 같은 모양이고 S자형으로 된 S기와도 있다. 프랑스 기와는 한 장에 골이 있고 이것의 일종으로 만주기와(滿洲蓋瓦)라는 것도 있다. 이 밖에 이탈리아기와, 그리스기와, 영국기와 등이 있다.

양식기와의 구조법 및 잇기 요령은 앞에서 서술한 것과 같고 다만 용마루장은 특수모양으로 만들어 덮어씌우게 된 것이 많다.

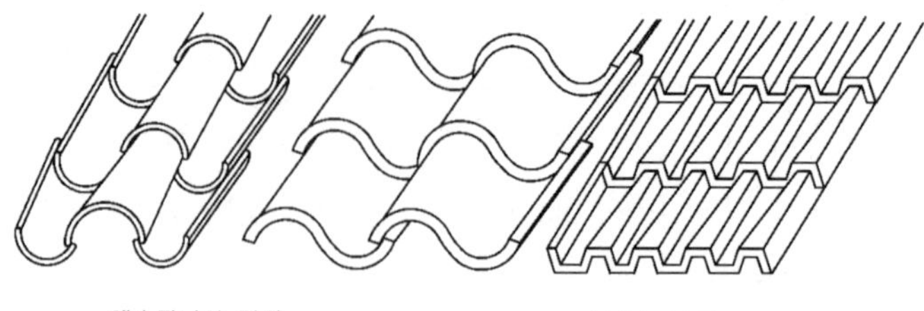

그림 7.7 양식기와

7.3 슬레이트(slate) 잇기

7.3.1 개 요(槪要)

슬레이트에는 천연 슬레이트(天然, natural slate)와 석면 슬레이트(石綿, asbestos cement slate)가 있다.

(1) 천연 슬레이트

진흙(粘土)이 압력을 받고 응결하면 이판암(泥板岩·頁岩)이 되고, 더욱 압력을 받으면 변질하여 치밀견경(致密堅硬)한 점판암(粘板岩), 즉 슬레이트(Slate, 石盤)가 된다. 일정한 면으로 얇게 쪼개지므로 일정한 크기로 잘라 못구멍을 뚫어 사용하나 중량이 무겁기 때문에 잘 사용하지 않는다.

(2) 석면 슬레이트

시멘트와 석면(86 : 14)에 적당한 돌가루(石粉)·안료(顔料) 등을 혼입하여 압착성형(壓搾成形)한 엷은 판으로 평판(平板, 소형판40cm각 정도)과 골판(谷板, 대형판)이 있다. 기와에 비하여 중량이 가볍고 외관이 좋으나 파손되기 쉽고 소형판은 비가 새기 쉬운 것이 결점이 있다.

7.3.2 슬레이트 잇기법

(1) 소형판(평판)잇기

지붕널위에 아스팔트 루우핑(asphalt roofing)을 깔고 그 위에 잇는데 슬레이트 고정못은 아연도금 한 것 또는 동제못을 쓰고 1장에 2개씩 박는다. 일자잇기·마름모잇기·

접은모무늬잇기 · 귀갑무늬잇기 · 비늘무늬잇기 등이 있다.

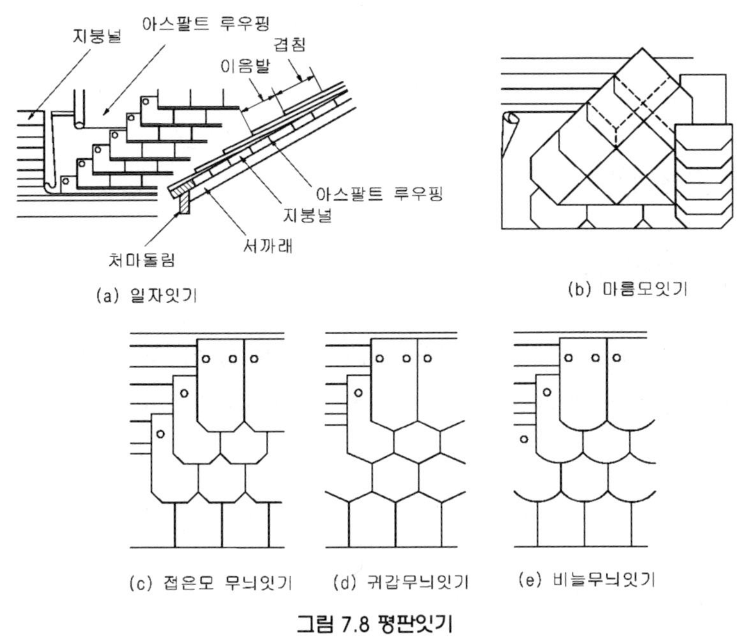

그림 7.8 평판잇기

(2) 대형판(골슬레이트)잇기

골슬레이트의 크기는 소골판과 대골판으로 구분한다. 지붕널 위에 깔 때도 있지만 대

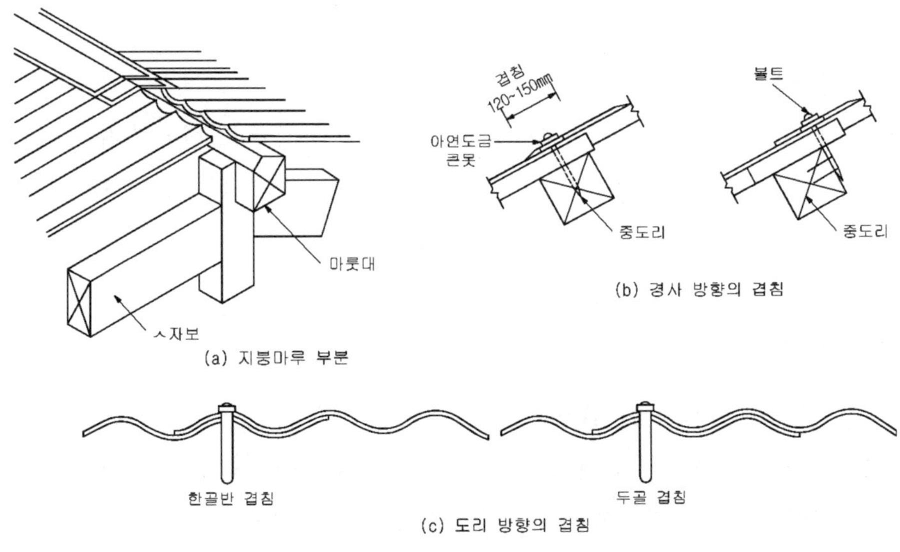

그림 7.9 골슬레이트 잇기

개 중도리에 직접 깔 때가 많다. 이때 중도리의 배치는 골슬레이트의 길이에 맞추어 간격을 정한다. 골슬레이트의 겹치기는 상하 10~15cm, 옆은 1.5~2.5골(pitch) 정도로 하고 갈구리 볼트(hook bolt) 또는 슬레이트못으로 고정한다.

7.4 금속판(金屬板) 잇기

7.4.1 개 요(概要)

금속판 지붕잇기 재료는 아연도금강판(亞鉛鍍金鋼板, 함석)·동판(銅版)·알루미늄판 등이 많이 쓰이고 그 외에 아연판(亞鉛板)·납판(鉛板)·합금속판(合金屬板) 등이 있으나 잘 쓰지 않는다.

지붕잇기법에는 보통 평판잇기, 기와가락잇기, 골판잇기 등이 있다.

7.4.2 금속판 잇기의 장단점

(1) 장점(長點)

경량(輕量)이며, 물매를 뜨게 하여도 빗물이 잘 새지 않으며 또한 심한 경사의 지붕 또는 뾰족탑 등과 같이 지붕을 기와나 슬레이트 등으로 잇기 곤란한 곳이라도 자유로이 이을 수 있다.

(2) 단점(短點)

열전도(熱傳導)가 크고, 화염(火炎)·고열(高熱)에 약하고, 온도 변화에 따른 신축이 크고, 화학작용(공중산화·염류·가스·부식 등)에 약하고, 폭풍·강우 시에 소리가 크게 난다.

7.4.3 금속판의 특성

(1) 아연도금강판(亞鉛鍍金鋼板)

아연을 도금(鍍金)한 강판(鋼板)으로서 얇은 강판 또는 함석이라고 부르는데, 골이 진 것을 골함석이라 한다. 산에 약하므로 녹막이 칠(방청)을 해야 한다.

함석의 규격은 90×180cm 이며, 나비 90cm는 그대로 두고 길이를 잘라 쓰며, 두께는 주로 #28~31을 쓴다.

(2) 동판(銅板)

순동(純銅)에 아연 또는 석(錫)을 조금 넣은 금속이다. 지붕 색깔이 청록색(靑綠色)으로 변하므로 건물에 좋은 풍미를 나타낸다. 같은 면을 외부에 보이게 하여 우설(雨雪)에 맞으면 탄산동(炭酸銅)의 껍질이 생겨 방부(防腐)가 되며, 산에 강하고 수명이 길다(100년 이상).

그러나 알칼리성에는 썩기 쉬우므로 화장실·기타 암모니아 가스가 발생하는 곳에는 부적당하다. 30cm 각(900cm^2)의 크기의 무게를 온스(oz)로 표시하며 보통 6~15 온스가 많이 쓰인다.

(3) 알루미늄판(sheet aluminium)

경금속 재료로 쓰이고 있으나 염에 약하므로 해안지역에서는 사용하지 않는다.

7.4.4 금속판 잇기법

(1) 평판 잇기

지붕널 위에 아스팔트 루우핑을 깔고 처마끝 부분은 나비 3cm 정도의 거멀띠·밑창판을 약 25cm 간격으로 못 박아대고, 감싸기 판을 거멀띠에 접어 걸어 밑창판과 지붕판을 감싸기 판과 같이 꺾어 접는다. 지붕면은 4방 거멀접기로 하고, 각 판마다 거멀쪽 4개 이상 끼워넣어 지붕널에 고정시키면서 이어나간다.

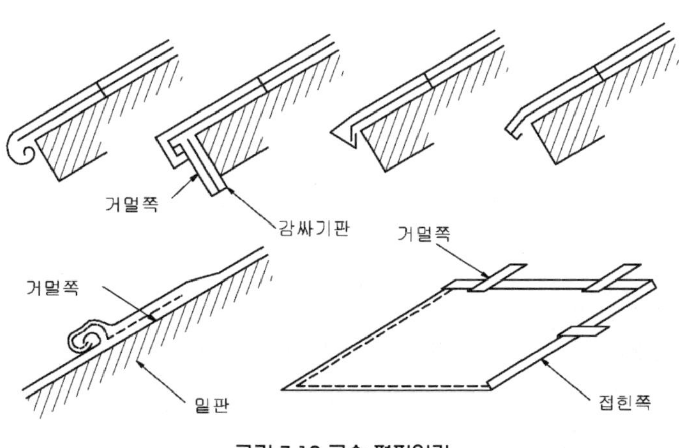

그림 7.10 금속 평판잇기

(2) 기와가락잇기

기와가락의 크기는 4~6 cm각재를 지붕널 위 물흐름 방향으로 40~55cm(서까래 위치에 맞춤) 간격으로 못박아 댄다.

평판은 기와가락 사이에 깔되 양쪽은 기와가락 옆을 3cm 이상 꺾어 올리고, 거멀쪽 2개 이상을 써서 덮개와 같이 꺾어 접는다. 기와가락을 대지 않고 중공(中空) 기와가락으로 할 수도 있다.

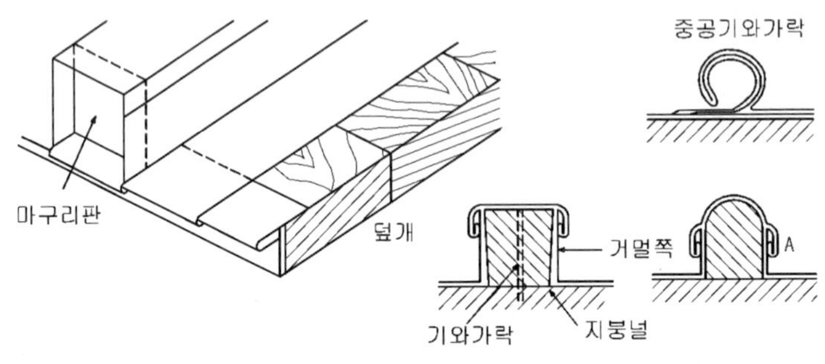

그림 7.11 기와가락 잇기

(3) 골판잇기

골슬레이트 잇기에 준한다.

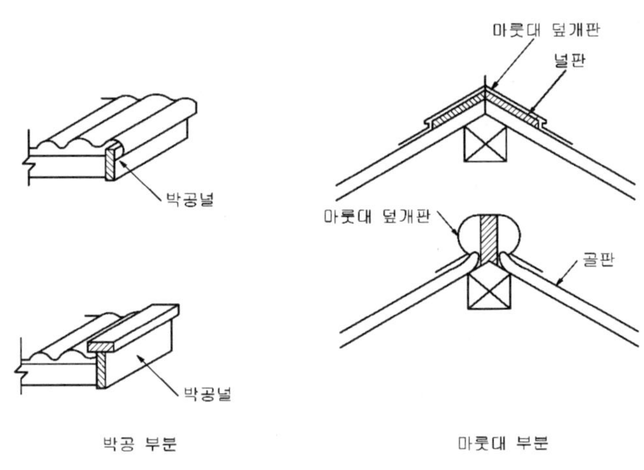

그림 7.12 금속 골판잇기

(4) 절판(折板)잇기

골이 높은 대형의 특수 피복 골판이라고 할 수 있는 지붕용 절판을 사용하여 보에 용접한 타이트프레임(tight frame)과 고정볼트(bolt nut)로 잇는 지붕으로 물매를 평지붕에 가깝게 낮게 할 수 있다.

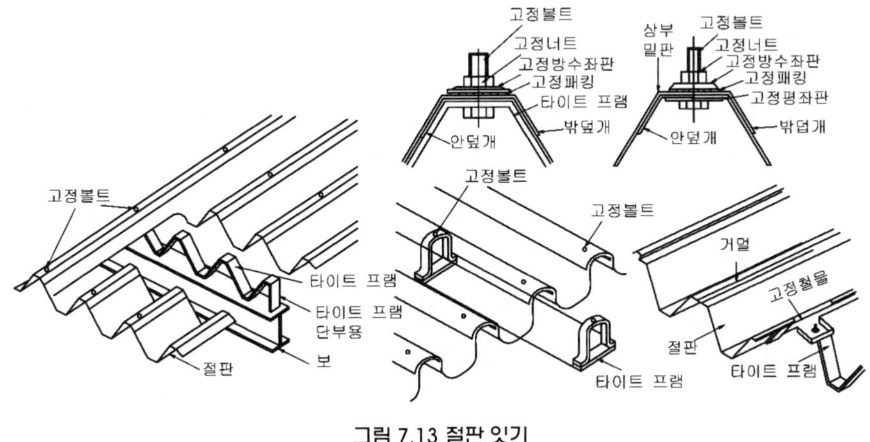

그림 7.13 절판 잇기

7.5 쉉글(Shingle) 깔기

7.5.1 쉉글깔기의 종류

아스팔트(또는 컬러 아스팔트) 쉉글 · 동 쉉글 · 적삼목 쉉글 등이 있는데, 주로 아스팔트 쉉글깔기가 많이 쓰인다.

7.5.2 쉉글 잇기법

건조된 콘크리트면 또는 모르타르 면에 아스팔트 프라이머(primer)를 침투시킨 후에 두꺼운 아스팔트 루핑을 규격재로 자른 것을 녹인 아스팔트 용액 또는 접착제로 붙여서 잇는다.

7.6 유리지붕(glass roof)

7.6.1 개 요(概要)

유리지붕(glass roof)은 온실 또는 지붕 채광을 할 때에 쓰인다. 유리의 두께는 3~5mm 정도 또는 철망유 리 · 골형유리를 쓴다. 폴리에스텔수지 · 유리섬유 보강판으로 잇는 경우도 있다.

7.6.2 잇기법

유리지붕은 비처리가 잘되게 하기위하여 특수한 모양의 철재 또는 목재로 서까래를 만들고 유리를 댄 위에 금속판 두겁을 볼트·나사못 등으로 고정한다. 유리의 상하는 5cm 이상 겹쳐 잇고 유리 사이도 3mm 정도 틈이 있게 하여 모제 매트(毛製 mat) 등을 끼워 모세관현상으로 빗물이 스며들지 않도록 한다.

또 유리 내면의 결로에 의한 물방울 처리가 필요하다. 유리가 미끄러져 내릴 염려가 있을 때는 거멀쪽을 댄다. 이 거멀쪽의 위 끝을 홈통이 되게 한 것도 있다.

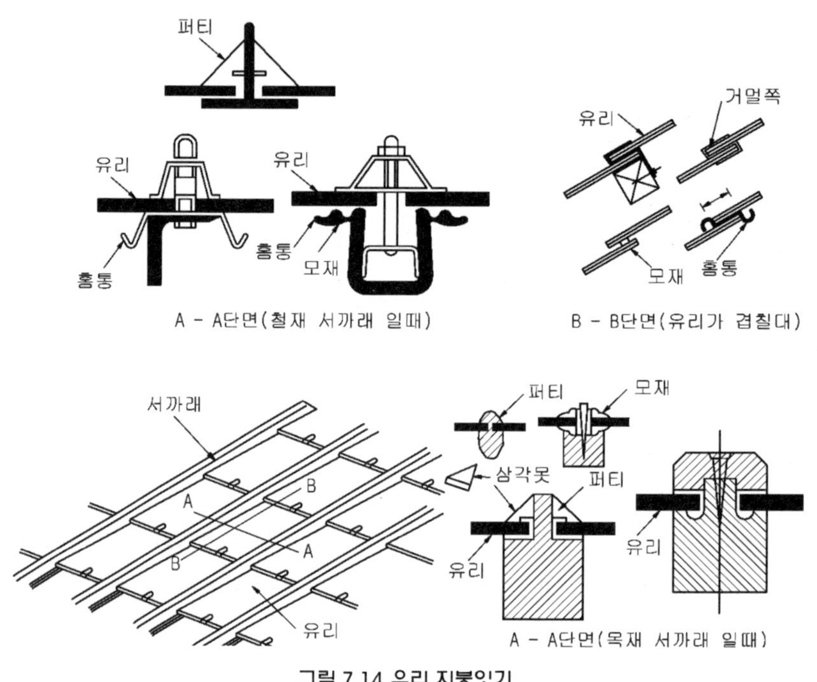

그림 7.14 유리 지붕잇기

7.7 기타 지붕잇기

이상과 같은 지붕잇기 이외에도 단열성이 우수한 유리블록(glass block)을 패널화한 스카이라이트(sky-light)와 텐트(tent)구조 등도 많이 쓰이고 있다.

7.8 홈통(gutter)

7.8.1 개 요(概要)

홈통의 재료는 아연도금철판(함석,#28~#31). 동판. 각종 파이프 등이 쓰이고, 처마홈통·선홈통·깔대기 홈통·장식통으로 구성된다.

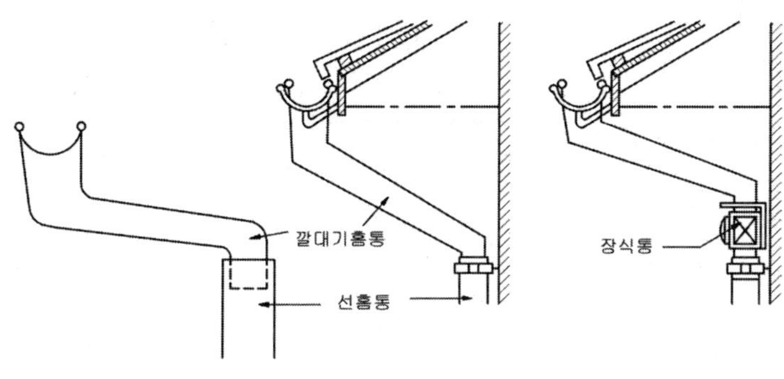

그림 7.15 깔대기 홈통 및 장식통

7.8.2 처마홈통(eaves gutter)

건물의 처마끝 부분에 수평으로 댄 홈통이고 밖홈통과 안홈통이 있으며, 물매는 1/100 이상으로 한다. 밖홈통의 모양은 반달형(반원형)과 쇠시리형이 있고, 반달형은 지름 9~18cm 정도로 하고 이음 4cm이상 겹쳐 안팎 납땜하고, 홈걸이 띠쇠(帶鐵)는 아연도금 또는 녹막이 칠을 하여 약 90cm 간격으로 서까래에 못박아 댄다.

쇠시리형은 15cm각 정도로 하지만 나비를 60cm정도로 할 때도 있다. 처마끝을 돌림띠 모양으로 보이게 하고 그 안에 처마홈통을 댄 상자홈통도 있다.

7.8.3 선홈통(down pipe)

처마홈통에 모인 빗물을 받기위하여 수직으로 댄 홈통으로, 아연도금철재 또는 녹막이 처리를 한 선홈통걸이(leader strap)를 수직거리 약 1m 간격으로 벽체에 고정시킨다. 위에는 깔대기 홈통 또는 장식통을 받고 아래는 지하 배수토관에 직결하거나 밖으로 낙수받이 돌 위에 빗물이 떨어지게 한다.

선홈통은 낙수량에 따라 지름 또는 배치간격을 정하고 그 모양은 원형 또는 각형으로 하고 이음은 5cm이상으로 한다. 선홈통 하부의 높이 120~180cm정도는 철관 등으로 보호한다.

선홈통이 받을 수 있는 지붕면적은 면적 표를 기준하여 계산한다.

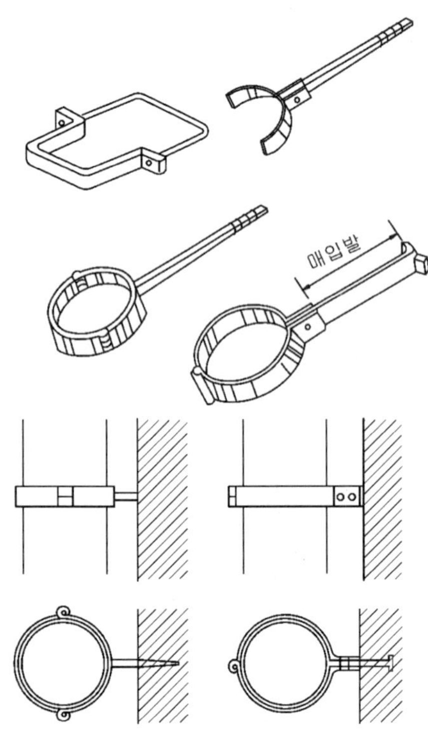

그림 7.16 선홈통과 선홈통 걸이

표 7.2 선홈통이 받을 수 있는 지붕면적

선홈통지름		받을 수 있는 최대 수평 지붕 면적 (m^2)
mm	inch	
50	2	46.5
75	3	139
100	4	288
125	5	502
150	6	780
200	8	1,616

7.8.4 깔때기 홈통 · 장식통 · 학각

(1) 깔때기 홈통(leader head)

처마홈통과 선홈통을 연결하는 깔때기 모양으로 된 홈통으로 각형과 원형이 있다. 이것은 구부림 부분이 떨어지기 쉬우므로 특히 납땜을 잘하고, 처마홈통 낙수구를 위에 끼우고 밑을 선홈통 또는 장식통에 깊이 꽂는다.

(2) 장식통

처마홈통의 낙수구나 깔대기 홈통을 받아 선홈통에 연결하는 것으로서 빗물이 쉽게 빠지도록 하고 장식을 겸하는 것이다. 모양은 각형, 또는 원형으로 하고 외부는 장식적으로 꾸민다.

(3) 학각(鶴角, goose neck)

낙수구를 선홈통에 연결하지 않고 처마홈통에서 밖으로 배출하게 된 것이고, 모양을

학 두루미의 형으로 장식하고 끝은 뚜껑을 정첩식으로 하여 열리게 되어 있다.

7.8.5 지붕골 홈통(valley gutter, valley flashing)

경사진 2개의 지붕면이 서로 만나는 부분을 지붕골이라 하고, 평행한 2개의 지붕면 또는 지붕면과 벽면이 만나는 수평에 가까운 골을 수평 지붕골이라 하며 이때 골의 물매는 1/50 이상으로 한다.

지붕골은 누수(漏水)의 위험이 크므로 홈통은 부식성이 적은 동판 또는 내구성이 있는 약간 두꺼운 아연도금철판과 같은 금속판을 사용한다.

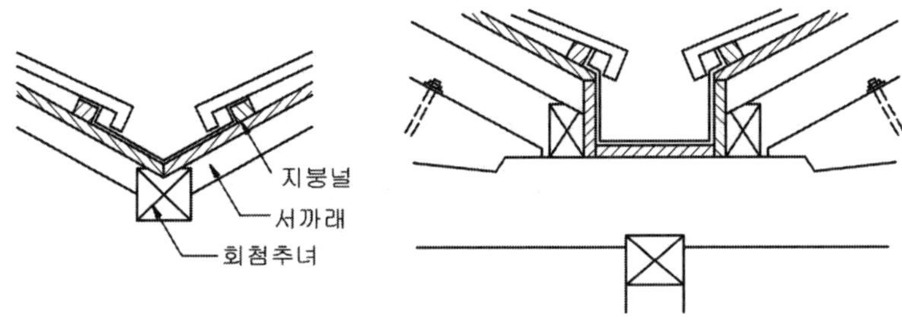

그림 7.17 수평 지붕골 홈통

8 방수 및 방습

8.1 아스팔트 방수(asphalt 防水)

8.1.1 개 요(概要)

아스팔트 방수공사는 벽돌·콘크리트 면에 쇠흙손 마감 및 바탕 고르기 몰탈을 바른 후 아스팔트를 먹인(滲透) 방수지(防水紙)를 녹인 아스팔트로 붙여대는 것이다. 6층·8층·10층 방수 등으로 호칭한다.

8.1.2 방수재료(防水材料)

(1) 아스팔트(asphalt)

① 아스팔트는 천연 아스팔트(天然, Natural asphalt)와 석유계 아스팔트(石油系, Petroleum asphalt)가 있으나 건축에서는 후자가 주로 쓰인다.

② 석유계 아스팔트는 원유(原油)를 건류(乾溜) 또는 증류(蒸溜)한 잔유물(殘留物)을 정제한 스트레이트 아스팔트(straight asphalt)와 이것을 저온 증류해서 더 좋은 질로 만든 블로운 아스팔트(blown asphalt)가 있다.

(2) 아스팔트 프라이머(asphalt primer)

① 블로운 아스팔트(Blown asphalt) 50%에 용해제(溶解劑, 솔벤트 나프터 30%, 휘발유 20%)로 묽게 만든 아스팔트용액이다.

② 콘크리트 또는 모르타르면에 잘 침투(浸透)되어 아스팔트 방수층과 모체(母體, 콘크리트 등의 구조체)와의 부착이 잘 되게 하는 특성이 있다.

③ 이때 용제는 휘발하고 모체에 침투된 아스팔트 피막은 방수층이 부풀어 오르는 것을 방지시킨다. 이 위에 녹인 아스팔트를 바르고 방수지를 펴 붙인다.

(3) 방수지(防水紙, water proof paper)

① 아스팔트 펠트(asphalt felt)·아스팔트 루우핑(asphalt roofing)·망형 루우핑(reticulated roofing)의 3종류가 있다.

② 펠트 대신에 마포(麻布, hessian sheeting)·면포(綿布, cotton sheeting)·유리섬유(glass fiber)·구리망(銅) 등을 쓴 특수 펠트도 있다.

(4) 기타 아스팔트 제품

아스팔트 컴파운드(Asphalt compound)·아스팔트 유제(乳劑)·아스팔트 코킹제(Asphalt calking·caulking)·아스팔트 코팅제(Asphalt coating agency) 등이 있다.

8.1.3 아스팔트 방수층의 종별

① 일회(一回) 시공과정마다 1층으로 호칭하는 층수법(10층·8층·6층)과 방수지의 1회 겹쳐대는 조립방수로 4겹·3겹·2겹으로 호칭하는 법이 있다. 또한 A·B·C종 방수로 호칭하는 경우도 있다.

② 치켜 올림 부분은 상기의 아스팔트 루우핑 대신에 아스팔트 펠트를 2겹으로 하여, 전 층수를 A종 12층(5겹)·B종 10층(4겹)·C종 8층(3겹)으로 한다.

표 8.1 지붕 및 지하실의 아스팔트 방수층

종별	호칭 \ 과정	1층	2층	3층	4층	5층	6층	7층	8층	9층	10층
A 종	10층 방수 4겹 조립	P	A	F·R	A	F·R	A	F·R	A	R	A
B 종	8층 방수 3겹 조립	P	A	F·R	A	F·R	A	R	A		
C 종	6층 방수 2겹 조립	P	A	F·R	A	R	A				

P : asphalt primer, A : asphalt, F : asphalt felt, R : asphalt roofing

8.1.4 방수공법(防水工法)

① 바탕면은 청소하고 1 : 3 모르타르로 두께 15mm 이상, 필요할 때는 1/200 정도의 물흘림 경사를 두고 균일하게 바른다.

② 치켜 올림부분 · 구석 · 모서리는 모두 둥근면으로 3cm이상 접어 바르고 바탕을 충분히 건조시킨다.

③ 건조 후 아스팔트 프라이머를 솔 또는 뿜칠기(噴霧器, sprayer)로 골고루 먹인다.

④ 프라이머가 건조되면 녹인(熔融) 아스팔트를 일정하게 바른다.

⑤ 이 위에 방수지를 붙이는데 틈(空隙), 기포, 주름, 들뜨기, 늘어짐이 없도록 바탕에 밀착되게 팽팽하게 붙인다.

⑥ 방수지의 이음은 엇갈리게 하고 겹침은 9cm이상, 구석 · 모서리 · 끝 등은 각층마다 나비 30cm이상 질긴 망형 루우핑 등으로 덧대 붙인다.

⑦ 이와 같이 하여 소정의 층수(10층 · 8층 · 6층)로 시공한 후 아스팔트를 칠하여 방수층을 완료한다.

⑧ 방수층은 보호누름을 하여 내구 · 신축 · 파손 · 수압 등에 안전하게 한다

⑨ 방수층 보호는 경량콘크리트, 모르타르바름, 블록, 벽돌 등으로 하며, 옥상, 발코니 등을 정원으로 꾸밀 때에는 잔자갈(콩자갈)을 펴 깔기도 한다.

8.1.5 지하실 방수

① 구조체의 안쪽에 방수층을 설치하는 안방수(內防水)법과 구조체 주위의 바깥쪽에 방수층을 설치하는 밖방수(外防水) 법이 있다.

② 안방수는 시공이 용이하고, 적당한 시기에 할 수 있으므로 수압이 약한 비교적 얕은 지하실에 적합하며, 공사 후 보수도 가능하다.

③ 밖방수는 시공이 복잡하고 수압이 강한 깊은 지하실에 쓰이는데, 시공 후 보수가 어려우므로 공사를 치밀하게 해야 한다.

④ 밖방수는 먼저 밑창콘크리트 위에 방수층을 시공한 다음 기초 또는 바닥 등을 축조한다.

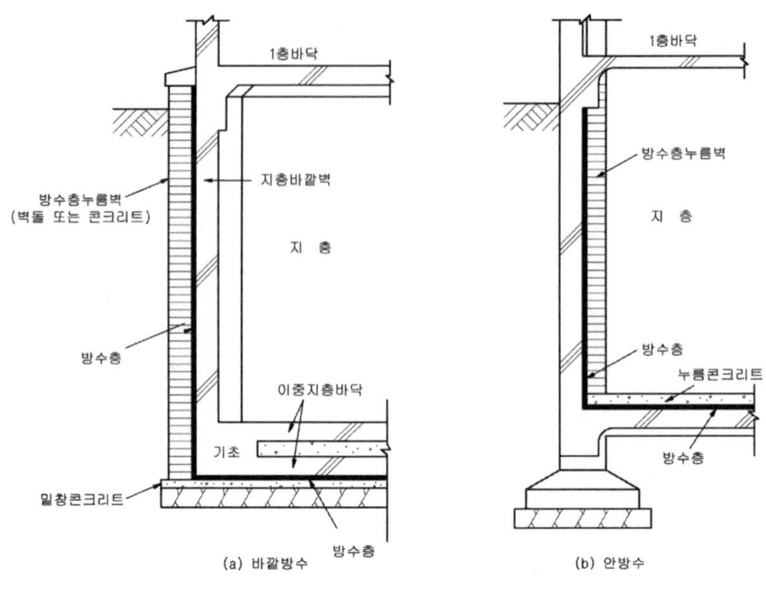

그림 8.1 바깥 방수와 안 방수

8.1.6 옥상방수

① 지하실 방수층 보다 아스팔트의 침입도(針入度)가 크고 연화점(軟化點)이 높은 것을 사용한다.

② 난간벽(parapet)의 방수층 치켜올림 높이는 30cm 이상으로 하고, 이때 방수층 보호 누름층은 벽돌 반장쌓기 또는 라스(lath) 모르타르 바르기를 한다.

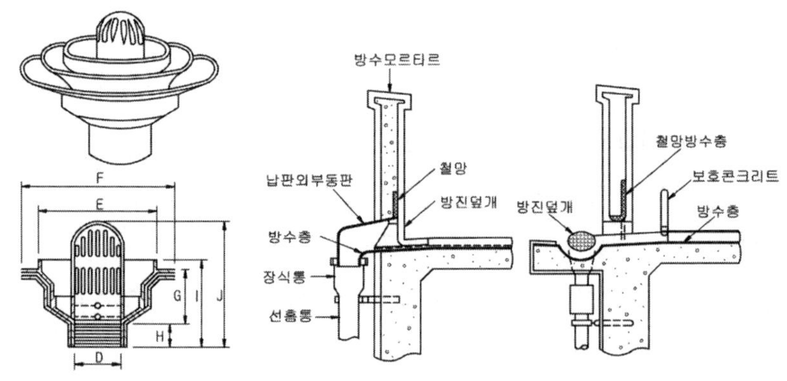

그림 8.2 선홈통 달기

③ 파라펫(parapet) 안밖쪽에 설치하는 낙수구(落水口, roof drain) 부분의 끝 아무림은 동판·납판 등으로 방수층 내에 깊이 물리고 연결을 충분히 하여 비 샘을 막는다.

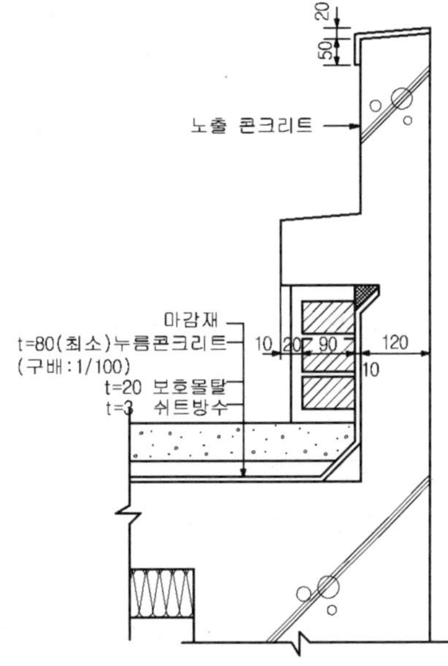

그림 8.3 파라펫이 있는 평지붕 방수

8.2 시이트 방수 (sheet water proofing)

8.2.1 개 요(概要)

① 건조한 콘크리트면이나 모르타르면 상에 먼저 아스팔트 프라이머를 충분히 침투시킨 후 내후성·신장성이 강한 천연 합성고무제·염화비닐 등의 고분자 시이트(sheet)를 합성수지나 아스팔트 접착제로 붙여 방수하는 것이다.

② 방수공법은 아스팔트 방수공법에 준하며 근래에 많이 쓰이는 방수법이다.

8.3 시멘트 액체방수(cement 液體防水)

8.3.1 개 요(概要)

① 시멘트방수제는 액상(液狀)·분말상(粉末狀)·반죽상(粘狀) 으로 되어 있다.

② 방수제를 물에 타서 충분히 섞은 다음에 콘크리트 또는 모르타르에 섞어 방수적으로 하는 물질을 시멘트 방수제라 한다.

③ 균열의 우려가 있는 부분이나 습기가 많은 지하실 등에는 피하는 것이 좋다.

8.3.2 방수공법

(1) 모체(母體) 바탕처리

액체방수층은 모체의 결함에 직접적인 영향을 받으므로 모체의 결함부·거친면·부착물 및 레이턴스는 제거 보수하고 물씻기 청소로 완전하게 한다.

(2) 방수층 과정

① 방수액을 모체에 침투(도포 또는 살포)시킨다.

② 방수액을 넣은 물로 반죽한 시멘트 페이스트(Cement paste)을 바른다.

③ 방수액을 도포한다.

④ 방수액을 넣은 물로 반죽한 몰탈(1 : 1~1 : 3)을 바른다.

이상의 4과정을 한 번 시공하면 2종 방수, 두 번 시공하면 1종 방수라고 한다.

(3) 마감 과정

방수몰탈 바름 · 타일 붙이기 · 인조석 또는 테라조 현장갈기 · 벽돌깔기 등으로 한다.

8.3.3 시멘트 액체방수와 비교한 아스팔트 방수법에 대한 특징

① 콘크리트 등의 모체의 균열이나 신축 등의 결함이 있더라도 시공상 비교적 유리하다.

② 보수 시에는 결함부분을 발견하기가 곤란하고 보수의 범위도 넓다.

③ 보호층을 보다 결실하게 해야 함으로 시공이 번잡하고 공기가 길어진다.

④ 방수의 수명은 길지만 공사비가 비싸고 중량이 무겁다.

8.4 표면 도포방수(表面 塗布防水)

8.4.1 수밀재 · 방수재 바름

(1) 방수 모르타르(water proof mortar)

바닥 · 벽 등의 구조체 표면에 1 : 2~1 : 3의 모르타르에 시멘트 방수제를 섞어 3벌 바름, 두께 2cm 정도로 마무리 한다.

(2) 아스팔트 모르타르(asphalt mortar)

용융아스팔트에 적당량의 모래 · 돌가루 · 시멘트 등을 가열 혼입한 모르타르를 두께 1.5~2.5cm 정도로 펴 깔고 가압 포장한다.

(3) 내산 몰탈

내산성을 증가시키기 위하여 아스팔트에 규석(硅石) · 납석(蠟石) · 석면 등의 내산재료를 혼합한 것이다.

(4) 석면아스팔트 모르타르(asbestos asphalt mortar)

용융아스팔트에 석면(石綿)을 혼합한 모르타르이다.

(5) 테라조 · 인조석갈기

테라조 · 인조석 자체가 수밀성이 있고 방수적 효과가 있다.

(6) 아스팔트 바름

아스팔트 컴파운드 30%, 모래 50%, 돌가루 또는 석회 20% 비율로 혼합한다. 모래와 돌가루를 가열 교반하여 컴파운드를 가하고 바탕에 가열 전압하여 두께 10mm로 바르고 왁스 마무리 한다. 색깔은 검정색 · 흑다갈색이 있다.

(7) 방수재(발수재) 바름

① 건축물 표면 마감재에 수분의 침투를 차단시켜 백화 · 부식 등 오염을 막고 강도저하를 예방하기 위하여 도포하는 방수이다.

② 표면에 얇게 칠하여 피막(皮膜)을 씌우거나 침투시켜 방수적으로 하는 것으로 실리콘(silicon) 수지 등의 합성수지 도료칠 · 파라핀(paraffin)칠 · 코울타르(coal tar)칠 · 시멘트 방수액칠 등이 있다.

③ 액상의 고분자재료를 바탕 몰탈 면에 도포하여 방수피막을 형성하는 도막방수도 이에 속한다.

8.4.2 수밀재(水密材) 붙임

타일 · 테라조판 · 대리석판 등의 수밀한 재료를 모르타르 · 방수모르타르 또는 아스팔트 등으로 붙인다.

8.4.3 잔자갈 뿌림

아스팔트 방수에서 방수층 누름을 둥근 잔자갈층으로 두껍게 깔아 마감하는 것이다.

8.5 코킹 및 신축줄눈

8.5.1 개 요

① 코킹(Caulking, Calking)은 동일재 및 이질재의 접합부를 수밀하게 하는 것이고 신축줄눈은 벽면 또는 넓은 옥상 바닥면 등에 균열방지상 설치하는 줄눈이다.

② 신축줄눈은 아스팔트 컴파운드·블로운 아스팔트·코킹 컴파운드 등을 충진하는 경우가 있으며, 신축줄눈판을 끼우고 방수층 또는 코킹재를 밀착시키는 경우도 있다.

8.5.2 지수판 설치

지수판은 지하 구체 콘크리트로 이어지는 부분에 물막음용으로 설치하는 것이다.

8.6 벤토나이트 방수(Bentonite Waterproofing)

8.6.1 개 요

벤토나이트의 주성분은 몬모릴로나이트(montmorillonite)로써 응회암·석영조면암 등의 유리질 부분이 풍화 분해된 미세한 진흙이다. 물을 많이 흡수하면 팽창성이 높고 건조하면 극도로 수축하는 점토광물질이다. 그러므로 팽창진흙이라고도 한다.

벤토나이트방수는 지표면이하 구조슬래브 또는 지하외벽방수 등에 적용하는데, 벤토나이트 매트방수와 시트방수 등이 있다.

8.7 이중벽 · 드라이 에어리어 · 방습층

8.7.1 이중벽(二重壁, double wall)

① 본벽(本壁)에서 10cm 정도 떼어 설치하고 벽돌 또는 철물로 서로 튼튼히 연결한다.

② 밑에는 배수구 또는 배수관을 설치하고 습윤한 공기를 배출시킬 수 있도록 한다.

8.7.2 드라이 에어리어(dry-area)

① 지하실 외부에 흙막이벽을 설치하고 그 사이를 공간으로 한 것으로 지하실의 방수

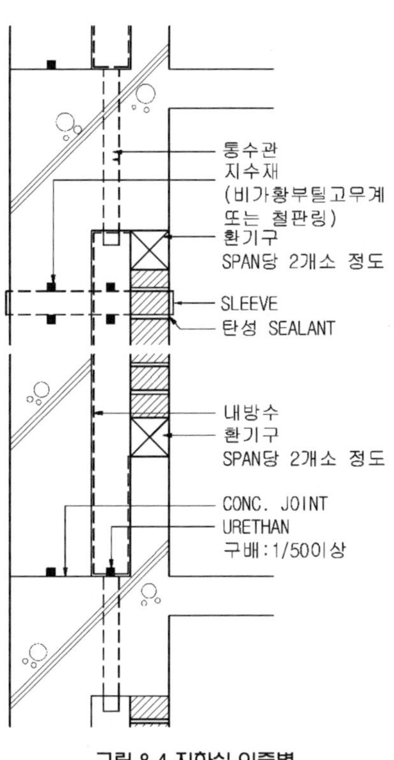

그림 8.4 지하실 이중벽

· 채광 · 통풍(환기)용으로 좋다.

② 이때 방수층은 드라이 에어리어의 바깥쪽에 두어 지하수가 침입하는 것을 방지한다.

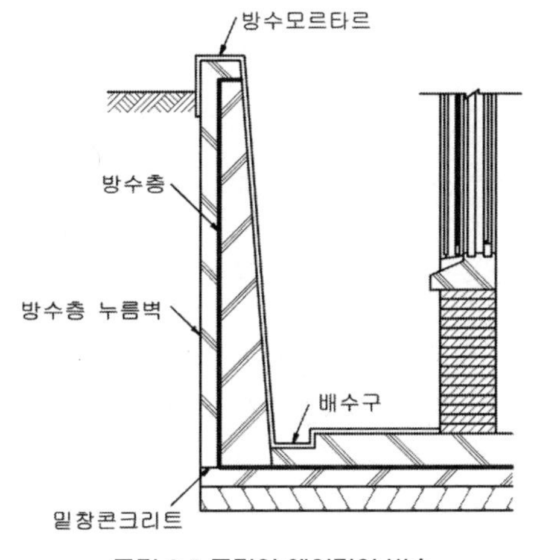

그림 8.5 드라이 에어리어 방수

8.7.3 방습층(防濕層)

① 조적조 마루밑 벽의 적당한 줄눈 위치에 수평 방습층을 설치하여 지중에서 올라오는 습기를 방지한다.

② 방습층은 아스팔트 방수 또는 동판 등도 사용되지만 접착을 고려하여 방수 모르타르로 함이 좋겠다.

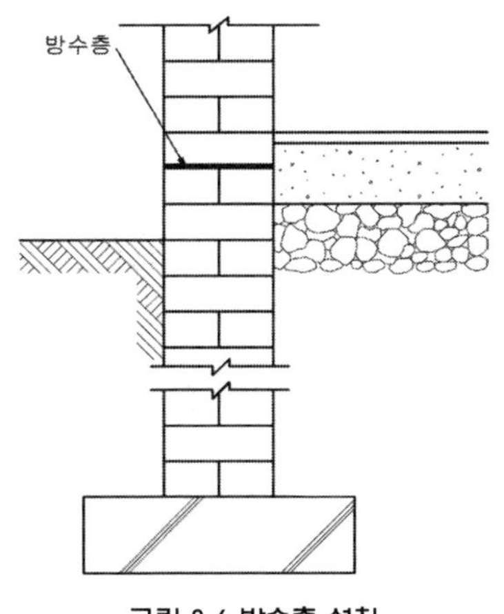

그림 8.6 방습층 설치

9 수 장(修裝)

9.1 개 론

수장(修裝, fixture)이란 건물의 뼈대(軀體)를 구성한 후 미장(美匠)·도장(塗裝)을 제외한 건물 내·외부의 치장(治粧)을 겸하여 끝마감이 되는 마무리 일로서, 벽·바닥·천장·계단 및 이에 부속되는 일들을 포함한다. 흡음·보온·방습 등을 목적으로 하는 단열재공사도 이에 속한다.

수장재료는 디자인이 다양하고, 재질, 두께, 시공방법도 여러 가지가 있으며, 시공 시에는 신축 변형 균열 등의 결함이 없어야 하며 치수 및 각종 문양 등도 정확히 맞추어 가공(절단)되어져야 한다.

9.2 바 닥(floor)

9.2.1 바닥 마감재의 선정

바닥재료는 미관이 아름답고, 청소가 용이하고, 마모에 대한 저항력을 가지며, 충격에 대한 저항능력이 있어야 하고, 온도변화에 대한 저항능력과 내약품성 등에 따라 선정한다.

9.2.2 널깔기 바닥

(1) 마루널 쪽매바닥

① 마루널 깔기 : 마루널을 장선 위에 나무결 방향으로 옆붙여 대는 것을 쪽매라고 하며, 널이 넓으면 휘기 쉬우므로 좁은 것을 쓰는 것이 좋다. 보통 나비 10cm, 두께 1.5~2.4cm 정도의 완전 건조한 것을 장선 위에서 못박아 댄다. 이 때 못의 길이는 널 두께의 2.5~3배 정도로 한다.

② 마루널 쪽매의 종류 : 널 위에서 못박아 대는 것으로 맞댄쪽매·반턱쪽매·틈막이대쪽매·양끝못맞댄쪽매·오늬쪽매·빗쪽매 등이 있고, 또 널 옆에서 못박아 대는 것으로 제혀쪽매·딴혀쪽매 등이 있다.

이 중에서 제혀쪽매는 못 머리가 감추어지고 마루의 진동으로 못이 솟아 올라오는 일도 없는 가장 좋은 마루널이다.

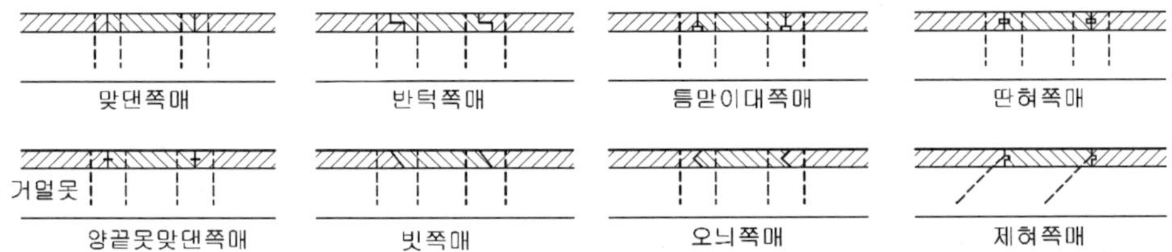

그림 9.1 마루널 쪽매

③ 이중 마루널깔기(access floor) : 마루널을 방음·방습 또는 고급 널깔기를 목적으로 이중깔기로 할 때가 있다. 장선 위에 두께1.5~1.8cm 정도의 밑창널 또는 두께 12mm 이상의 내수합판을 깔고 그 위에 마루널을 까는 것이다.

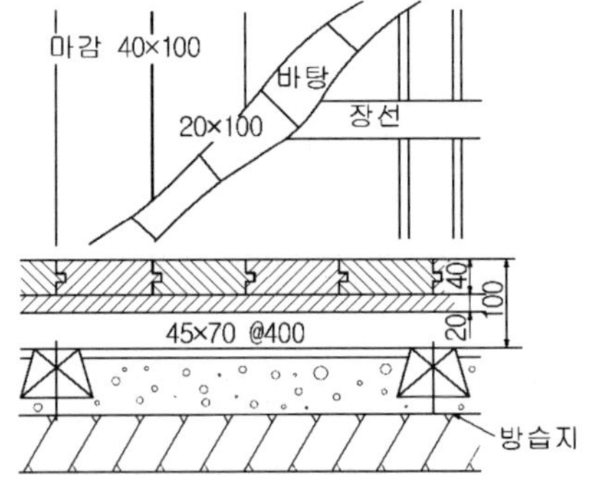

그림 9.2 이중 마루널 깔기

④ 마루널 음향방지 : 2층 마루일 때에는 이중마루널 깔기밑에 그림과 같이 각종 방음재를 삽입하여 상하층 간의 소음 및 음향을 방지한다.

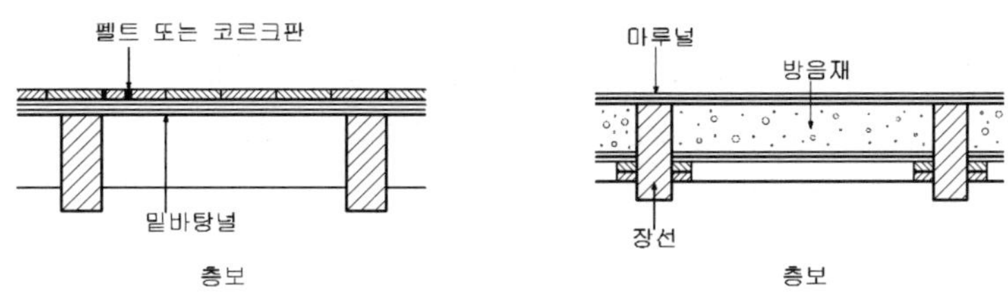

그림 9.3 마루널 음향방지

(2) 합판마루바닥

합판기술의 발달에 의하여 합판에 무늬목을 부착하여 치장합판으로 바닥널을 대신하여 깔고 있다. 이때는 2중 합판 깔기를 하며 밑부분은 15㎜ 이상의 합판 또는 내수합판을 사용한다.

(3) 나무쪽매(wood mosaic)

고급 마루로서, 밑창널 위에 박달·단풍·느티나무·자단·흙단·화류·마호가니·티이크 등 무늬가 좋은 작은 쪽널을 각종 무늬 모양의 의장에 맞추어 세로, 가로 또는 빗방향으로 교착제와 양끝못으로 접착하며 붙여 까는 마루이다.

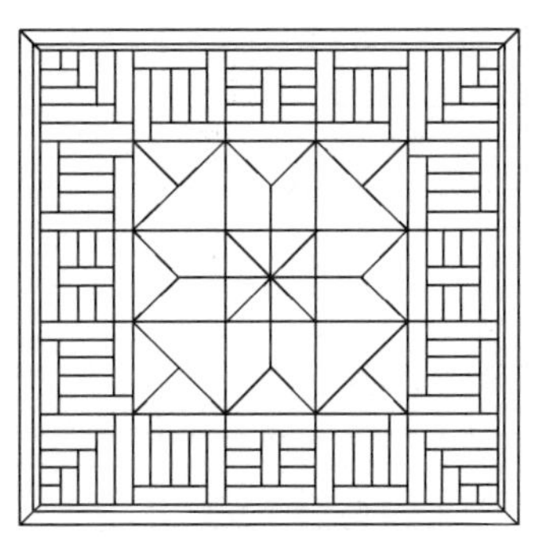

그림 9.4 나무쪽매

(4) 쪽매바닥판(flooring block)

마루 밑창널 위에 두께 약 2cm, 나비 6cm, 길이 30cm 정도의 작은 토막널 5장 정도를 접착시켜 30cm 각 정도의 플로어링 블록판을 만들어 가로 세로 서로 엇갈려 붙여 까는 마루이다.

(5) 특수목조바닥

실내 테니스코트, 볼링장, 핸드볼 등의 실내경기용 목적으로 특수목조바닥을 사용한다. 이때는 바닥의 탄성과 충격하중을 고려해야 한다.

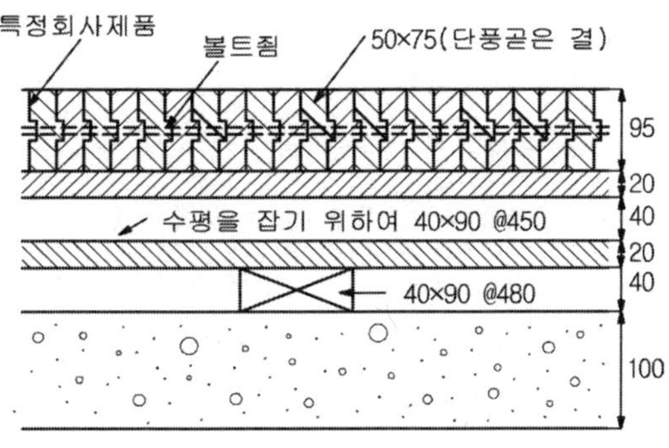

그림 9.5 특수 목조 바닥

9.2.3 돌·벽돌·타일·인조석·테라조 블록붙임

(1) 돌붙임 바닥

돌붙임용 모르타르의 배합은 1 : 3 으로 하고, 줄눈용 모르타르는 1 : 1 배합비로 하며, 색소 또는 방수재를 첨가하기도 한다. 바닥 돌깔기에는 바둑판무늬, 마름모무늬 또는 오니무늬 등이 있다.

(2) 벽돌붙임바닥

붉은 벽돌(또는 나무벽돌)을 옆세워 깔거나 평깔기로 붙여 일정한 문양을 형성하는 치장깔기 붙임으로 한다. 줄눈의 크기는 보통 10㎜로 한다.

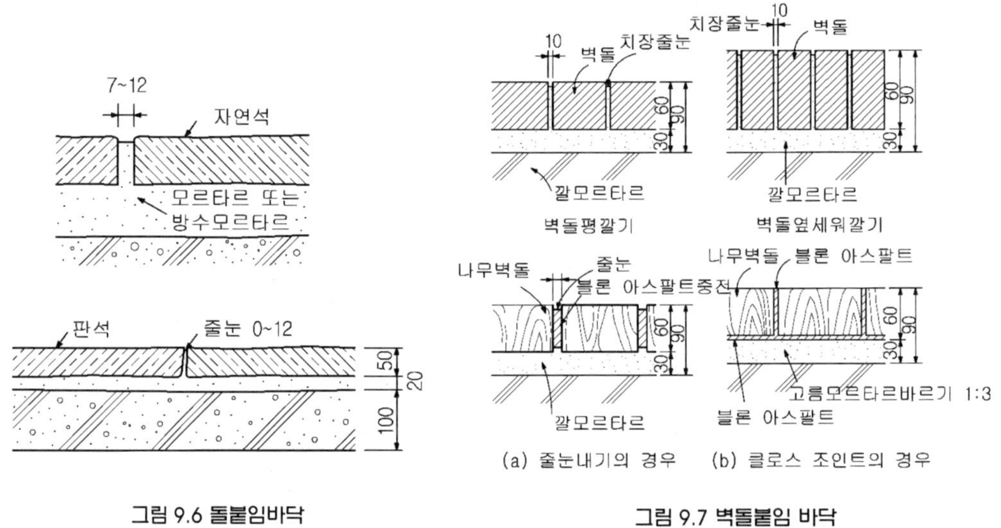

그림 9.6 돌붙임바닥

그림 9.7 벽돌붙임 바닥

(3) 타일붙임바닥

타일붙임은 바닥용 클링커 타일 및 모자이크 타일을 사용한다. 모자이크 타일의 시공은 타일을 물 축여 놓고 순시멘트 풀의 묽은 반죽을 두께 약 3㎜ 정도로 바닥에 바르고 곧 이어서 줄눈나누기 수평실에 맞추어 구석·모서리의 줄눈 간격을 일정하게 붙여대고, 나무흙손으로 가만히 두드려 시멘트풀이 타일줄눈으로 빠져나올 정도로 하여 평탄히 눌러 붙인다.

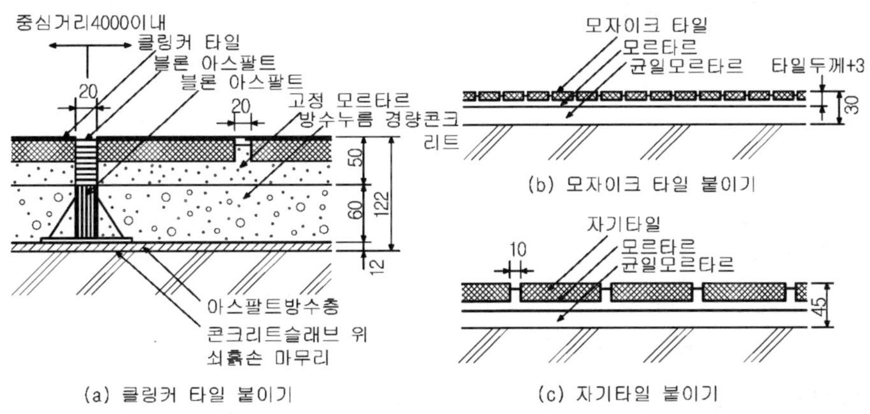

그림 9.8 타일 붙임

(4) 인조대리석판, 테라조판 붙임바닥

대리석의 쇄석을 사용하여 만든 테라조판과 화강암이나 기타 쇄석을 사용하여 만든 인조대리석판을 붙이는 바닥으로 시공방법은 타일붙임 방법과 유사하다.

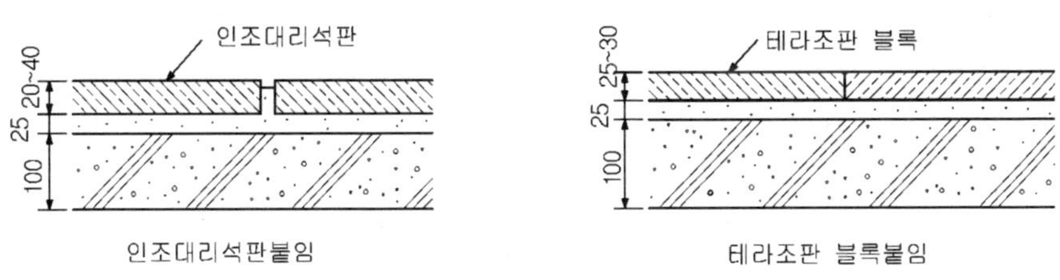

그림 9.9 인조석, 테라조 블록 붙임

9.2.4 아스팔트 타일·고무타일·플라스틱 타일·리노 타일계 붙임

콘크리트바탕의 경우에는 바탕을 고르고 깨끗이 청소한 후 지정된 접착제를 사용하여 붙여 간다. 목재바탕의 경우에는 내수합판 6㎜, 밑창널 18㎜로 이중 깔기를 한 다음 접착제를 사용하여 부착하고, 접착제가 양생될 때는 롤러 등을 사용하여 압착시켜 준다.

9.2.5 각종 시트붙임

시트붙임은 리놀륨시트·고무시트·플라스틱시트 붙임 등이 있으며 바탕처리 및 시공

방법은 위의 내용과 거의 유사하다. 제반 구조특성은 제작회사별 시공법에 따라 접착제로 부착한다.

9.2.6 특수 바닥

(1) 방습·보온바닥

지반과 접하는 1층 바닥은 두께 15~20㎝정도의 잡석다짐위에 밑창콘크리트(두께 60㎜)를 균일하게 타설한 후 방습지(방습필름)펴고 두께 50㎜ 스티로폴(또는 보온재)로 차단하여 보온하고 #8~10 와이어매시를 깔고 콘크리트를 타설한 후 바닥 마감을 한다.

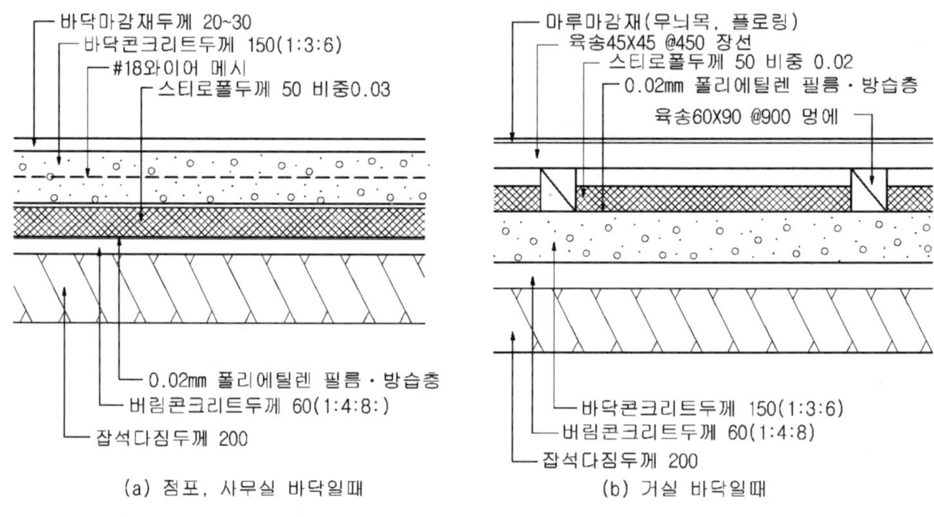

그림 9.10 보온바닥구조의 예

(2) 내방사선, 전도, 내산바닥

① 내방사선 바닥구조 : 방사선으로부터 피해를 받지 않기 위한 바닥구조이며 주로 연판을 사용한다.

② 전도바닥구조 : 수술실에서 사용하는 마취약은 폭발성 기체가 축적되었다가 정전압에 의한 스파크로 폭발사고의 우려가 있다. 이를 방지하기 위하여 전도타일 · 전도비닐타일 등을 사용하는 구조이다.

③ 내산바닥구조 : 내산이 필요로 하는 각종 제품공장의 바닥에 사용되며 주로 아스팔트 및 플라스틱제 재료가 많이 쓰인다.

9.2.7 기타 바닥재료

콘크리트 토대 위에 동판을 설치하여 목재의 충해를 방지하기 위한 방충바닥이 있고, 실내에서 운동의 충격하중에 견디도록 특별 설계한 체육관 바닥구조가 있고, 최근 산업사회에서 부유분진 및 세균 등 오염물질과 밀접한 관계가 있는 반도체공장, 정밀기계공장, 병원의 중환자실 및 수술실 등은 청정공간이 요구되는 클린룸(clean room)이 있으며, 그 외 카펫(carpet, 양탄자)·장판지 등이 있다.

9.3 벽(壁, wall)

9.3.1 판벽(板壁, lining, wood siding)

(1) 가로판벽(sheathing, wood siding)

주로 외벽에 사용되는 판벽으로 다음과 같은 종류가 있다.

① 영식(英式) 비늘판벽(feather board) : 널의 나비는 20cm 정도로 하고, 두께는 위는 1cm, 밑은 2cm 정도로 빗켜서 윗널 밑은 반턱쪽매로 깊이 15mm 정도로 겹쳐 물리며 기둥 또는 샛기둥에 수평으로 못박아 댄다.

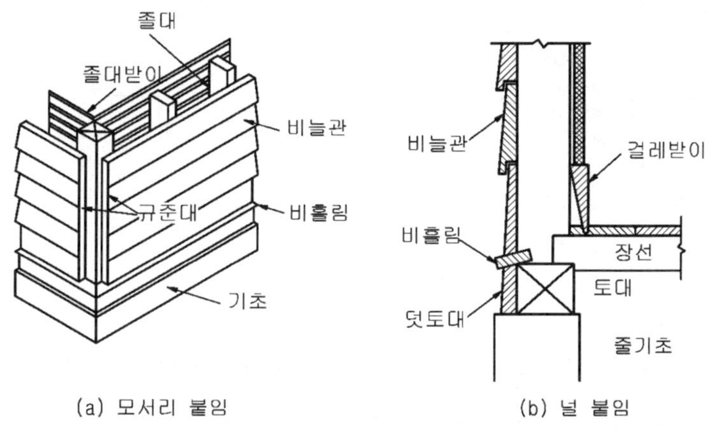

(a) 모서리 붙임 (b) 널 붙임

그림 9.11 영식 비늘 판벽

② 턱솔 비늘판벽(독일식 비늘판벽) : 널나비 20cm, 두께 2cm정도의 널 상하 옆을 반턱(개탕)으로 하여 기둥·샛기둥에 가로 쪽매 하여 붙인다. 이때 줄눈은 6~12mm 정도로 한다.

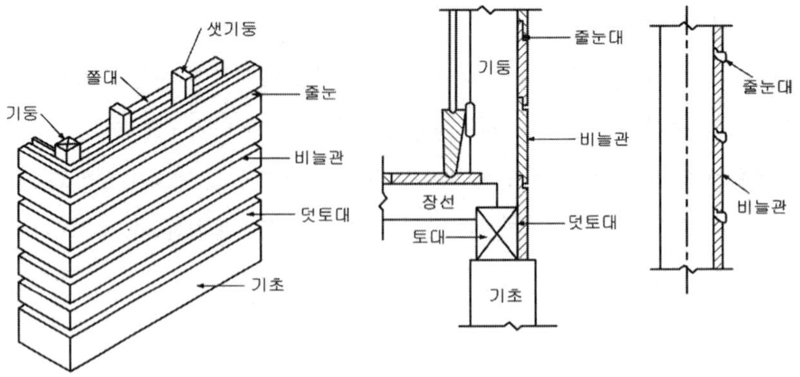

그림 9.12 턱솔 비늘 판벽

③ 누름대 비늘판벽 : 나비 15~20cm,두께 9~18mm의 널을 상하 1.5cm 정도 겹쳐 기둥·샛기둥에 수평으로 못 박아 댄 것을 얇은 널 비늘판벽이라 한다. 이때 누름대를 수직으로 댄 것을 누름 대 비늘판벽이라고 한다.

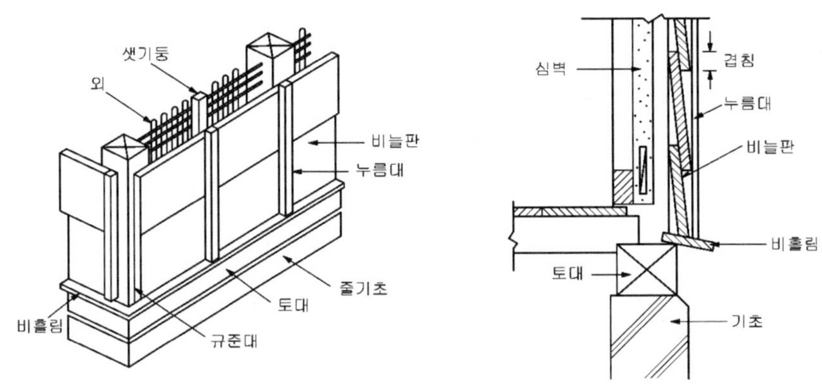

그림 9.13 누름대 비늘 판벽

(2) 세로판벽

가로 띠장을 대고 널을 세로로 반턱쪽매 또는 제혀쪽매해서 못박아 댄다. 빗물이 스며들기 쉬우므로 주로 안벽에 많이 쓰이며 외벽에는 피하는 것이 좋다.

(3) 징두리판벽(wainscoting)

내부벽 하부 부분을 보호하고 장식을 위해서 높이 1~1.5m 정도로 판벽을 한 것으로, 널은 띠장에 못박아 대고, 밑은 걸레받이(base)에, 위는 두겁대에 홈파 넣는다. 널판은 나비 100~120mm, 두께 12~20mm를 사용한다. 이때 이 징두리를 굽도리라고도 한다.

(4) 징두리 양판벽

징두리판벽을 고급 장식용으로 하기 위하여 걸레받이와 두겁대 사이에 액자와 같이 테를 설치하여 가구(家具) 모양으로 만드는 경우도 있다. 이때 그 사이에 끼운 널을 양판(panel board)이라 한다.

9.3.2 바름벽 바탕

① 벽체가 벽돌조·블록조·철근 콘크리트조와 같은 바탕일 때에는 그 벽체에 직접 미장 바름을 한다.

② 뼈대가 목조일 때에는 외를 엮거나 졸대를 대어 못박아 대고, 뼈대가 철골조일 때에는 메탈라스(metal lath) 또는 철망(wire lath) 등을 대고 미장 바름을 한다. 졸대는 나무 외(wood lath)라고도 하는데 고어(古語)로 엇평이라고 한다.

9.3.3 각종 판붙임벽

① 벽 바탕에 띠장을 판의 크기에 따라 종횡 30~60cm 간격으로 잘라대고 합판(合板, plywood)·섬유판(纖維板)·합성수지판·석고합판(gypsum board)·목모(木毛)시멘트판·석면 시멘트판(asbestos cement board)·금속판·흡음판(음향 효과판, acoustic board) 등을 못박아 댄다.

② 판의 뒷면에는 보온 및 보냉을 조절하기 위해 암면(岩綿, rock wool)·석면(石綿)·광재면·유리섬유(glass wool) 또는 스티로플(styrople) 등의 차단재를 겹쳐대면

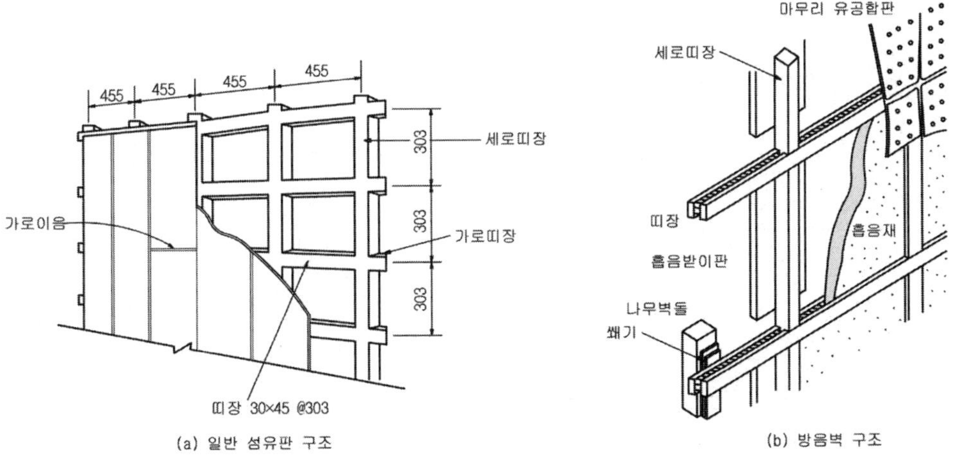

그림 9.14 각종 판 붙임벽

보온·보냉벽이 된다. 마루 밑이나 반자 속에도 이에 준해서 공사한다.

③ 판의 뒷면에 방음 또는 음향을 조절하기 위해서 상기와 같은 차단재를 겹쳐대고 각종 흡음판(음향효과판, acoustic board, 금속판·경질섬유판·합판·석면 시멘트판 ·석고판 등에 작은 구멍을 뚫어 만든 널판)등을 못 박아 대면 흡음률이 더욱 높아진다.

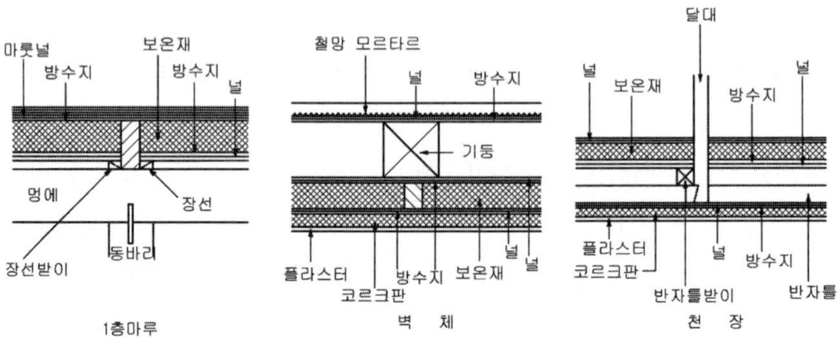

그림 9.15 보온 보냉구조

④ 섬유판은 주원료에 따라 식물질과 광물질 섬유판으로 분류된다. 식물질 섬유판은 나무조각·톱밥·수피·짚·대마(大麻)부스러기·종이조각·펄프 등에 의해 만들어지고, 광물질 섬유판은 석면·암면·유리섬유·광재면 등을 시멘트나 합성수지 또는 기타의 조합재(組合材)에 의해서 고결하여 판상으로 성형한 섬유판이다. 보통 텍스(tex) 또는 파이버판(fiber board)이라고 불린다.

⑤ 목모(木毛)시멘트판은 시멘트와 목모 또는 나무조각을 혼합 압축해서 판상으로 성형한 것으로 단열 흡음용으로 사용한다.

9.3.4 코펜하겐 리브(copenhagen rib)

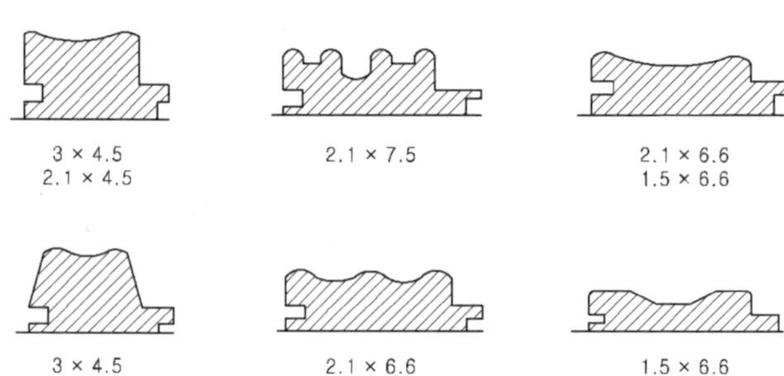

그림 9.16 코펜하겐 리브

① 벽에 음향효과를 내기 위해 오림목을 특수한 단면으로 쇠시리(moulding)하여 붙인 것으로서 의장적(意匠的)으로도 많이 사용한다.

② 목제 루버(louver)라고도 한다.

③ 리브(rib)의 나비는 10cm 이하

이므로 벽면의 곡면(曲面)처리도 용이하다.

④ 띠장은 30mm×60mm 정도의 각재를 45~60cm 간격으로 대고 숨은 못 또는 쭈그린 못으로 박아 댄다.

9.3.5 이동식 경량(輕量) 간막이벽

내벽구조는 엄청난 공사량을 차지한다. 그러므로 현장작업의 단순화, 인력절감, 공기단축 및 건물의 경량화를 위해서 공장에서 제작한 제품을 조립식으로 설치하는 경향이 많다.

이 중에서 이동식 경량 간막이벽의 구성형식은 판넬형과 스터드(stud)형식이 사용되고 있으며, 고정식 경량 간막이벽 구조로는 ALC(Autoclaved Lightweight Concrete)판, 압축 석면시멘트판, 스틸파이버 보강시멘트판 등이 사용되고 있다.

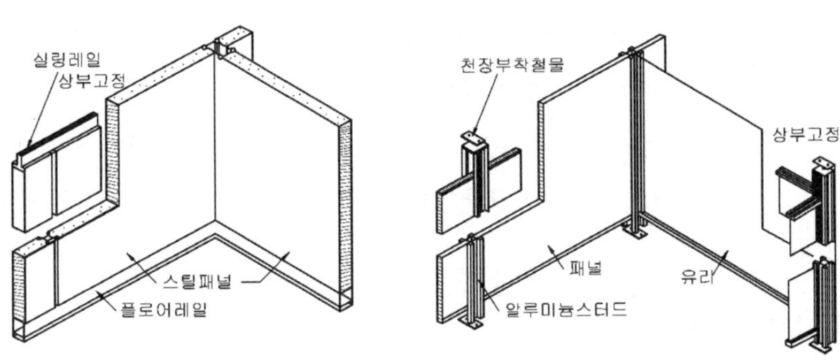

그림 9.17 이동식 경량 간막이벽

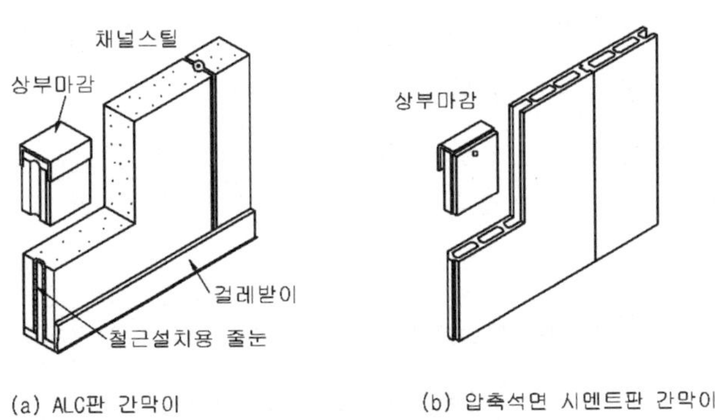

(a) ALC판 간막이 (b) 압축석면 시멘트판 간막이

그림 9.18 고정식 경량 간막이벽

9.3.6 타 일(tile)

(1) 타일의 종류와 줄눈

① 타일에는 모자이크 타일(mosaic tile)·세라믹 타일(ceramic tile)·클링커 타일(clinker tile)·카보런덤 타일(caborundum tile) 등이 있다.

② 원재료별로 구분하면 도기질(陶器質)·자기질(磁器質)·석기질(石器質)·반자기질(半磁器質) 등이 있다.

③ 제조법에는 습식(濕式)·건식(乾式)이 있다.

④ 용도별로 내부용·외부용이 있고 이것은 각각 바닥용·벽용·특수용이 있다.

⑤ 타일의 줄눈은 평줄눈으로 하고 그 나비는 10mm 이하, 보통 6mm 정도로 한다. 모자이크 타일은 3mm, 세라믹 타일(벽타일)은 1.5mm 정도로 한다.

(2) 재료의 선택

타일은 선택을 잘못하면 외부는 동해로 탈락·균열 등이 생기기 쉽고, 내부라도 온도변화·건습이 교차되는 곳은 균열이 생기거나 떨어지는 수가 있다. 바닥에 쓰는 타일은 마모·평활도 등을 고려하여 잘 선택하여야 한다.

모르타르는 바탕바름용·타일붙임용·치장줄눈용으로 구분하고, 각각의 배합비는 1 : 3, 1 : 2, 1 : 1 정도로 하고 있다. 치장줄눈용 모르타르는 순시멘트 풀로 하되 백 시멘트·색소 등을 쓸 때가 많다.

(3) 타일붙임 공법

① 떠붙이기 공법 : 바탕에 몰탈 바름을 하지 않고 붙임 몰탈을 타일에 직접 발라서 붙이는 공법이다.

② 압착공법 : 바탕에 붙임 몰탈을 미리 바른 후 타일을 붙이는 공법으로 망치를 사용한다. 타일 뒷면에 공간이 생기지 않는다.

③ 밀착공법 : 바탕에 붙임 몰탈을 미리 바른 후 타일을 붙이는 공법으로 바이브레이터를 사용한다.

9.3.7 테라코타(terra cotta)

진흙소성품으로 구조용과 장식용이 있으며, 구조용 타일은 중공벽돌(中空壁瓦, hollow tile)로 된 것으로 간막이벽 등에 사용된다. 붙임용 모르타르의 배합비는 1 : 3 으로 한다. 장식용 타일은 촉·연결철물·볼트·철사 등으로 구조물에 연결 고정한다.

9.3.8 모조석판(模造石板)

두께 4cm 이상의 평판으로 천연석을 모조한 것으로, 물씻기·돌다듬질(잔다듬)·갈기 등으로 마무리한다. 붙이는 방법은 붙임돌 또는 테라조(terrazzo)에 준한다.

9.3.9 걸레받이(base)

내벽 밑에는 청소 시 걸레가 와서 맞닿게 되어 더럽혀질 우려가 있기 때문에 이를 방지하고, 바닥재와 벽재의 연결처리를 장식을 겸하여 설치하는 것을 걸레받이라 한다.

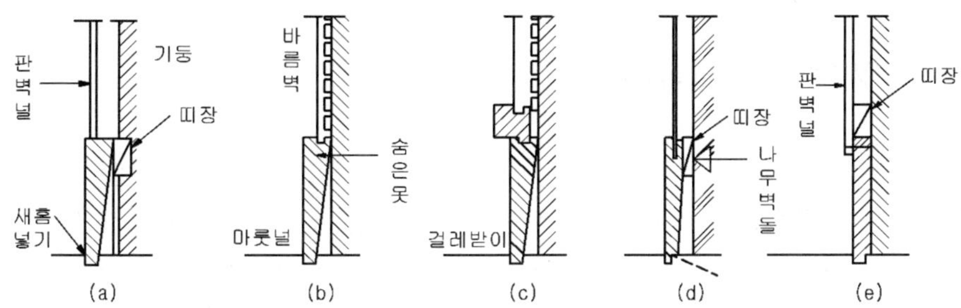

그림 9.19 목조 걸레받이

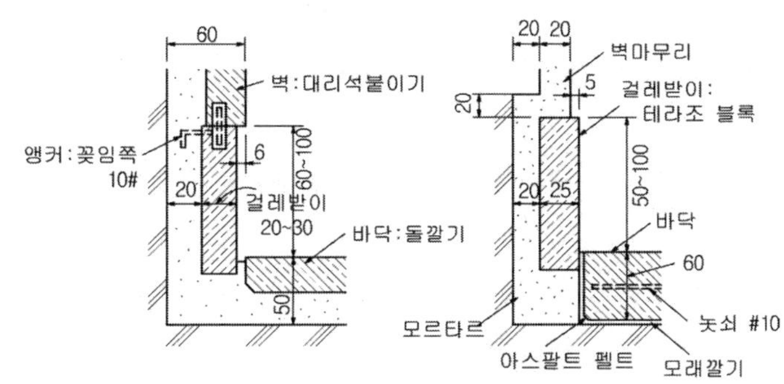

그림 9.20 돌붙임 걸레받이

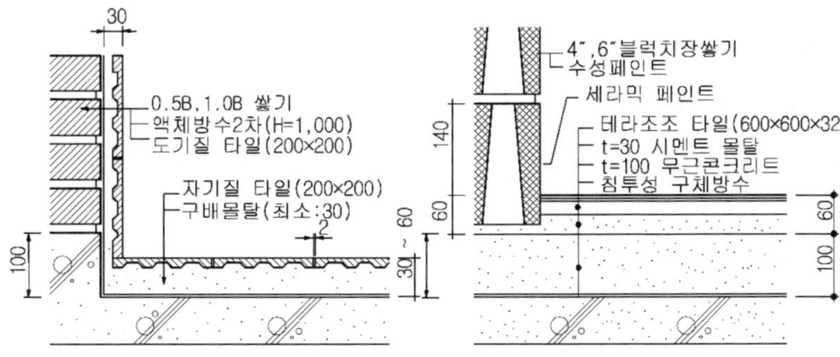

그림 9.21 타일 및 세라믹페인트 걸레받이

걸레받이 재료는 바닥과 같은 재료 또는 잘 어울리는 것으로 하고, 높이(나비)는 15cm 정도로 하여 벽면보다 1~2cm 정도 내밀거나 들여밀기도 한다.

9.3.10 고막이

지면에 닿는 외벽하부 지반면에서 높이 약 50cm 정도의 부분을 벽면보다 약 1~3cm 정도로 나오게 하거나 드려 밀기로 하여 방수적으로 처리하는 것인데, 이 하부벽을 고막이라고 한다. 이는 윗벽과 구분하여 더러워지기 쉬운 것을 막고 또 건물 밑 부분의 안정감을 주기 위한 것으로 필요하다.

9.3.11 커튼월(curtain wall)

(1) 커튼월의 특징

커튼월이 일반화되고 있는 주요 이유로는 다음과 같은 공법의 특징을 들 수 있다.

① 공장에서 생산하여 반입하는 프리훼브(prefab) 제품이기 때문에 본 공사 기초공사 시점에서 미리 공장제작에 착수할 수 있고, 구조체가 완성되는 즉시 취부(取付)할 수 있으므로 전체 공기(工期)를 단축할 수 있다.

② 콘크리트나 벽돌 등의 외장재에 비해 경량(輕量)이기 때문에 건물전체 중량을 줄일 수 있다.

③ 커튼월의 취부는 건물의 내부에서 시공이 가능하므로 대형 발판이 필요치 않아 가설공사를 간략화 할 수 있다.

④ 외적 요인인 태풍, 지진, 직사광선, 외부소음 등 실내 환경에 영향을 미치는 모든 외력의 흐름을 조절하고 차단할 수 있는 기능이 탁월하다(그 성능은 실존의 많은 고층 건물에서 입증되고 있다).

(2) 커튼월의 구조방식

커튼월을 사용재료에 따라 분류하면 크게 프리캐스트 콘크리트 커튼월(precast concrete curtain wall)과 금속계 커튼월(metal curtain wall)로 구분되며, 구조구성방법에 따라 멀리온(mullion)방식, 패널(penel)방식, 스팬드럴(spandrel)방식, 기둥커버방식, 복합방식 등이 있는데, 여기서는 가장 많이 사용하고 있는 멀리온 방식(mullion type)으로 한 알루미늄 커튼월(Aluminum curtain wall) 방식에 대해서 논하기로 한다.

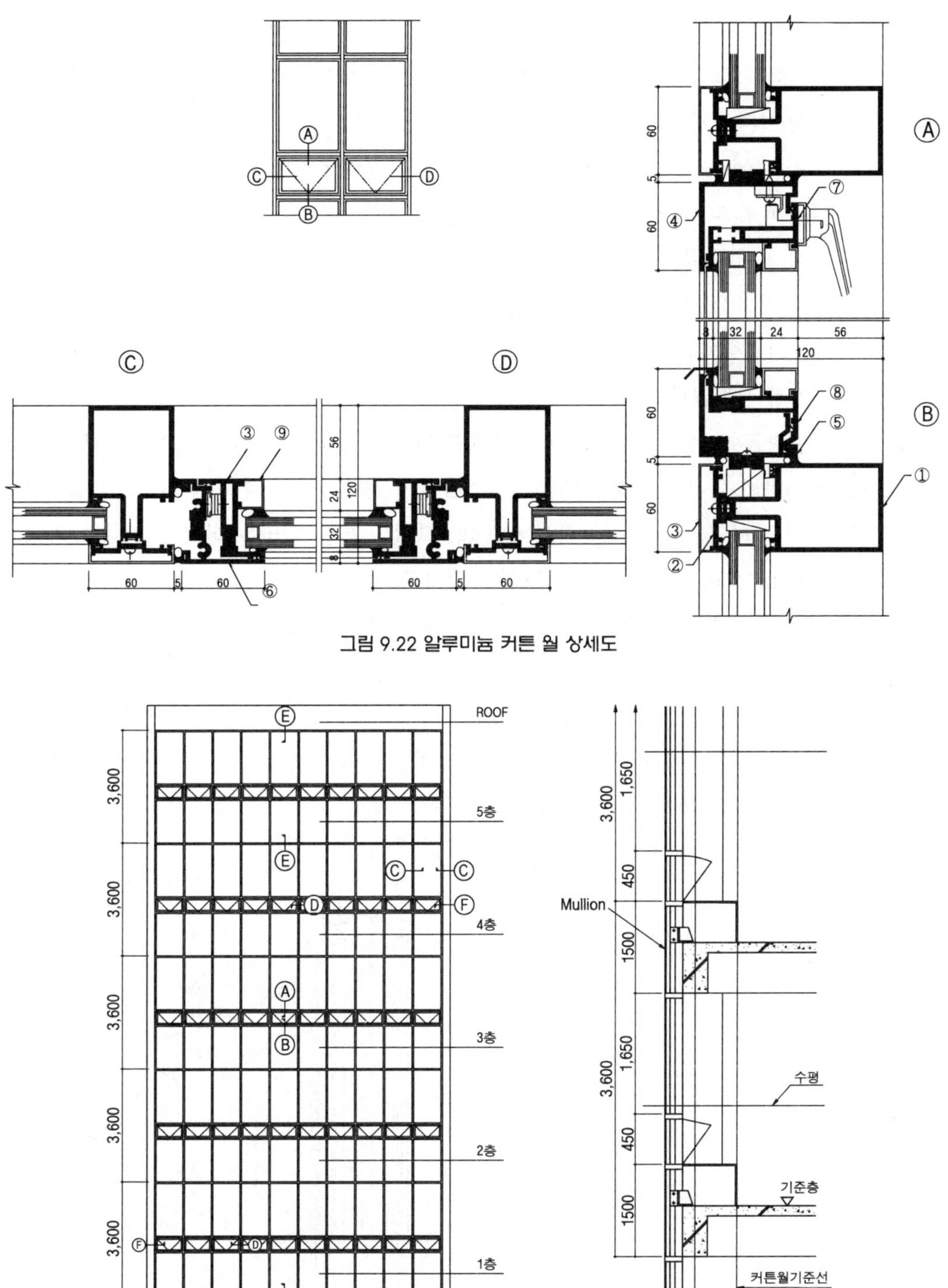

그림 9.22 알루미늄 커튼 월 상세도

그림 9.23 알루미늄 커튼월 입면도 및 단면도

(3) 멀리온 방식(mullion type)의 알루미늄 커튼월(Aluminum curtain wall)

① 개 요 : 수직재인 멀리온을 화스나(fastener)를 취부한 슬래브와 슬래브에 설치하여 이 멀리온에 각 구성부재를 연결해 나가는 방식이다.

② 화스나(fastener)의 기능(機能) : 커튼월을 구조체에 연결할 때 사용되는 화스나는 다음과 같은 3가지 주요기능을 행한다.

(a) 힘의 전달기능 : 커튼월 부재의 자중(自重)을 지지하고 풍압력(風壓力)을 지탱하며 지진력(地震力)도 전달 받는다.

(b) 오차흡수기능 : 건물 구조체(slab)와의 오차, 제품의 오차 및 설계치의 오차를 조정하는데 필요하다.

(c) 변형흡수기능 : 온도변화에 따른 수축 팽창 및 중간 변위에 대한 기능을 행한다.

③ 화스나의 구성방식(構成方式) : 화스나의 구성방식에는 패널 타입(panel type)과 멀리온 타입(mullion type)이 있는데, 그림 9.25는 멀리온 타입 화스나(mullion type fastener)의 구성방식을 표현한 것이다.

이 방식은 각층 슬래브를 연결하는 멀리온에 가로 부재인 트랜섬(transom)을 연결하여 스펜드럴(spandrel), 패널(panel), 유리(glass) 등을 취부하는 방식이다.

④ 화스나의 취부(取付) : 화스나의 취부앙카는 골조 콘크리트 타설 전에 철근 또는 철골에 용접하여 고정시킨 후 콘크리트 타설시 앙카 볼트가 파손되지 않도록 보양을 잘하고 콘크리트는 충분히 충진해 주어야 한다.

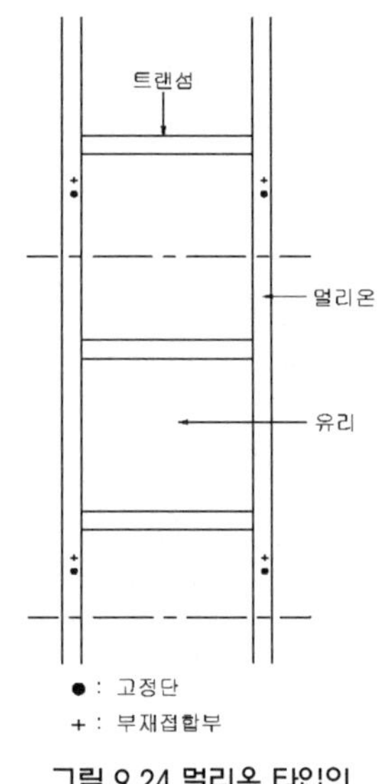

그림 9.24 멀리온 타입의 화스나 방식

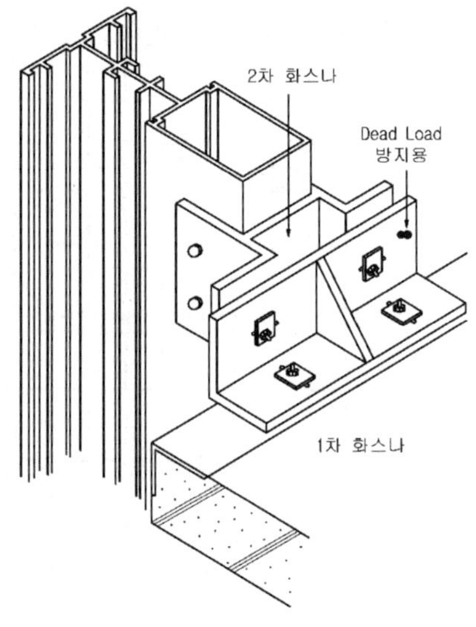

그림 9.25 멀리온 타입 화스나 구성 예

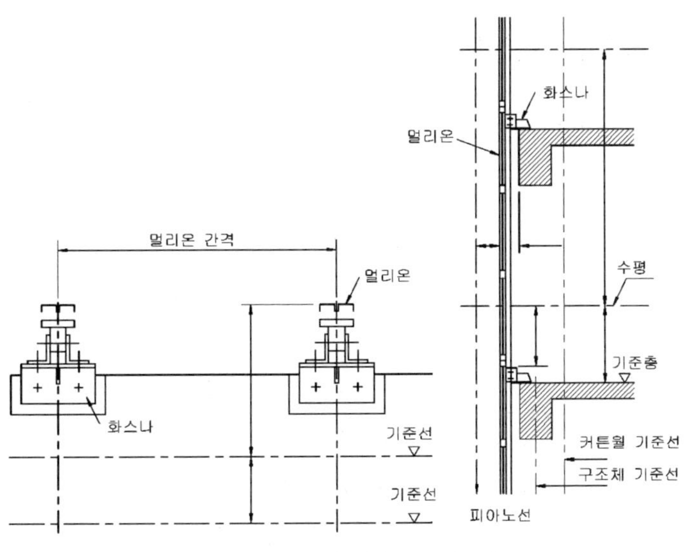

그림 9.26 커튼월 시공 먹줄 작업도

⑤ 취부 앙카의 확인과 수정 : 커튼월의 취부용 먹줄치기 할 때는 앙카 취부 위치가 일렬로 되어 있는지 확인해야 한다. 이때 앙카의 전면 방향이 고르지 못할 경우에는 그림 9.27과 같이 shim을 끼워 넣고 이를 용접하여 앙카에 확실히 고정한다.

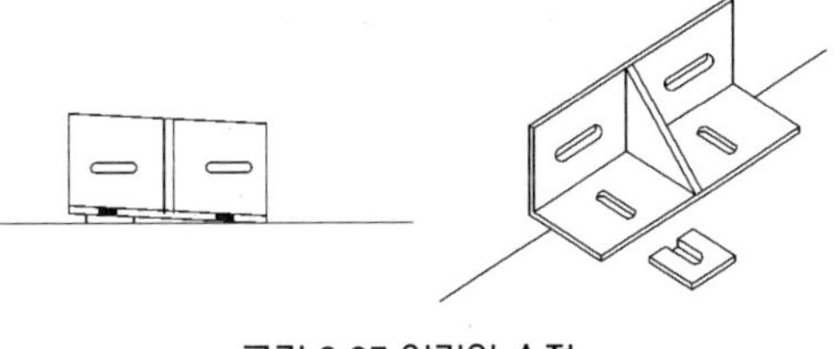

그림 9.27 앙카의 수정

⑥ 본체(本體)의 설치(設置) : 커튼월 유니트를 달아매는 방법은 그림 9.28과 같이 하는데 본체를 화스나에 고정하기 위하여 세워서 달아 맬때 충격 및 제품의 손상이 생기지 않도록 주의해야 한다. 이때 접속 부재의 숏트볼트(shot bolt) 상태를 주의하며 작업을 진행한다.

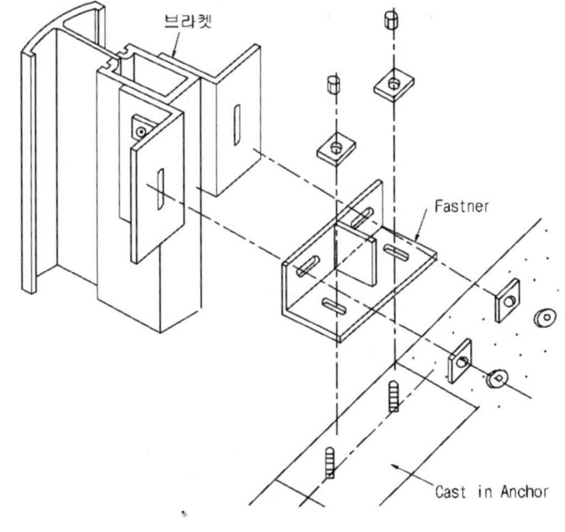

그림 9.28 화스나의 구성 예

9.3.12 알루미늄 외장패널

Al-sheet panel(solid panel)과 Al-복합 panel(sandwich panel) 등이 있는데, 이중에서 Al-복합 panel은 건축물 외벽면에 가장 많이 시공되는 우수한 외장재이다.

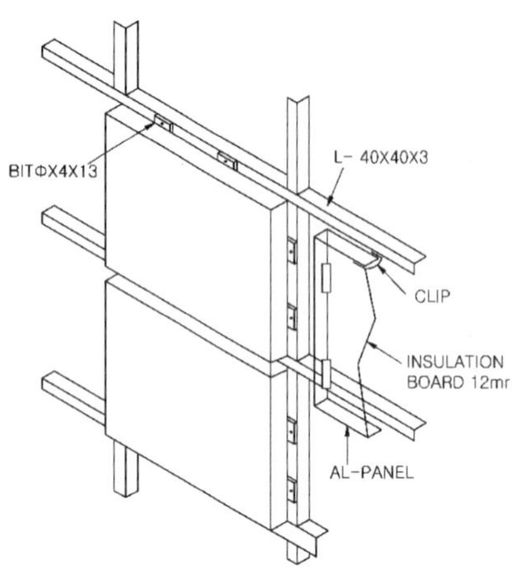

그림 9.29 알루미늄 외장 패널

이것은 프리훼브 생산방식에 의하여 제작되고 현장에서도 비교적 단기 공사로 대량 시공할 수 있다. panel 자체의 두께는 2~6mm 정도(통상 4mm 사용)이고 그 단면은 압축된 poly-ethylene에 두께 0.5mm 정도의 Al-sheet를 양면에 접착 압축하여 제작된 것이다.

미관 및 부식방지로 외부측 한쪽 면은 특수피막 및 도색 처리하는데 그 종류는 제품회사 별로 개발하여 매우 다양하다.

9.3.13 기타 외장패널

기타 재료로는 아연도 철판 위 세라믹 코팅한 법랑 제품, 스테인리스 스틸, 아연도 철판위 불소수지 코팅처리한 제품, 특수무늬로 입힌 문양판 등 그 외 여러 가지가 있다.

9.4 반 자(天障, ceiling)

9.4.1 반자의 종류

(1) 달반자

반자틀을 구성하여 달아맨 반자

(2) 제물반자

반자틀이 없이 콘크리트 슬래브 하부면을 제물 처리한 반자

9.4.2 반자의 높이

건축법 시행령에 의한 규정으로

① 거실의 반자높이는 2.1m 이상으로 한다.

② 학교 교실(50㎡ 이상)의 반자높이는 3m 이상으로 한다.

③ 극장 · 영화관 · 연예장 · 관람장 · 공회당 또는 집회장(200㎡ 이상)의 반자높이는 4m 이상으로 한다. 단 기계환기 장치가 설치된 때는 예외이다.

④ 반자높이가 다를 때는 그 평균높이로 한다.

9.4.3 반자틀(ceiling frame)

반자틀은 달대받이 · 달대 · 반자틀받이 · 반자틀 · 반자돌림대로 구성된다.

(1) 목조반자틀

① 달대받이 : 끝마구리 지름 9cm 정도의 통나무 또는 죽각재를 약 90cm 간격으로 지붕틀의 평보 또는 층보에 걸쳐대고 큰못 또는 꺽쇠치기로 한다. 콘크리트 슬래브 밑에서는 9cm 각 정도의 죽각재를 바닥판에 묻어둔 철물로 고정한다.

② 달대(strap) : 간격 90~120cm 정도로 반자틀을 달아매기 위하여 달대받이에 못박아 댄다.

③ 반자틀받이(runner) : 반자틀과 같은 규격을 간격 90cm 정도로 대고 달대로 매단다.

④ 반자틀(ceiling joist) : 목재일 때 규격 45mm 각을 간격 45cm 정도로 반자틀받이에 못박아 댄다.

⑤ 반자돌림대 : 반자의 가장자리를 장식을 겸하여 벽과 잘 마무리하여 처리한다.

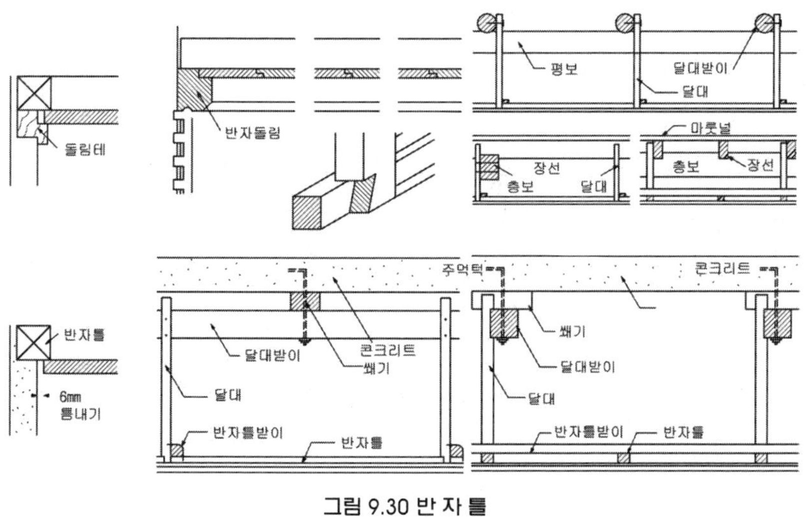

그림 9.30 반 자 틀

(2) 철재반자틀

① 목조반자틀은 화재의 위험과 목재의 신축(伸縮)으로 인한 변형 때문에 최근에는 경량철골 반자틀이 사용되고 있다.
반자틀은 주로 찬넬(ㄷ, channel)형강을 사용하며, 천장재를 끼우는 틀(bar)의 단면모양에 따라 I형, M형, H형 등이 있다.

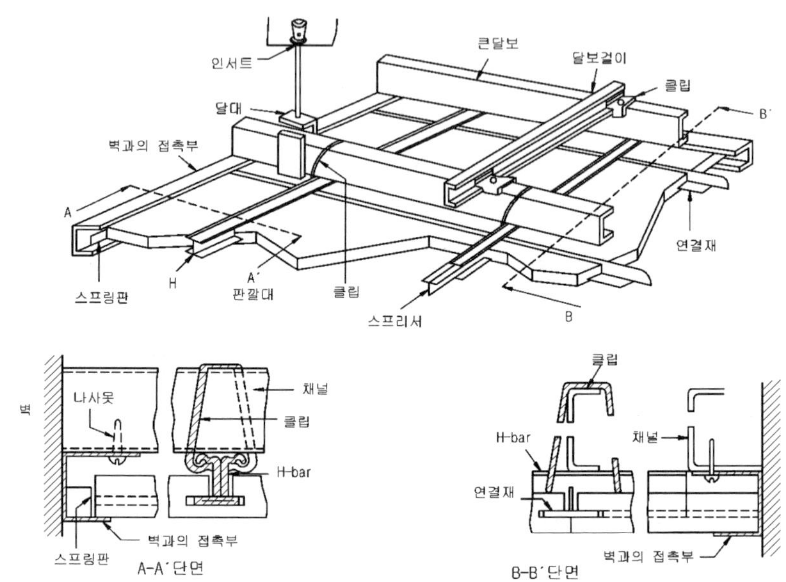

그림 9.31 경량철골조 반자틀

② 반자틀은 철근콘크리트 슬래브 · 보 등에 미리 묻어둔 인서트(insert)에 ø 9mm 달대 볼트를 매달아 설치한다.

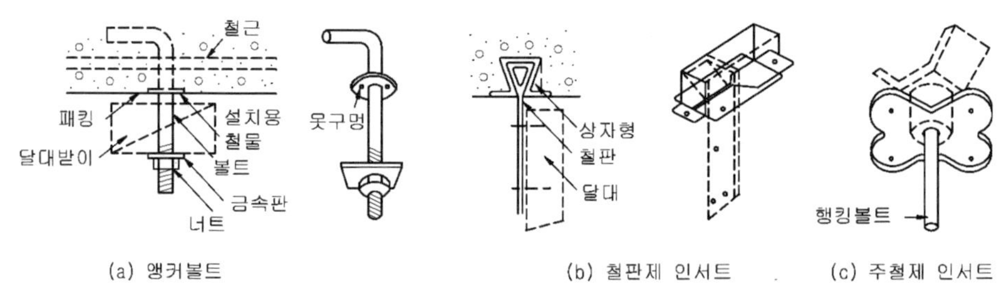

그림 9.32 반자틀 고정 철물(insert)

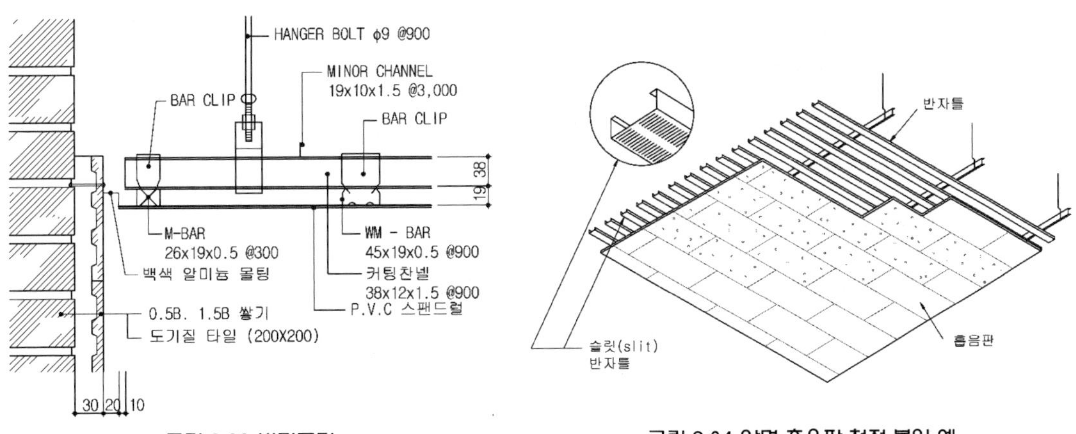

그림 9.33 반자돌림　　　　그림 9.34 암면 흡음판 천정 붙임 예

9.4.4 붙임반자

(1) 치받이 널반자

반자틀 밑에 두께 9mm, 나비 9~15cm 정도 되는 널을 반턱쪽매로 하여 반자틀 밑에 치올려 못박아 대는 반자이다.

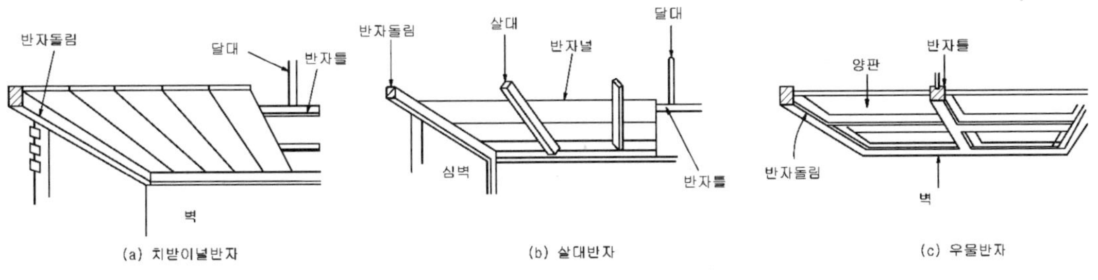

그림 9.35 널반자의 종류

(2) 살대반자

반자틀 밑에 넓은 널 또는 합판 등을 대고 그 밑에 약 45cm 간격으로 살대를 못박아 대는 반자이다.

(3) 각종 건축판 반자

합판, 각종 섬유판, 석면시멘트판, 석고판, 음향효과판, 금속판 등을 적당한 크기로 맞추어 모양 좋게 붙여댄다.

(4) 우물반자

반자틀을 격자(格子) 모양으로 틀을 짜서 그 사이에 널판(양판)을 끼워 조형적으로 만든 반자이다. +자로 서로 만나는 곳은 연귀맞춤으로 한다.

9.4.5 구성(構成) 반자

천장 주위 또는 구석 일부의 반자를 한단 낮게 하여 일반반자와 대조가 되게 하고, 장식을 겸하고 음향효과가 있게 한 반자이다. 이곳에는 주로 간접조명을 설치한다.

9.4.6 회반죽반자

반자틀에 졸대를 약 7.5mm 정도 사이를 떼어 나란히 못박아 대고 그 위에 수염을 약 30cm^{2}당 1개소씩 박아 늘인 다음 회반죽을 바르는 반자로 근래에는 거의 쓰지 않는다.

9.4.7 커튼 박스(curtain box)

외부창에는 커튼을 설치하여 실내온도 및 일사량을 조절하고 내부공간의 장식을 겸하기 위하여 커튼 박스를 설치한다. 커튼 박스는 천장에 부착될 경우에는 천장마감과 동시에 시공이 되어야 한다.

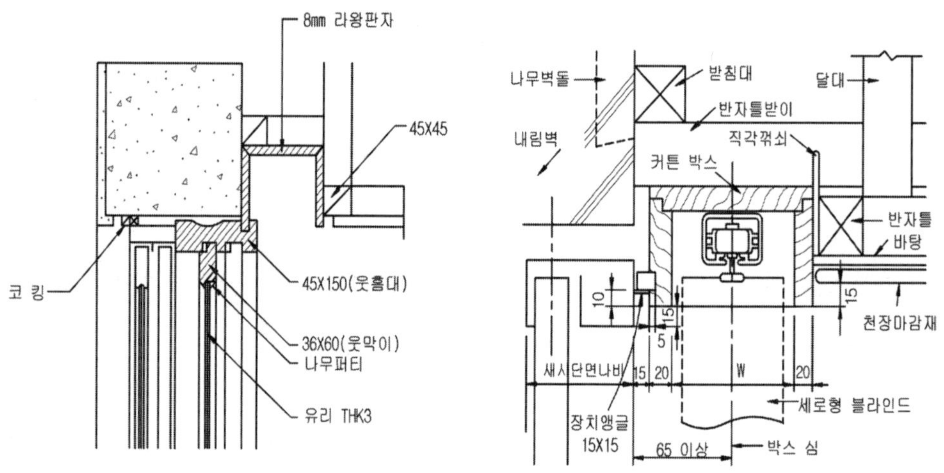

그림 9.36 커튼 박스 상세

9.4.8 천정 점검구

반자 속은 냉난방설비의 배관 및 전기계통이나 조명을 위한 배선설비가 이루어져 있다. 이들을 점검하거나 고장이 났을 경우 보수하기 위해서 반자 속으로 들어갈 수 있는 점검구가 필요하다.

9.5 계 단(階段, stairs)

9.5.1 개 요(槪要)

상하층의 수직 동선을 연결해주는 구조로서 안전에 유의하여야 한다. 층층대라고도 한다. 다층건물(多層建物)에서는 계단실을 따로 두고 방화문을 설치하여 연소를 방지하도록 한다.

9.5.2 계단의 종류

(1) 장소에 의한 분류

① 옥내 계단
② 옥외 계단

(2) 형상에 의한 분류

① 곧은 계단
② 꺾은 계단
③ 돌음계단·나선계단(螺旋階段, spiral stair)
④ 경사로(傾斜路, ramp, slope way)

(3) 재료에 의한 분류

① 목조 계단
② 돌 또는 벽돌조 계단
③ 철근콘크리트조 계단
④ 철골조 계단
⑤ 이상의 재료를 혼용한 합성계단

9.5.3 계단의 구성

디딤면(tread) · 챌면(riser) · 계단참(stair landing pace) · 난간(railing)으로 구성된다.

(1) 디딤면·챌면·계단참

① 마감재료 및 방법은 건축적 특성이나 사용용도 및 장소에 따라 종류가 다양하다.

② 미끄럼 방지를 위하여 챌판과 디딤판이 마주치는 경계 부분(즉, 디딤판 코부분)에 논슬립(non-slip)을 설치한다. 그 재료는 고무제품, 금속제품 등이 있고, 화살촉 모양의 노치(notch)를 마감재로 처리한다.

③ 계단의 단나비, T(tread)와 단높이, R(riser)와의 관계는 독일의 경우 T+R=47cm 로서 이상적이며, 우리나라에서도 T+R= 30+18= 48cm 를 표준으로 한다.

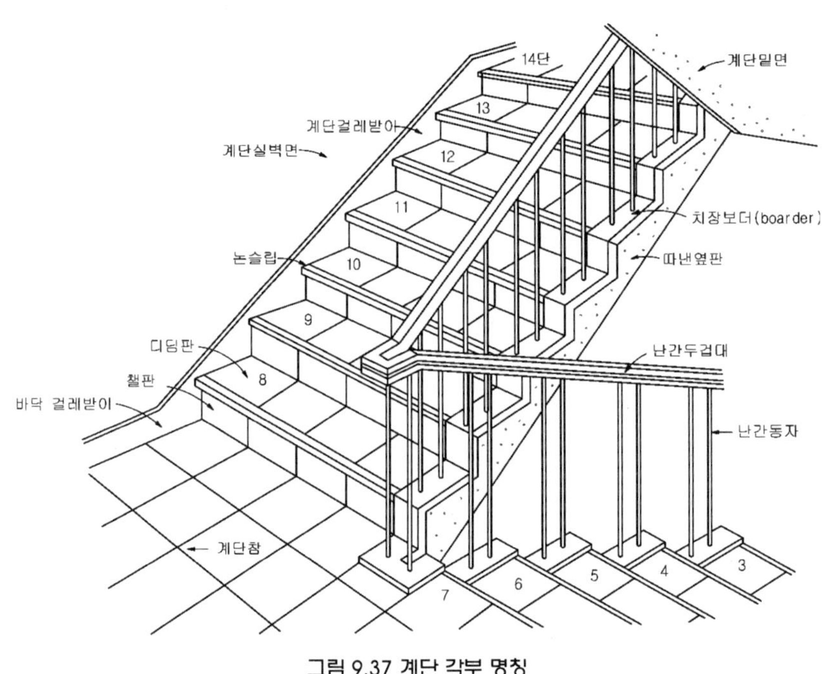

그림 9.37 계단 각부 명칭

(2) 난간(railing)

난간은 오르내리기에 편리하고 안전해야 하고 조형적으로도 모양 있게 설치하되, 엄지기둥, 난간두겁, 난간동자로 구성되는데 특히 엄지기둥이나 난간동자는 구조적으로 튼튼하게 고정시켜야 한다. 철근콘크리트의 낮은 벽으로 시공할 때도 있다.

난간동자 위의 가로재를 두겁대(hand rail, apping)라 하는데 계단난간의 손잡이 역할을 하므로 손스침(손잡이)이라고도 하며, 그 재료는 목재, 금속재, 플라스틱 제품 등으로 한다.

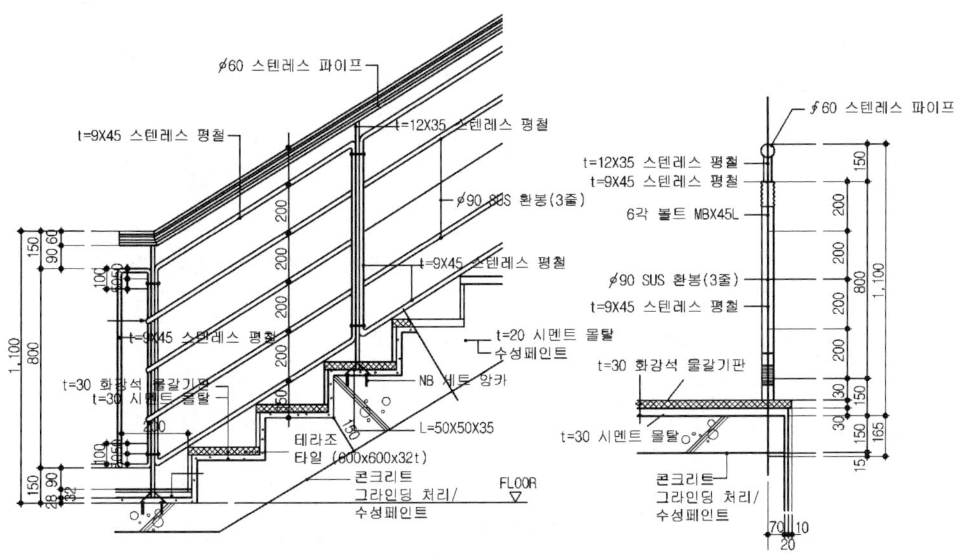

그림 9.38 내부난간 상세

9.5.4 건축법에 따른 계단의 제한

① 주택의 계단에서 단 높이는 23cm 이하, 단 나비(디딤바닥)는 15cm 이상으로 한다.

② 돌음계단의 단나비 치수는 좁은 측의 단부에서부터 30cm 위치에서 잰 것으로 한다.

③ 일반 건축물에 해당하는 계단의 계단참은 높이 3m 이내마다 설치한다.

④ 곧은 계단의 계단참 나비는 1.2m 이상으로 한다.

⑤ 계단의 나비가 3m 이상일 때는 중간에 난간을 설치한다. 단, 계단높이가 1m 이하인 것과 단 높이가 15cm 이하이고 디딤바닥이 30cm 이상의 것은 예외이다.

⑥ 옥외 계단의 나비(폭)는 60cm 이상으로 한다.

⑦ 경사로(ramp, slope way)는 그 경사가 1/8 이하이어야 한다.

⑧ 경사로의 표면은 거친면(粗面) 또는 미끄러지지 않는 재료로 마무리 한다.

9.5.5 목조 계단

(1) 간이식 계단(簡易式 階段)

① 사다리 계단

② 틀 계단 : 챌판 없이 디딤판만 설치하는 계단

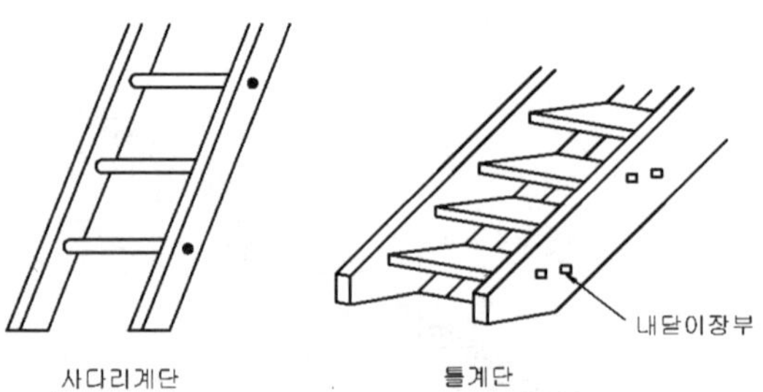

그림 9.39 사다리계단 및 틀계단

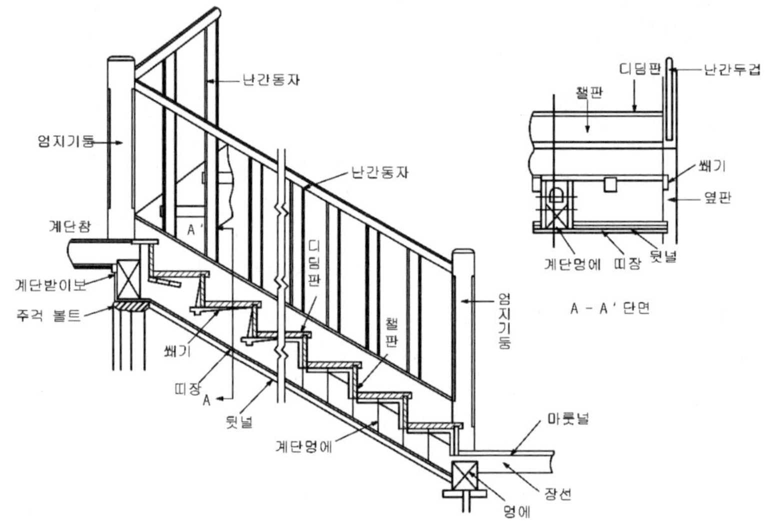

그림 9.40 목조계단

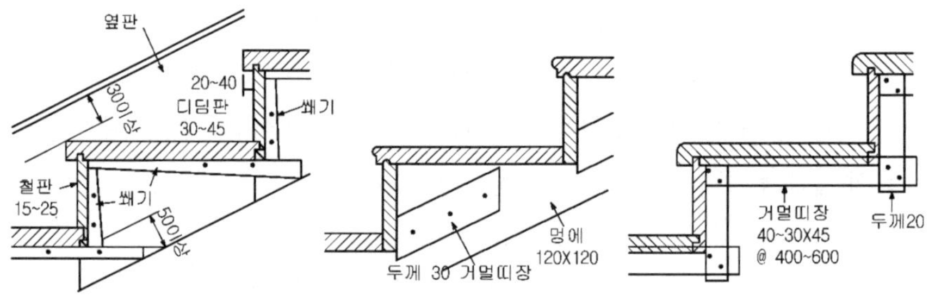

그림 9.41 목조계단 상세

(2) 정식 계단(正式階段)

① 디딤판 · 챌판 · 옆판(側板) · 멍에 · 엄지기둥 · 난간두겁(hand rail, capping) · 난간동자 등으로 구성된 계단이다. 계단나비가 1m 이내일 때에는 계단멍에는 필요 없다.

② 챌판 · 디딤판을 파 넣지 않고 계단의 디딤판이 닿는 곳 마다 옆판 위를 따내고 디딤판을 얹어 놓을 때가 있는데, 이 때의 옆판을 따낸 옆판이라고 한다.

③ 디딤판 코에는 필요에 따라 미끄럼막이(non slip)를 사용할 때도 있다.

④ 엄지기둥은 의장적으로 보기 좋게 다듬어 바닥보 · 멍에 또는 계단받이 보에 긴장부 산지치기 또는 옆 따넣고 볼트죔 등으로 하여 튼튼하게 한다.

⑤ 난간두겁(hand rail)은 손스침이 좋게 쇠시리(moulding) 하여 엄지기둥에 통 넣어 장부꽂고 산지치기 또는 지옥장부꽂이 아교붙임으로 한다.

⑥ 난간동자는 목재·철봉·금속제 파이프 등이 사용된다. 목재의 경우에는 나간두겁과 옆판에 각각 장부맞춤으로 하고, 철봉 · 금속제 파이프를 사용할 때는 두겁대나 옆판 또는 디딤판에 통넣고 금속제 장식 캡을 끼우고 고정시킨다.

9.5.6 철근콘크리트 계단

① 구조에 따라 슬래브식 · 계단보식 · 캔틸레버보식으로 구분한다.

② 디딤면 · 챌면 마감은 모르타르바름, 인조석 또는 테라조 갈기, 테라조판 · 대리석판 · 화강석판, 타일붙이기, 리놀륨 · 아스타일깔기 등으로 구분한다.

③ 화강석을 제외하고는 디딤판 코에는 미끄럼막이(non slip)를 댄다.

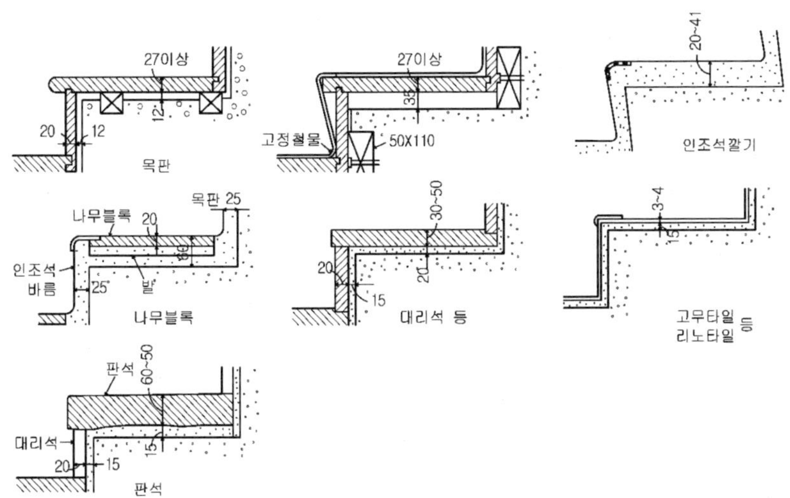

그림 9.42 철근콘크리트 계단 마감

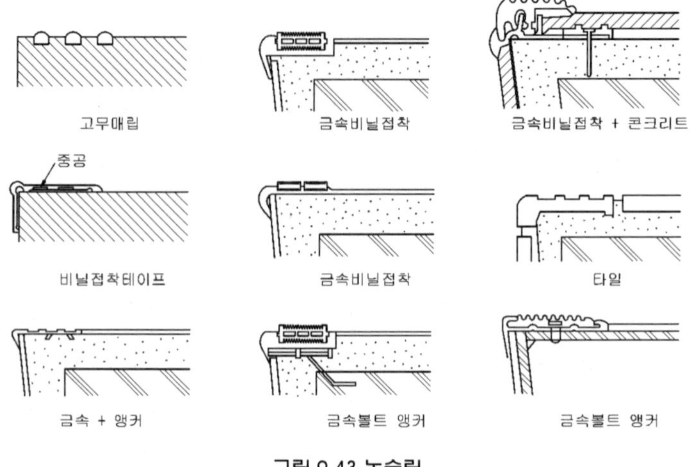

그림 9.43 논슬립

9.5.7 철제 계단

① 철제계단은 강판·ㄱ형강·ㄷ형강·둥근강·파이프·각강(角鋼) 등을 사용하여 견고하게 구성한다. 단면에 비하여 강력하다.

② 내구성을 가질 수 있도록 방청에 유의하고 미려한 도장으로 마무리로 한다.

③ 인화의 위험이 없으므로 굴뚝, 펜트 하우스(pent house), 공장, 서고, 피난계단 등에 널리 사용된다.

④ 이음과 맞춤은 리벳접합, 볼트접합 등으로 하고, 용접은 되도록 피하고 부득이한 경우만 이용한다.

9.5.8 조적조(돌·벽돌) 계단

(1) 돌(石造)계단

돌계단은 내구·내수·내마모성 이므로 외부계단 또는 현관 출입구 내외부에 많이 사

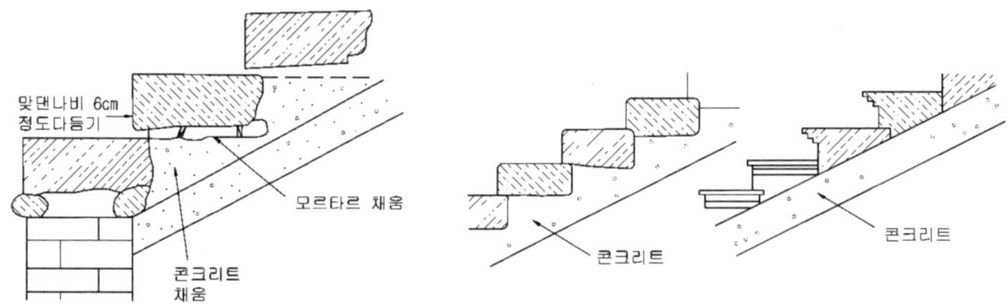

그림 9.44 계단돌 설치

용하며 돌의 형상에 따라 여러 가지 형태로 시공할 수 있다. 이것은 콘크리트기초 위에 또는 돌다짐 위에 설치한다. 돌 모양은 모서리를 접어 깨어지는 일이 없도록 하는 것이 좋다.

(2) 벽돌 및 클링커타일 계단

주로 외부 계단에 많이 사용한다. 콘크리트 구조체 위에 벽돌 및 클링커타일을 깔아 붙인다.

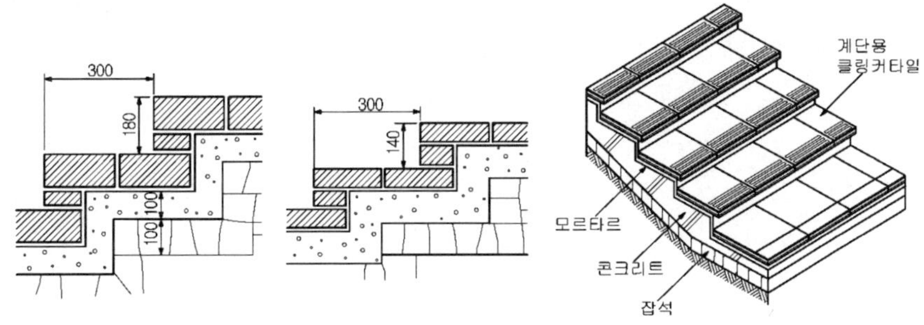

그림 9.45 벽돌 및 클링커 타일 계단

10 창문틀과 창호

10.1 개 론

10.1.1 개 요

창문틀은 건물에 고정시켜 창 또는 출입문 등의 문꼴에 창문을 다는 틀을 말하며 창과 문을 총칭하여 창호(fittings)라 한다. 창(window)은 채광 · 환기(통풍)를 위하여, 문(door)은 사람이나 물건의 출입을 위하여 적당한 위치에 두어야 한다.

10.1.2 창호의 종류

창호(窓戶)는 목재·금속재·플라스틱재·기타로 대별되고, 울거미 및 면구성 재료별 또는 개폐방법별로 구분된다.

(1) 재료별 분류

① 목재창호

② 스틸창호

③ 스테인리스 스틸 창호

④ 브론즈 창호

⑤ 알루미늄 창호

⑥ 플라스틱 창호

⑦ 유리창호

(2) 개폐방법별 분류

① 여닫이문 · 여닫이창 : 외여닫이 · 쌍여닫이

② 미닫이문 · 미닫이창 : 한짝미닫이 · 두짝미닫이

③ 미서기문 · 미서기창 : 2짝미서기 · 3짝미서기 · 4짝미서기

④ 회전문 · 회전창 : 가로회전 · 세로회전

⑤ 자재문(자유문)

⑥ 접문 · 아코디언 도어(Accordion door)

⑦ 행거문(hanger door)

⑧ 주름문(folding gate)

⑨ 오르내리창 · 밸런스창 : 상하로 오르내리기

⑩ 들창 · 젖힘창 · 미들창

⑪ 붙박이창

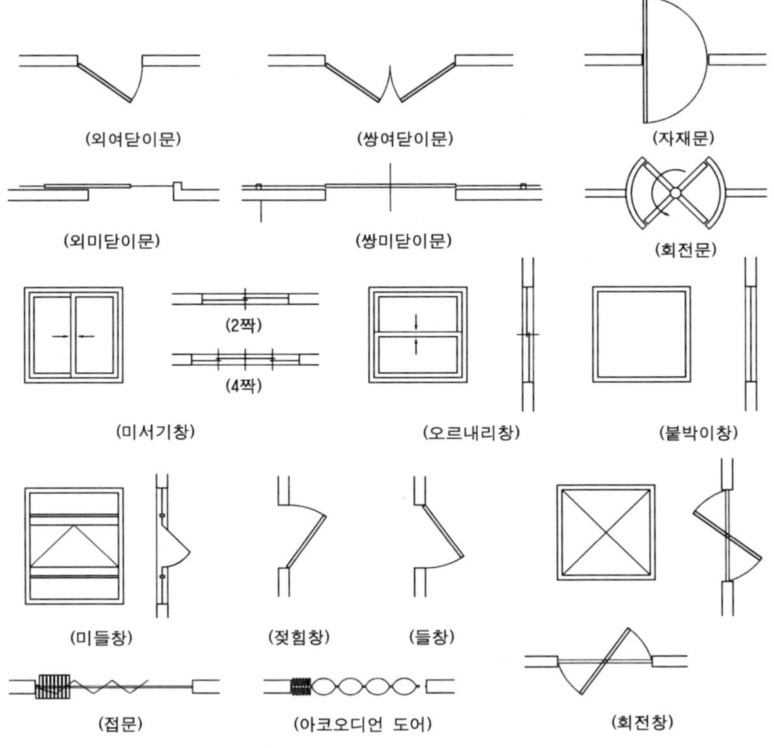

그림 10.1 창호의 개폐방식

⑫ 자동 개폐문 : 여닫이 · 미서기

⑬ 셔터(shutters)

⑭ 오버헤드문(overhead door)

⑮ 커튼 월(curtain wall)

10.2 목재창호

10.2.1 문 꼴

출입문 또는 창문을 다는 개구부(opening)를 문꼴이라 하고, 문 자체를 문짝이라 하고 창은 창짝이라고 부른다.

10.2.2 재 료(材料)

① 목재창호는 강도와 미관을 고려하여 홍송(紅松) · 낙엽송(落葉松) · 삼송(杉松) · 적송(赤松) 등의 큰 재에서 켜 낸 무절(無節)·곧은결의 건조재(함수율 15~18%)를 사용한다.

② 설계도면에 표시된 창문틀 치수는 제재치수로 하고 창문짝은 마무리 치수로 한다.

10.2.3 문틀(door frame)의 구성

문틀은 웃틀·선틀(벽선)·밑틀(문지방) 등으로 구성되고, 고창(교창)·옆문 등이 있을 때에는 중간틀·중간선틀이 있으며, 문지방이 없을 때에는 밑틀을 쓰지 않는다.

(1) 문틀 짜기

① 선틀은 웃틀에 내닫이쌍장부 · 연귀내닫이쌍장부 쐐기치기로 한다.

② 문지방은 마모에 대비하여 참나무 · 느티나무 등 단단한 나무를 쓴다.

③ 욕실 또는 외부출입구에는 문지방을 대리석 · 화강석 등으로 한다.

④ 안팎 바닥재료가 동일재일 때는 문지방을 두지 않을 때도 있다.

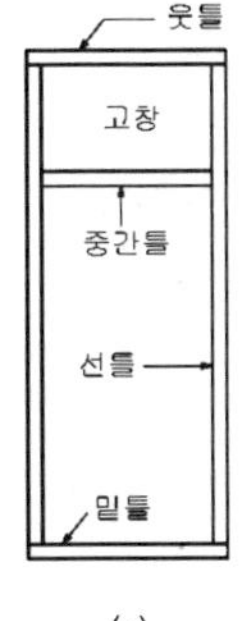

(a)

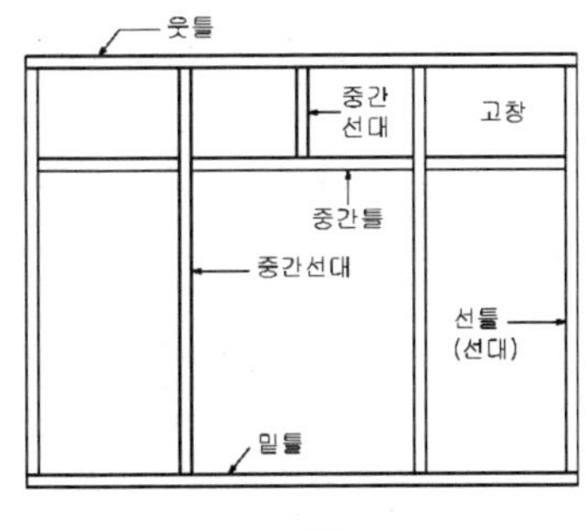

(b)

그림 10.2 문틀의 구성

(2) 문틀 세워대기

① 먼저 세워대기와 나중 세워대기가 있다(조적조 참조).

② 문틀 4방에 큰못 2개씩·꺽쇠 또는 ㄱ자쇠 등으로 약 60cm 정도 간격으로 벽체에 연결 고정시킨다.

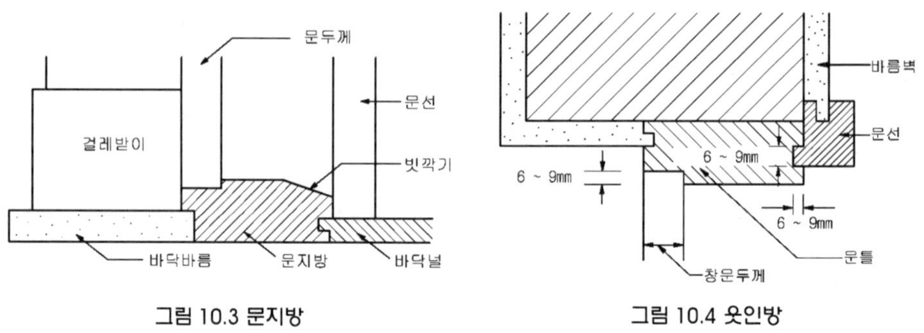

그림 10.3 문지방 그림 10.4 웃인방

(3) 문 선(trim)

문선은 문꼴을 보기 좋게 만들고 주위 벽의 마무림을 잘 하기위해서 문틀에 덧대는 것인데, 문틀에 턱솔쪽매로 세홈 파넣고 숨은 못치기로 한다.

(4) 문선굽

문선 하부에 걸레받이 역할로 대는 것인데 근래에는 전혀 쓰지 않는다.

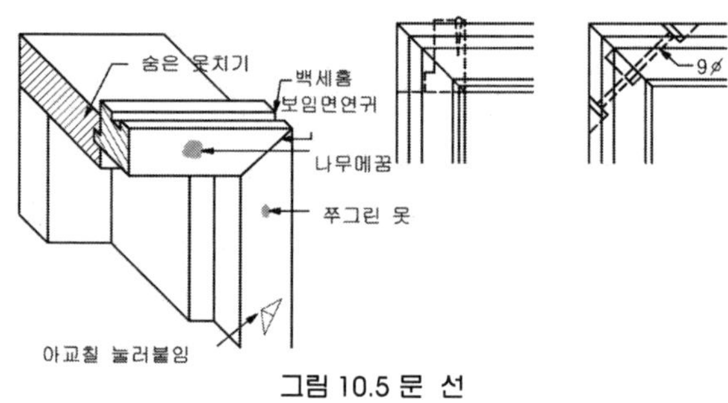

그림 10.5 문 선

10.2.4 목재문(wood door)

(1) 개폐방법에 따른 목재문(wood door)의 종류

① 여닫이문 : 여닫이문은 경첩(정첩, hinge)·돌저귀 등을 문선틀에 달아 한 쪽으로 여닫게 한 것으로, 외여닫이와 쌍여닫이가 있고 이것은 또 안여닫이와 밖여닫이로 구별한다. 바닥지도리를 한쪽 상하부에 장치하여 여닫는 방법도 있다.

② 자재문(自在門) : 자재문은 자유정첩 또는 바닥지도리(floor hinge)를 달고 안팎 자유로 열며 저절로 닫혀지는 문으로 자유문이라고도 한다.

③ 접문(folding door) : 여러 장의 문짝을 서로 경첩으로 연결하여 웃틀에 특수한 도르래(hanger roller)를 레일에 대고 접어 옆벽에 열어붙이게 하는 문으로 간막이를 겸용하여 2실(室)을 1실로 크게 사용할 때 이용된다.

④ 회전문(回轉門) : 은행 · 호텔 등의 출입구에 통풍 · 기류(氣流)를 방지하고 출입인원을 조절하는 목적으로 쓰인다. 기밀하게 한 원통형의 중심축에 서로 직교하는 3짝 또는 4짝문을 달아 축을 중심으로 자유로이 회전시켜 출입하는 것이다.

⑤ 미닫이문(sliding door) : 문짝을 상하 문틀에 홈을 파서 끼우고 (이때 밑틀에는 레일을 댄다), 옆 벽에 몰아붙이는 문으로 외짝 또는 두짝달기로 한다. 벽에는 두겁닫이를 고정하거나 갑창을 달아 여닫게도 한다.

⑥ 미서기문(미세기문, double sliding door) : 상하 홈대에 문 한 짝을 다른 한 짝 옆에 밀어 붙여 겹치게 한 문으로 2짝 또는 3짝 · 4짝 달기로 한다. 방한 · 방풍적으로 하기 위해 문의 선틀에는 방한개탕(방한홈)을 하고, 4짝 미서기문의 마중대는 풍소란을 설치한다.

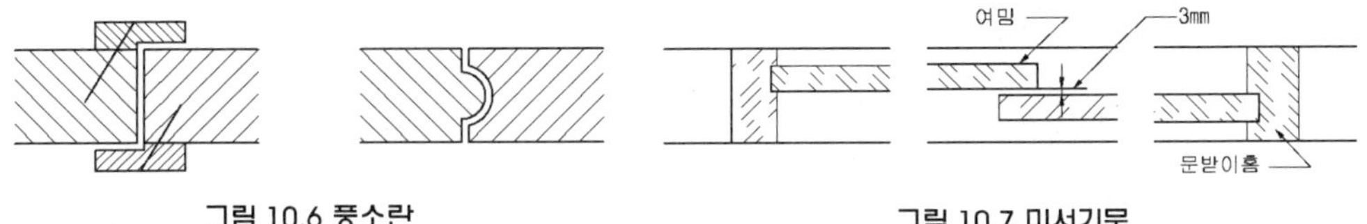

그림 10.6 풍소란 그림 10.7 미서기문

(2) 목재문의 구조

① 널 문 : 가로 띠장에 널을 붙여 대는 문으로 간이 창고의 문에 쓰인다.

② 양판문 : 문울거미(선대 · 중간선대 · 웃막이 · 밑막이 · 중간막이 · 띠장 · 살 등)를 짜고 그 정간(井間)에 양판(넓은 판)을 끼워 넣는 문이다. 양판 및 울거미는 면접기 · 쇠시리 · 조각 장식 등을 하여 고급 문으로 만들 경우가 많다.

③ 유리양판문 : 징두리양판문이라고도 하며, 문의 하부에는 양판을 대고 위는 유리를 끼운 문이다.

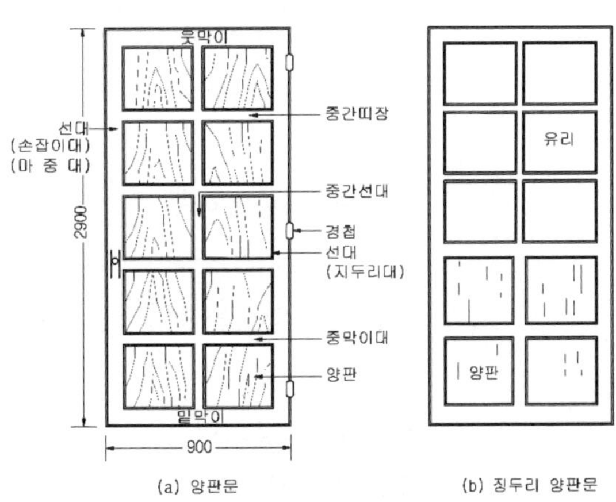

그림 10.8 양판문

④ 플러시문(flush door) : 울거미를 짜고 그 중간 살은 간격 30cm 이내로 배치하여 양면에 합판을 교착한 문으로 비틀림 변형이 적은 것이 특징이고 가장 많이 쓰이고 있다.

⑤ 합판문 : 양판문과 같이 울거미를 짜고 그 중간에 두께 9~12mm 정도의 합판을 끼운 문이다.

⑥ 널도듬문 : 합판문 한 면에 종이를 붙인 문이다.

⑦ 도듬문 : 울거미를 짜고 그 중간에 가는 살을 가로·세로 약 20cm 간격으로 짜대고 종이를 두껍게 바른 문이다.

⑧ 유리문(glass door) : 울거미를 짜고 울거미의 중간에 살을 넣고 유리를 끼우거나, 살이 없이 통유리를 끼울 때가 많다.

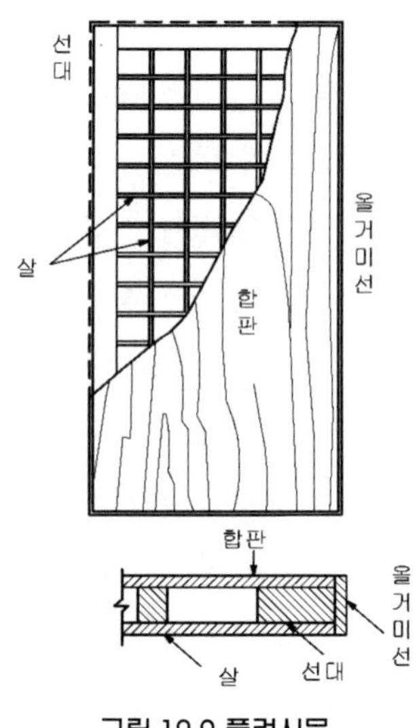

그림 10.9 플러시문

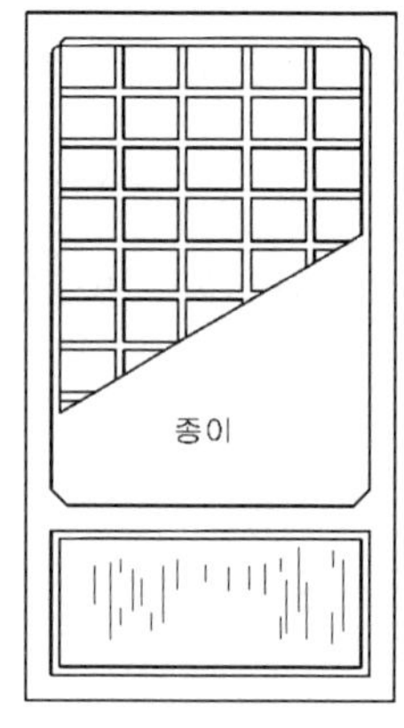

그림 10.10 도듬문

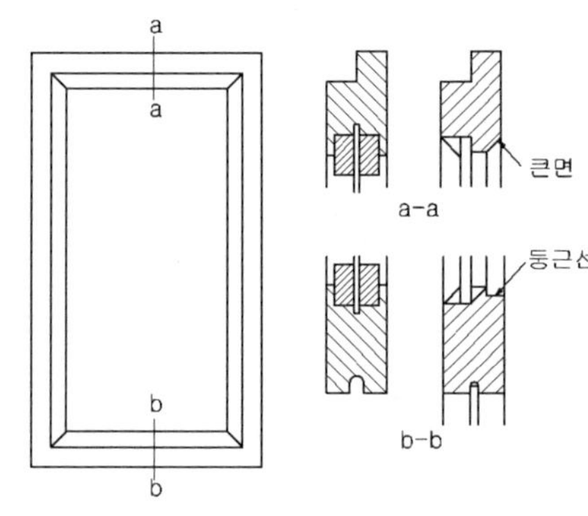

그림 10.11 유리문

⑨ 굽도리유리문 : 하부 징두리에 낮게 울거미를 짜고 양판을 끼운 문이다.

⑩ 창호지문 : 울거미를 짜고 그 안에 가는 살(세살)을 짜 넣고 창

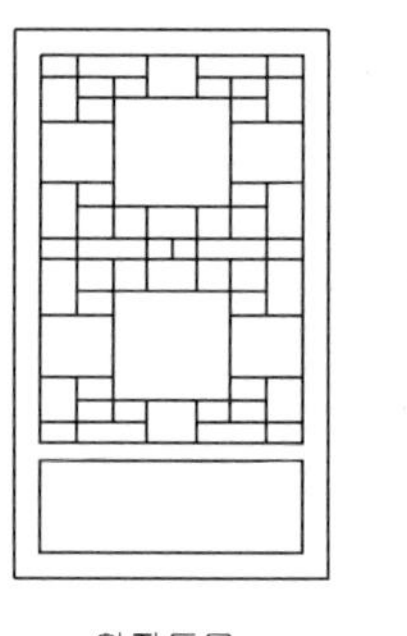

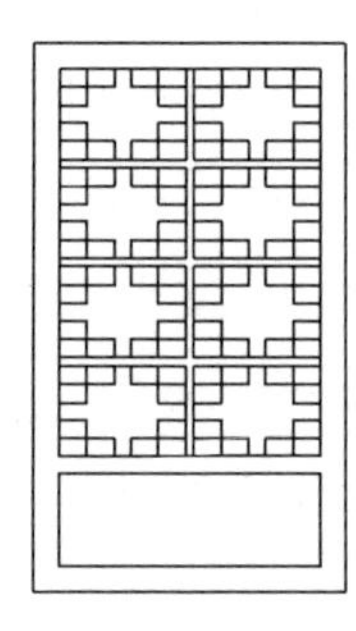

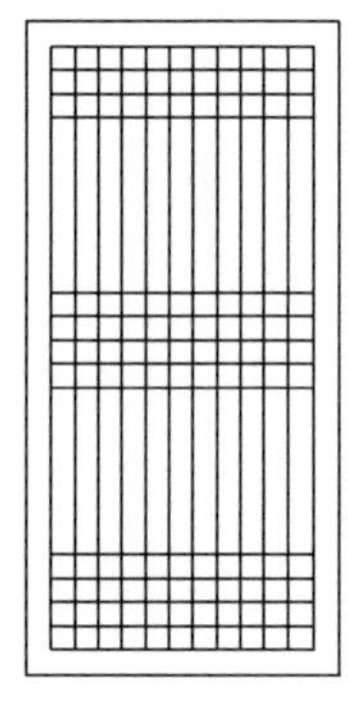

그림 10.12 창호지문

호지를 붙인 문으로 살의 모양에 따라 살을 亞자 형태로 짠 앗자문, 살을 완자형태로 짠 완자문, 살을 가로·세로 간격 5cm 정도로 좁게 대고 짠 세살문, 살을 서로 빗(X)방향으로 좁게 대고 짠 교살문 등이 있다. 한식 창호지문은 창호지를 방 안쪽에 붙이지만 일본식은 반대이다.

⑪ 비늘살문(louver door) : 울거미를 짜고 그 안쪽에 얇고 넓은 살을 간격 3cm 정도로 떼어 45° 방향으로 빗대어 차양과 통풍할 수 있게 한 문으로, 속칭 갤러리(gallery)라고 한다.

⑫ 이외에 망사문·발문 등이 있다.

10.2.5 목재창(木材窓)

(1) 창틀의 구조

① 창틀은 웃틀(웃홈대)·밑틀(밑홈대)·선틀(벽선)·창선반 등으로 구성된다.

② 창이 위나 옆으로 연이어 있을 때에는 중간틀(중간홈대)과 중간선틀(설주)을 대게 된다.

③ 창 위에 커튼 박스(curtain box)를 설치할 때가 많다.

(2) 목재창의 종류

① 여닫이창 : 경첩(정첩, hinge)을 창선틀에 달고 한 쪽(바깥쪽)으로 여닫게 한 것으로 외여닫이와 쌍여닫이가 있다. 외부창의 밑틀과 중간틀의 웃면은 물흘림 경사 1/5 정도로 하고, 내부쪽 밑틀에는 창선반을 턱솔쪽매로 세홈 파넣어 붙여 댄다.

② 미닫이창·미서(세)기창 : 미닫이문·미서기문과 구조 공법이 같다.

③ 오르내리창 : 상하로 된 두 짝의 창을 오르내리게 하여 만든 창으로서, 환기에 매우 유효하고 빗물막이 하기가 쉽다. 창의 개폐는 추(錘)·도르래·와이어로프(wire rope) 등으로 구성한다.

④ 회전창(回轉窓) : 좌우 선틀 중간에 회전지도리(pivot)를 대고 돌려 여는 창으로 고창(高窓)에도 많이 쓰인다.

⑤ 기타 창 : 붙박이창·비늘창·망사창·발창·겹창·주마창(走馬窓 : 간단한 창고·임시건물 등에 환기·채광용

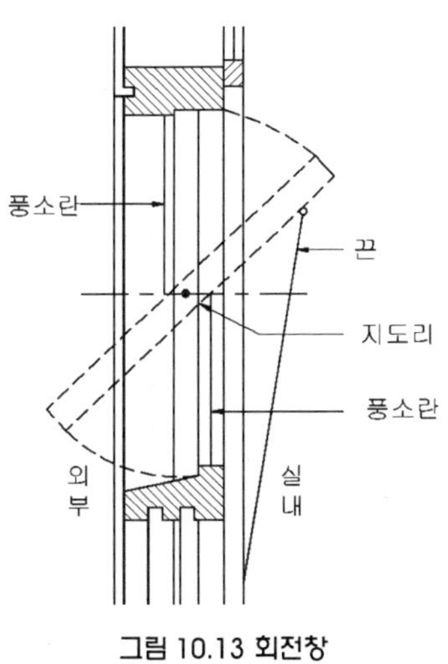

그림 10.13 회전창

으로 하는 것)·기타 창살 등이 있다.

10.3 금속제 창호

10.3.1 개 요(槪要)

금속제 창호는 강제·스테인리스 강제·경금속제·알루미늄제 창호 등으로 구분할 수 있다.

10.3.2 금속제 창호의 종류

(1) 스틸창호(steel door & window)

강제창호(鋼製窓戶, steel door & window))는 강판(鋼板) 또는 스틸 새시바(steel sash bar)를 주재료로 하고, 문틀 및 창호의 울거미 재료는 두께 1.6~1.8mm 정도의 강판이 많이 쓰인다.

용접부는 녹막이 칠을 하기 전에 먼저 그라인더(grinder)로 갈아내고 마무리 한다. 유리 대기에 퍼티를 쓸 때는 클리프(clip)를 사용하고, 창문틀 주위에는 방수모르타르로 빈틈없이 다져 채우고 필요한 때는 코오킹(calking)재를 채운다.

강제창호에는 양판문·징두리양판문·유리문·한면 플러쉬문·양면 플러쉬문·행거스틸도어(hanger steel door) 주름문·셔터(shutter)·방화문 등이 있다.

강제창호는 다음과 같은 특징(장단점)이 있다.

① 목재나 알루미늄(aluminium) 보다 훨씬 높은 강도를 가지며 파손이 잘 되지 않는다.

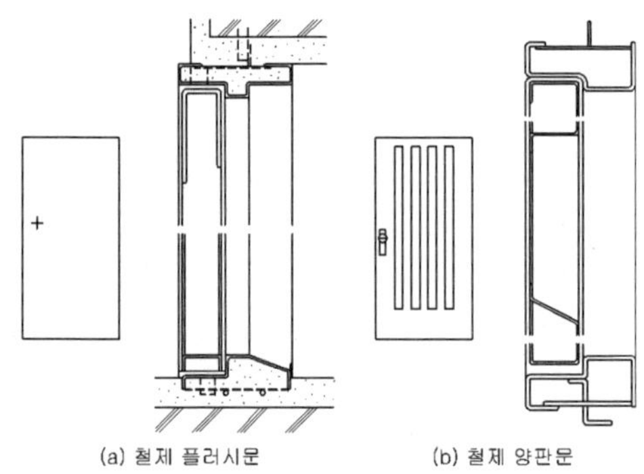

그림 10.14 철제 창

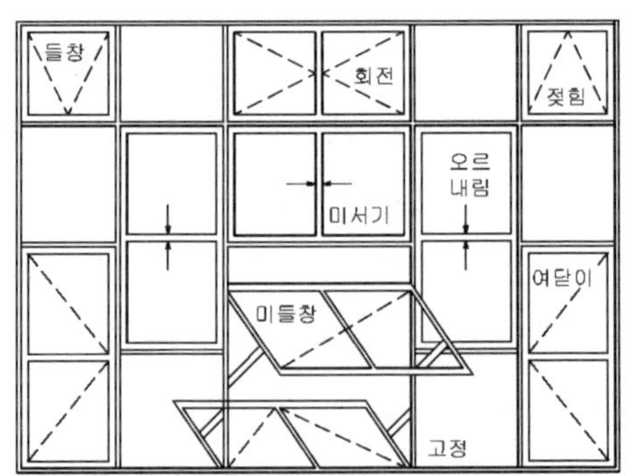

그림 10.15 창의 여닫이

② 내화성이 있기 때문에 보통의 화재 시에 제품이 녹아서 구부러지는 일이 거의 없다.

③ 제품이 틀에 들어간 형으로 공급되기 때문에 건축 본체에의 설치 시에 용이하고 안정하다.

④ 녹슬기 쉬우므로 반드시 방청도장이 필요하며 2~3년마다 재도장하여야 한다.

⑤ 재질적으로 무겁기 때문에 시공·운반이 어렵고 개구부의 개폐에도 다소의 난점이 있다.

⑥ 단면형상에 한계가 있으며 알루미늄 합금제 창호에 비교하면 성능이 다소 떨어진다.

(2) 스테인리스 스틸창호(stainless steel door & window)

스테인리스 강재창호는 일반강재 창호에 비하여 녹슬지 않고, 알루미늄 강재창호에 비하면 강도가 크고 미려하지만 가격이 비싸다.

구조·형식·창호철물 등은 일반 강재창호와 같으며 그 특징은 다음과 같다.

① 스테인리스 강제(鋼材) 재료의 특성은 공중(空中)·수중(水中)에서 잘 녹슬지 않으며, 초산·유기산에는 안정하고, 염산·황산에는 약하나 염류에는 그리 약하지 않다.

② 가공은 일반강재와 같이 강판과 새시 바(sash bar)를 주재료로 쓰이며, 제작공법도 강재창호와 동일하고 접합부는 스테인리스 강재로 용접한다. 문과 문틀 모두 스테인리스 강판을 압착기로 압착하여 만드는데 모서리를 예리하게 하기는 곤란하다.

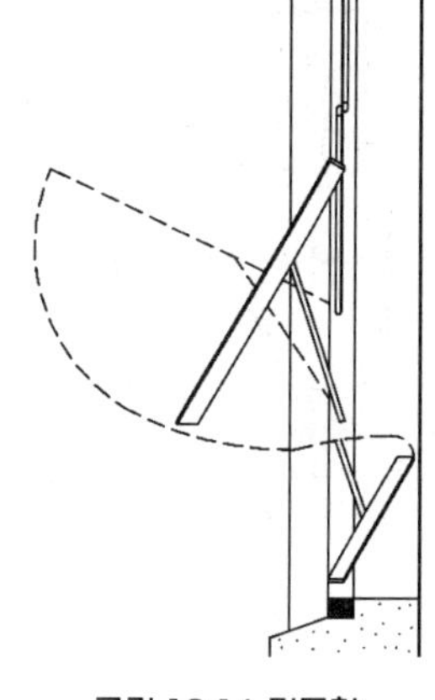

그림 10.16 미들창

(3) 알루미늄 창호(aluminium window)

알루미늄(비중 2.7)은 경금속 중 비중이 작은 금속이므로 건축물의 일반창호에 가장 많이 쓰이고 있다.

알루미늄 합금제 창호의 종류를 대별하면 문과 창으로 대별되는데 여닫이·미서기·미닫이·회전창·미들창·젖힘창·들창·밸런스창·기밀창 등이 있다.

또 특별한 용도로 쓰이는 차음성이 높은 방음창, 배연을 필요로 하는 경우에는 배연창, 또는 한랭(寒冷)지방에 많이 쓰이는 단열창, 그리고 최근에는 블라인드를 내장한 차양내장형 제품 등 다양한 것이 있다.

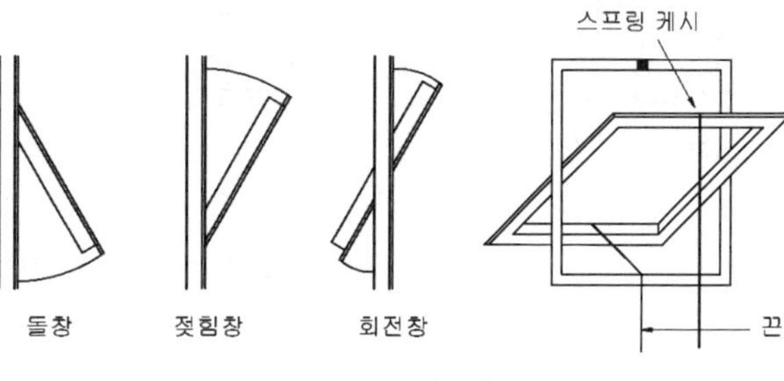

그림 10.17 회전창

알루미늄 창호의 구조 및 시공상에서 일반적인 특징은 다음과 같다.

① 알루미늄 새시는 스틸보다 강도가 약하기 때문에 정첩달기·미들창 등을 피하고 대개 미서기·미닫이로 하는데, 유리 끼우기는 대개 고무퍼티 대기로 한다.

② 창 면적이 클 때에는 창의 보강 및 미관을 위하여 강판을 중공형(中空形)으로 잘 접어 가로·세로로 튼튼히 댄다.

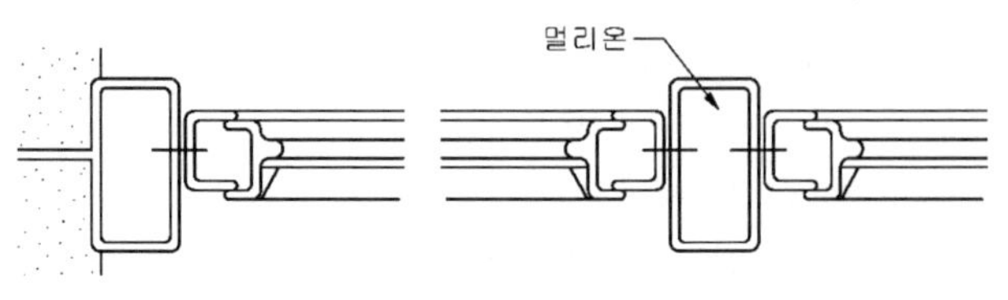

그림 10.18 멀리온

이때 가로재를 트랜섬(transom)이라 하고 세로재를 멀리온(mullion)이라고 하는데 이것은 알루미늄 창호뿐만 아니라 금속제창호 전체에서 사용하는 공통 용어이다.

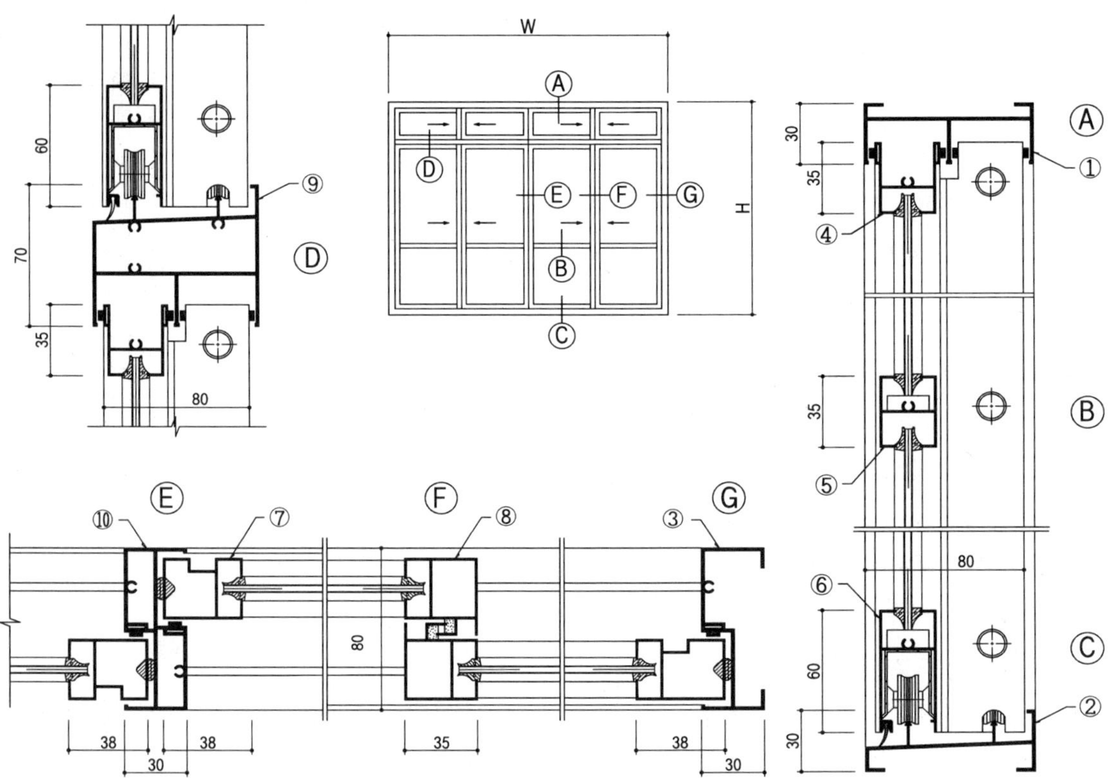

그림 10.19 알루미늄 미서기창 상세도

⑷ 스틸 새시와 비교한 알루미늄 새시의 장단점

1) 장점(長點)

① 비중은 철의 약 1/3 이다.

② 녹슬지 않고 사용 년한이 길다.

③ 공작이 자유롭고 기밀성이 있다.

④ 여닫음이 경쾌하고 미려하다.

2) 단점(短點)

① 표면과 용접부는 철보다 약하다.

② 콘크리트·모르타르·회반죽 등의 알칼리성에 대해 매우 약하다.

③ 접촉면에는 중성제(中性劑)를 도포하거나 격리재로 완전 차단하여 설치하여야 한다.

④ 이질 금속재와 접속되면 부식되므로 이에 쓰이는 조임못·나사못은 동질(同質)의 것을 쓴다.

10.4 특 수 문

⑴ 무테문(frameless door)

① 무테문은 울거미(테) 없이 문짝 전면을 한장 판으로 된 투명 강화유리문 또는 투명 아크릴판문 등으로 만든 문이다.

② 플라스틱재는 크기를 자유로 절단할 수 있으나, 강화(强化) 유리는 제조 후 절단·구멍뚫기 등이 불가능하므로 기성제품은 치수가 정해져 있다.

③ 강화유리는 두께 10~12mm를 쓰고, 아크릴판을 쓰는 경우는 두께 12~18mm를 쓴다.

④ 테를 사용할 경우에는 상하 가로재에만 댄다.

⑤ 상하에 플로어 힌지(floor hinge) 또는 피보트 힌지(pivot hinge)로 부착하여 단다.

⑵ 자동개폐문(automatic door)

전동장치로 되어 바닥 매트 스위치(mat switch)를 밟으면 열리고 지나가면 닫치는 문으로 외여닫이·쌍여닫이·미서기 등으로 할 수 있다.

(3) 아코디언 도어(accordion door)

병풍과 같이 접어 여닫는 문으로서 칸막이 문에 많이 쓰인다.

(4) 차음문(遮音門)

강판 또는 합판 사이에 유리섬유(glass wool)·암면(岩綿, rock wool)등을 끼워 음의 전파를 차단하는 목적으로 사용하는 문으로 방송실·녹음실 등에 쓰인다.

(5) 기타 문

에어도어(空氣流門, air door, air curtain 이라고도 함)·금고문(金庫門, 방화 · 방도(防盜)적으로 만든 문) 등이 있다.

10.5 창호철물(窓戶鐵物)

(1) 경첩·돌저귀·지도리

① 경첩(정첩, hinge) : 문짝을 달아 여닫이의 축이 되는 것으로 강철·주철·황동(brass)·청동합금제 등이 있다.

② 돌저귀(pivot) : 암 돌저귀에 숫 돌저귀를 끼워 돌게 한 것으로 대문 등 큰 문에 쓰인다.

③ 바닥 지도리(floor hinge) : 문짝의 상부나 아랫부분에 장치하여 지도리를 축대로 하여 돌게 한 것으로 여닫이문·자재문 등에 쓰인다.

④ 지도리(pivot) : 장부가 구멍에 들어 끼워 돌게 되어 있는 창호 철물로서 주로 회전창에 쓰인다.

(2) 자물쇠·열쇠·걸쇠

① 실린더 록(cylinder lock) : 도어 록 (door lock)이라고도 하며 자물쇠의 본체 및 래치(latch)가 각각 원통형의 케이스 속에 장치되고 실린더가 손잡이 속에 끼워있는 것으로 가장 안전하고 가장 많이 쓰이는 자물쇠이다.

② 레버핸들(lever handle), 손잡이(각종)

③ 래치(latch)

④ 나이트 래치(night latch) : 외부에서는 열쇠, 내부에서는 작은 손잡이를 틀어 열 수 있는 것

⑤ 통 자물쇠

⑥ 크fp센트(crescent) : 오르내리창을 잠그는 데 쓰인다.

⑦ 넓적걸쇠(통 자물쇠를 채우게 되는 걸쇠)·도래걸쇠·갈구리 걸쇠 등이 있다.

⑧ 문빗장

(3) 꽂이쇠

① 꽂이쇠(bolt) : 미서기 문(창)을 잠그는데 쓰인다.

② 오르내리 꽂이쇠 : 꽂이쇠를 상하로 오르내리게 하는 것으로 쌍여닫이 문(창)에 쓰인다.

③ 그 외에 꽂이자물쇠·민고두꽂이쇠·양꽂이쇠 등이 있다.

(4) 여닫음 조정기(開閉 調整器)

① 도어 체크(door check, door closer) : 문 상부에 부착하여 열어진 여닫문이 자동적으로 닫아지게 하는 장치이다.

② 도어 스톱(door stop) : 열어진 문을 받아 벽을 보호하고 문을 고정시킨다.

③ 도어체인(door chain), stay

④ 문버팀쇠 : 도어 스톱을 겸하며 열어진 문을 버티어 고정하는 것

(5) 손잡이(door handle) · 손걸이(door pull)

알손잡이·돌림손잡이·굽은손잡이·손걸이·오목이(오목손걸이)·밀판(push plate)·파이프 손잡이 등이 있다.

(6) 기타 창호철물

오르내리창에 쓰이는 도르래·로프(rope)·추(錘) 등이 있고, 미닫이 또는 미서기문(창)에 쓰이는 문바퀴(戶車)·레일(rail) 등이 있으며, 기타 데드볼트·빳찌링(곰배)·잡철물 등이 있다.

10.6 유 리(glass)

10.6.1 개 요(槪要)

① 건축에는 주로 판유리(板硝子)가 쓰이지만, 유리의 모양과 색조는 여러 가지가 있

다. 그 종류에는 맑은유리·무늬유리·망입유리·에칭유리(etching glass)·색유리·반사유리·갈은유리·거울유리·로이유리·스펜드럴유리·강화 및 배강도 유리 등이 있고, 이 외에 복층유리(pair glass)·성형유리·유리블록(glass block)·프리즘유리(prism glass)·스테인드유리(stained glass)·곡면유리 등이 있다.

② 판유리 두께는 2mm부터 있지만 주로 3mm 및 5mm가 많이 쓰이며, 두께 3mm이하의 유리를 얇은 판유리, 그 이상(5mm)을 두꺼운 판유리라 호칭한다. 무테문용 유리는 10~12 mm 강화유리를 쓴다.

③ 판유리는 유리 합계면적 약 9,182㎡(100平方尺)들이 상자(箱子) 단위로 되어 있다.

④ 한 장의 크기 60×90㎠이하를 소판, 90×120㎠이하를 중판, 그 이상을 대판이라 칭한다.

10.6.2 퍼티대기(puttying)

① 유리 끼우는 퍼티(putty)에는 나무퍼티·금속제퍼티·고무퍼티·합성수지제 퍼티 및 반죽퍼티(주합 : putty) 등이 쓰이고, 퍼티를 쓸 때의 유리고정은 목재 창호에는 삼각형 못, 철제 창호에는 클립(clip)을 쓴다.

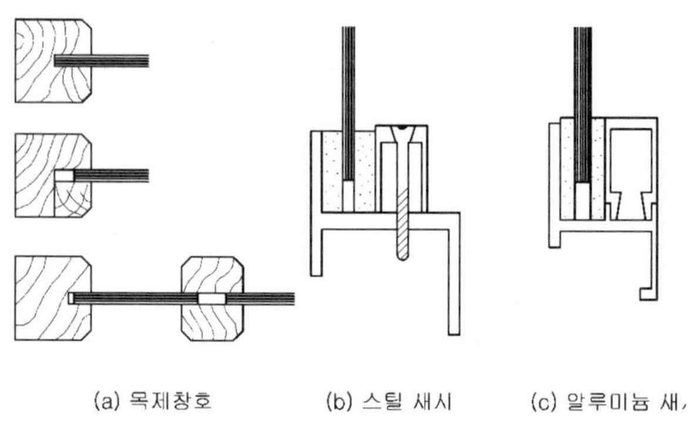

그림 10.20 누름대 퍼티대기

② 소란퍼티(유리를 끼우고 퍼티못으로 고정)·깔퍼티·누름퍼티·끼움퍼티 등으로도 구분한다.

③ 두꺼운 판유리는 자중이 무겁고 퍼티대기가 곤란하므로 소란퍼티로 해야 한다.

④ 퍼티대기는 방수상 외부에 대는 것을 원칙으로 하지만 도난·보수시의 편의를 위하여 내부에 대기도 한다.

10.6.3 유리의 종류 및 특징

(1) 맑은 유리(투명유리, float glass)

금속욕조라고 부르는 가마에 용융된 주석을 일정한 깊이로 채워놓고 그 위로 액채 상태의 유리물을 수평으로 흘러 보내어 만든 투명유리이다. 유리표면의 굴곡이 없어 일그러진 현상이 없고 두께가 일정하며 대형·후판유리의 생산이 가능하고 각종 유리의 원판으로 사용될 수 있다.

(2) 색유리

유리 원료 배합 시에 금속색소를 첨가하여 여러 가지 색상유리로 만든 유리로서 청색(Blue)·녹색(green)·황동색(bronze) 등이 있다.

(3) 무늬유리(figured glass)

판유리의 한쪽이나 양쪽 면에 무늬가 새겨진 반투명 유리로서 무늬 그 자체가 너무 많은 태양열과 빛을 막고 외부의 눈길을 막을 수 있으며, 그와 함께 멋있는 실내공간을 만들 수 있는 특징이 있다. 이중 창문일 때는 내측에 사용한다.

(4) 망입유리

판유리 가운데에 금속망을 넣어 만든 유리로서 외부로부터 충격을 받았을 때 쉽게 파손되지 않으며 파손되더라도 유리 파편이 금속망에 그대로 붙어있어 사람과 재산을 보호해 주는 특징이 있다. 특히 화재가 발생했을 때 불꽃의 침입 방지 및 도난으로부터 재산을 보호될 수 있다.

(5) 스펜드럴 유리(spandrel glass)

판유리의 한쪽 면에 판유리와 성분이 거의 같은 세라믹질의 특수도료를 코킹한 뒤에 고온에서 유착과 반강화를 시켜 생산된 불투명한 색상을 지닌 유리이다. 일반유리보다 두세 곱 정도의 높은 강도를 지니고 있어 열에 강하고 색상이 다양하여 건축물의 모양에 따라 질감을 일치시켜 줄 수 있는 특징이 있다.

(6) 복층유리(pari glass)

최소 두 장의 판유리를 스페이서를 이용하여 건조한 공기층을 두어 만들어진 이중유리로서 실내기온의 에너지 절약 및 소음 차단성능이 뛰어나고 유리면에 이슬이 맺히는 것을 방지해주고 사용하는 원판에 따라 색상이 다양하여 건물의 개성을 살릴 수 있는 특징이 있다.

(7) 배강도유리·강화유리

열처리의 정도에 따라 배강도유리와 강화유리로 나뉘는데, 보통 판유리와 투시성은 같으나 강도와 내열성이 매우 높은 유리이다. 한계가 넘는 충격을 받아 파손되더라도 끝이 날카롭지 않은 작은 입자로 부서져 사람에게 손상을 거의 주지 않아 안전하며, 큰 온도 변화에도 잘 견디는 내열성이 강한 유리이다.

(8) 로이 유리(low-emissivity glass)

판유리 한쪽 면에 얇은 은(Ag)막을 코팅하여 만든 유리로서, 빛을 파장별로 흡수하거나 반사시키는 유리이다.

실내의 난방기구에서 발생하는 장파장의 열선을 실내로 재반사시켜 실내 보온성능을 높여 주며, 여름철엔 바깥 열기를 차단시켜 냉방비를 절감하고 쾌적한 실내공간을 유지시킬 수 있는 에너지 절약형 유리이다.

(9) 접합 유리

최소 두 장의 판유리 사이에 특수접합필름을 삽입하여 만드는 안전유리의 일종으로서 충격흡수력이 매우 우수하여 쉽게 파손되지 않는 유리이다.

충격을 받아 파손되더라도 필름이 유리파편을 붙잡아주므로 사람에게 손상을 주지 않고 충격물이 반대편으로 관통되지 않고 파손에 따른 틈이 생기지 않으므로 안전 및 도난을 방지할 수 있다. 필름의 종류에 따라 다양하고 아름다운 색상을 연출할 수 있는 특징이 있다.

(10) 곡유리(curved glass)

건축물의 여러 굽은 곳에 사용되어 건축물에 유연성과 구조미를 부여하여 주며 곡의 모양이 다양하여 각 부위별의 온도가 자동으로 제어되는 최신 곡유리 설비로 제조되고 있다.

(11) 에칭유리(etching glass)

유리 속에 아름다운 그림이나 문양 및 글씨를 집어넣어 만든 유리로서 일명 조각유리라고 한다.

(12) 반사유리

유리 한쪽 면에 태양열선을 반사하도록 만든 유리이다.

(13) 갈은유리(불투명유리, suri)

유리 한 면에 카보런덤·규사를 뿌리고 갈아 불투명 유리판으로 만든 무늬유리의 일종이다.

(14) 거울 유리(mirror)

유리 한 면에 빛을 잘 반사시킬 수 있는 막을 코팅하여 만든 유리이다. 밝은 편에서 보면 보통거울이 되고, 반대편 어두운 곳에서 보면 보통유리와 같이 보이는 마술거울(magic mirror)도 있다.

10.6.4 특수유리

(1) 유리블록(glass block)

2장의 상자형 유리를 맞추어서 가열로에서 고열융착하여 하나로 만들어진 블록이며 밀봉된 내부의 공기는 70% 정도 감압되어서 건조된 상태로 되어 있다. 유리블록의 규격은 보통 두께 95mm· 200mm 각 정도이다.

유리블록의 특징을 더 논하면 다음과 같다.

① 광선을 확산(擴散)시키는 것과 방향을 주는 것 두 종류가 있다.

② 채광을 겸용한 장막벽용 블록으로 장식재로 우수하다.

③ 감압된 건조공기에 의해 단열과 차음의 효과를 더해 주고, 열전도율이 보통벽돌의 1/4 정도로 매우 적다.

④ 쌓기법은 보강블록 쌓는 방법과 같다. 단 줄눈은 백(또는 색)시멘트를 사용한다.

(2) 프리즘 유리(prism tile)

주로 지하실 천장이나 옥상 등의 평지붕 천장에 설치하여 굴절 채광용으로 쓰인다. 톱 라이트유리·데크유리·포도유리 등으로 부르기도 한다.

유리의 하면은 프리즘이 되어 광선을 바로 밑에 확산시키는 것과 광선에 지향성(指向性)을 주는 것이 있다.

그 종류는 다음과 같이 분류할 수 있다.

① 형상에 의한 분류 - 원형·각형·특수형이 있다.

② 설치방법상의 분류 - 직접 콘크리트에 매설하는 것(틀에 주철제 링을 쓸 때와 안 쓸 때가 있다), 철제틀에 끼워 넣는 것, 미리 보호철틀에 끼워 넣어서 콘크리트에 매설하는 것 등이 있다.

③ 광선 통과 방향에 의한 분류 - 산광형(散光型)·편광형(編光型)이 있다.

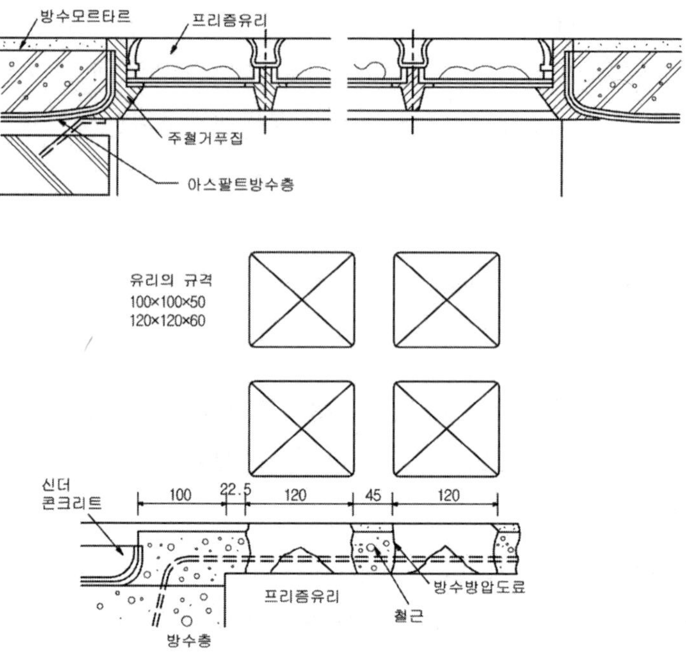

그림 10.21 프리즘 유리바닥

(3) 스테인드 유리(stained glass)

도안에 맞추어 색유리판을 절단하여 H형의 납살(연살, 鉛骨 또는 아연살, 亞鉛骨)에 짜대고 접합점은 납땜한다. 창 또는 천창(天窓)의 장식에 쓰인다. 면적이 클 때는 철제의 보강 힘살을 배치한다.

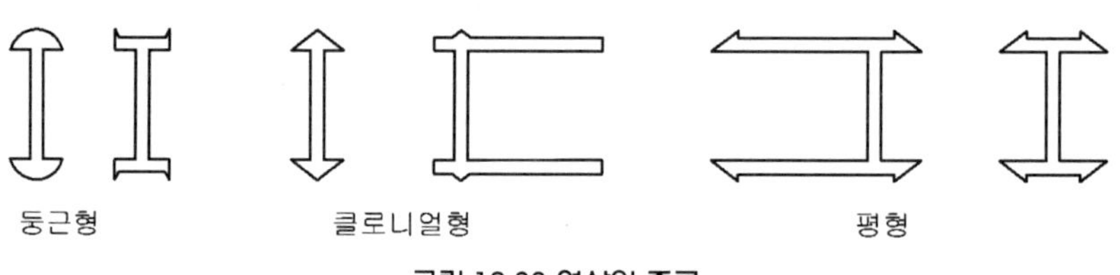

그림 10.22 연살의 종류

11 마무리(미장·도장·온돌)· 각종 구조물

11.1 미 장(美匠)

11.1.1 개 요

미장일은 건축 마감재료의 건식화와 미장공의 질적 저하 등으로 점차 사용이 줄어들고 있지만 아직은 많은 부분이 미장으로 마무리해야 할 공정이 있다. 미장은 그 자체가 마무리 작업이면서 내외장 재료의 바탕이 되므로 미장공의 기술여하에 따라 건물의 질이 판단되는 매우 중요한 공정이라 할 수 있다.

미장바름에는 시멘트 모르타르, 회반죽, 석고 및 석회플라스터, 합성수지 에멀션플라스터, 흙질, 인조석 및 테라조 현장바름 및 갈기, 주각 및 창문틀 주위 몰탈 충진 등이 있다.

11.1.2 모르타르(mortar)

(1) 시멘트 모르타르(cement mortar)

① 시멘트 모르타르 바름은 시멘트와 모래를 배합하여 바르는 일로써, 바름 회수는 초벌·재벌·정벌로 3회 바르는데 각 바탕은 거칠게 하고 습윤케 한 다음 바른다.

② 시멘트와 모래의 배합비는 초벌용은 1 : 3, 재벌용은 1 : 2.5~1 : 3, 정벌용은 1 : 2~1 : 2.5 로 하고, 바름 두께는 설계도서에 따라 차이가 많다.

③ 마무리 법에는 대부분 흙손 마무리로 하는데, 솔질 마무리 · 시멘트물 뿜칠 · 긁어내기 · 모르타르 뿌림 등도 있다.

(2) 아스팔트 모르타르(asphalt mortar)

아스팔트에 모래 · 돌가루 · 시멘트 등을 혼합 가열하여 반죽한 것으로 바닥 바름에 쓰인다.

(3) 파이버 모르타르(fiber mortar)

섬유(fiber) · 펄프(pulp) 등의 재료를 주원료로 하고 착색제 · 교착제 등을 합하여 정벌바름할 때 쓰인다. 흡음성이 있고 보온적이며 비교적 염가이다.

11.1.3 회반죽(plaster)

① 회반죽은 소석회에 여물을 섞어 넣고 해초풀을 끓인 물로 반죽한 미장재로서 수중(水中)에서는 경화되지 아니하고 공기 중의 탄산가스(CO_2)에 의해서만 굳어지므로 기경성(氣硬性)재료이다.
② 여물은 균열을 방지하며 균열은 매우 적게 발생한다.
③ 해초는 풀기가 센 것은 초벌바름용으로, 약한 것은 정벌바름용으로 쓰인다.
④ 초벌 · 재벌용은 반죽 후 3일 이상 된 것은 쓰지 않는다.
⑤ 경화건조에 시일을 요하며 현재는 거의 쓰이지 않으나 한식 건축물의 신축 및 개보수공사에 많이 쓰이고 있다.

11.1.4 석고(石膏) 플라스터(gypsum plaster)

① 석고 플라스터는 소석고(燒石膏, burnt gypsum)에 완경제(緩硬劑)로서 석회죽(limemilk)을 가하고 모래 · 여물 등을 혼합하여 물반죽한 것이다.
② 시멘트 모르타르와 같이 물에 의해 굳어지므로 수경성(水硬性)이다.
③ 경화속도가 빠르며, 회반죽 보다 균열이 더 많이 발생한다.
④ 경석고 플라스터는 경화되면 매우 굳게 되므로 바닥에도 쓰인다.
⑤ 강회를 피는 수고가 들고 시공에 주의하여 균열 탈락을 방지해야 하며, 고가(高價)인 것이 결점이다.

11.1.5 석회성 플라스터(lime plaster)

(1) 돌로마이트 플라스터(dolomite plaster)

① 돌로마이트 플라스터는 마그네샤 석회를 주원료로 하고 여기에 시멘트·모래·여물 등을 가하여 물 반죽한 것이다.

② 돌로마이트 석회 또는 마그네샤 석회라고도 하는데 이것은 석회암 중에 마그네샤를 함유하는 백운암(白雲岩, $CaCo^3$·$MgCo^2$)을 구어 가수하여 분말로 만든 것이다.

③ 강회를 피는 수고가 없어서 시공이 간편하며, 균열에 대해서는 석고 플라스터 보다 떨어진다.

(2) 회사(석회) 모르타르

석회 모르타르는 현장에서 일명 하이드로(灰泥)라 하며, 시멘트에 소석회를 1 : 3의 비율로 섞고 여기에 모래를 그 전체량의 3배 정도로 섞어 넣어 물반죽한 것으로 이는 주로 벽돌벽면 등을 바르는데 쓰인다.

(3) 스턱코(stucco) 바름

시멘트, 모래, 석회, 안료를 혼합하여 마무리한 것이다.

11.1.6 합성수지 에멀션플라스터

합성수지 에멀션과 탄산칼슘 충진재에 골재 및 안료를 주재료로 해서 공장에서 배합한 합성수지 에멀션플라스터(수지플라스터)를 고압증기양생 경량콘크리트 패널 등에 마감두께 3mm 정도가 되도록 바르며 내장공사에 사용한다.

11.1.7 흙질(한식 흙벽 바르기)

(1) 목조벽체 바탕에 외(椳) 또는 산자(橵子)를 새끼로 엮어 바탕을 만들고, 진흙과 짚여물을 섞어 충분히 이겨낸 초벽(흙벽·맞벽)을 치고,

(2) 사벽흙을 이겨 재벌 바름한 다음 곧 정벌바름을 한다.

11.1.8 인조석 및 테라조 현장바름 및 갈기

(1) 개　요

인조석(人造石, artificial stone) 및 테라조(terrazzo) 바름 및 갈기는 우수한 미장재료로서 매우 다양하게 사용되어 왔으나 근래에는 수질 및 토양의 오염 등 자연공해 문제와 공사기간 및 미장공의 질적 저하 등으로 사용이 줄어들고 있으며, 테라조판(타일형식) 붙임식 공법이 늘어나고 있다.

인조석과 테라조의 차이는 재료의 품질, 용도, 마무리공사에 차이가 있을 수 있어 개념적으로 인조석은 저속 저렴한 것이고 테라조는 고급 고가인 것으로 인식하고 있다.

모조석(模造石)은 천연암석과 같이 흡사하게 모조하여 만든 인조석이다.

(2) 인조석(人造石) 바르기 및 갈기

바탕바름은 1 : 3 모르타르로 두께 15mm 정도 바른다. 줄눈대(황동제품)는 바탕에 1 : 2 모르타르로 수평으로 줄바르게 고정한다. 인조석바름은 시멘트와 돌알(種石)의 비율 1 : 1.5 정도로 하고 두께 7.5mm 정도 바른다. 이때 돌알 지름은 1.5~6mm 정도로 한다.

① 인조석 씻어내기(rubbing, 세출, 아라이다시) : 벽면 바탕바름에 뒤이어 인조석바름(두께 4.5~7.5mm)을 한다. 인조석 바름이 응결한 다음 분무기로 물을 뿜어 시멘트 물을 씻어 내어 종석이 도드라지게 하는 것이다.

② 인조석 잔다듬(쪼아 내기, cast stone) : 인조석 씻어내기와 같은 공정으로 바른 후 충분히 경화된 다음 돌 표면 마무리공정과 같이 날망치로 잔다듬하여 마감한다.

③ 인조석 현장갈기(연출, grinding) : 먼저 마무리면의 수평·수직위치 및 줄눈위치를 정하고, 황동제 줄눈대를 몰탈(배합 1 : 1)로 수평·수직 줄 바르게 고정한다. 바닥 시멘트 물먹임 및 바탕몰탈을 바른 다음 인조석 바름을 하고 충분히 경화한 후에 현장갈기 하여 마감한 고급 미장재료이다.

④ 리신 바름(lithin coat) : 돌로마이트에 화강석 부스러기·안료를 섞어 정벌 바르기로 하는 일종의 인조석 바름이다.

⑤ 라프 코오트(rough coat) : 시멘트·모래·작은 자갈·안료 등을 섞어 이긴 것을 거친 면으로 마무리(뿌려서 붙임) 한다.

(3) 테라조(terrazzo) 현장갈기

① 인조석 갈기와 거의 동일하나 더 고급재료를 쓴다.

② 바탕바름은 1 : 3 모르타르로 두께 13mm 정도 바른다.

③ 테라조바름은 시멘트와 돌알의 비율 1 : 3 정도로 하고 두께 12mm 정도 바른다.

④ 시멘트는 백시멘트에 색소를 혼합하여 쓰고 돌알(種石)은 대리석으로 그 크기는 2.5~12mm 정도의 것을 사용한다.

11.2 도 장(塗裝, 칠)

11.2.1 개 요

도장(칠) 일은 건축물의 마무리 공종 중의 하나로서 그 칠감(塗料)은 재료의 조합·공법·색상 등에 따라 각기 특성을 가지고 있다. 특히 도장은 치장 및 장식효과를 줄 뿐만 아니라 바탕재료의 부식방지 및 내구성을 증대시키는 역할을 한다.

칠 일은 장소별(바닥, 벽, 천장, 내부, 외부), 바탕면별(목재면, 콘크리트면, 텍스면, 짚섬보드면, 함석면, 알루미늄판면, 철판면), 칠회수별(1회, 2회, 3회, 7회), 두께별로 구분하며. 칠의 방법에 따라 솔칠(붓칠), 로울러칠, 뿜칠(spraying) 등으로 한다.

11.2.2 도료의 종류

(1) 페인트칠(유성 페인트, oil paint)

유류(油類, oil)·안료(顔料)·건조제(乾燥劑, drier)·희석제(thinner) 등을 혼합하여 반죽한 것이다.

① 기름(油, oil) : 식물성 기름을 가열하여 정제한 보일드유(boiled oil)와 이것을 다시 공기를 차단하여 고열로 처리한 것을 스탠드 오일(stand oil)이라 하여 에나멜용으로 쓰인다.

② 안료(顔料) : 페인트칠을 하는 바탕을 도포하여 빛깔을 주고 발려지는 물체의 내구력을 증진시킨다.

③ 건조제(drier, dryer) : 리서지(litharge)·연단(鉛丹, 光明丹)·수산화망간 등의 금속화합물로서 산화작용을 촉진시키고 칠면을 빨리 건조시킨다.

④ 희석제(thinner) : 신전제(伸展劑)·휘발성 용제라고도 하고 기름의 점도(粘度)를 적게 하여 솔질이 잘 되게 하는 것이다.

(2) 특수 페인트

① 내산페인트 : 산류를 쓰는 약품실·축전기실 등의 실내부 또는 노출 철부의 피해를 방지하는 도료이다. 대개 아스팔트가 많이 쓰인다.

② 내알칼리 페인트 : 콘크리트·모르타르·회반죽·플라스터면은 알칼리성이므로 황산아연·황산철 등의 수용액을 칠하여 알칼리를 중화(中和)시키고 보통 페인트를 칠한다.

③ 녹막이 페인트 : 철의 녹슬음을 막기 위한 것으로 광명단·주토(朱土)·흑연페인트가 있다.

④ 함석 페인트 : 염산동·초산동·황산동 등의 수용액을 칠하여 피막을 만들고 건조시킨 후 보통 페인트칠을 한다. 함석 자체를 3~4개월 방치하면 자연적으로 표면이 거칠어져 부착이 잘 된다.

⑤ 알루미늄 페인트(aluminium paint) : 알루미늄가루를 원료로 한 것이고, 광선 및 열반사력이 강하고, 내열·방열성이 풍부하고, 녹막이의 목적으로도 쓰인다.

⑥ 에나멜 페인트(enamel paint) : 보통 페인트용 안료를 기름 바니쉬로 용해한 것으로서 광택이 잘 나고, 피막도 강인하여, 주로 금속면에 이용된다.

(3) 수성 페인트(water paint)

① 카세인 수성페인트(casein water paint) : 회반죽·모르타르 면에 칠하기에 알맞고 칠면은 윤이 없어 부드럽고, 내수성(耐水性)이 없기 때문에 외부에는 칠할 수 없다.

② 에멀죤 수성페인트(emulsion water paint) : 수성페인트에 소량의 기름을 가한 것으로 내수성(耐水性)이 있으므로 외부용으로 쓰인다.

③ 카세인 텍스(casein tex) : 카세인을 되게 갠 것을 두껍게 바르고 여러 가지 도안으로 문질러 거친 면 무늬를 돋우고 그 위에 페인트를 칠하고 일부 금분·은분 등을 칠하여 마무리 한다.

(4) 바니쉬 · 락크 · 락카

① 목재 바탕의 재질〈나무결 무늬〉을 그대로 표현한다.

② 바니쉬(varnish)는 속칭 니스라고 하며 오일 바니쉬(oil varnish)·알코올 바니쉬(alcohol varnish)·물 바니쉬(water varnish)로 대별된다.

③ 칠하기 순서는 색올림(着色)·눈먹임·칠의 순서로 한다.

④ 락크(lack)는 바니쉬보다는 내구성이 적으나 빛깔과 윤이 바니쉬보다 우수하므로 고급 실내에 쓰인다.

⑤ 락카(lacker, lacquer)는 고급 칠의 하나로서 내수성·내산성·내알칼리성이고 빛깔도 광택도 아름다우나 빨리 건조하며 칠하기가 어렵고 대개 뿜칠로 한다.

(5) 합성수지도료(合成樹脂塗料)

① 알칼리성 면에 칠할 수 있다.

② 솔칠 하면 광택이 난다.

③ 녹막이를 겸하고 가열하여도 변색하지 않는다.

(6) 조라코트<무늬코트>

① 벽면의 다채도료(多彩塗料)로서 뿜칠 하는 것이다.

② 휘발·속건성·내알칼리성으로 인화성(引火性)도 낮고 우수한 도료이다

(7) 옻칠 및 카슈칠(cashew painting)

① 옻 칠 : 생옻을 가열 정제한 검은 옻과 다시 가열 정제한 정옻이 쓰인다. 이것에 아마유·오동유 등을 섞은 것을 유성옻칠, 안 섞은 것을 무유옻칠이라 한다.

② 카슈칠 : 빛깔은 투명·백색 외에 14종 정도의 색상이 있다. 공법은 솔칠·뿜칠로 하고 금속부·목부에 사용한다.

(8) 색올림(stain)

염료를 넣은 용액을 목재면에 칠하여 착색하는 것이다.

(9) 왁스칠(wax stain)

왁스를 휘발유에 녹여 헝겊으로 목부에 문지른다.

(10) 목재 방부칠

생떫이(生澁)·크레오소오트유(creosote oil)·코울타르(coal tar) 등으로 솔칠 또는 침적(浸積)하여 흡수시킨다.

11.3 온돌 구조

11.3.1 재래식 온돌

(1) 개 요(槪要)

① 온돌은 우리나라의 고유의 난방방식으로 효율적이고 위생적인 난방구조이다.

② 보온성이 좋고 골고루 덥고 습기가 차지 않는 장점이 있다.

③ 온돌축조는 불아궁 · 구들고래 · 굴뚝의 3부분으로 구성된다.

④ 구들은 불이 잘 들이고 열기의 완전흡수를 도모하여 연기, 가스의 배출이 잘 되게 구축하여야 한다.

(2) 고래의 형식에 의한 구들의 종류

① 나란히 고래

② 선자 고래

③ 허튼(동바리) 고래

④ 나란히 고래와 선자 고래의 절충식

⑤ 특수 고래

(3) 구들 고래 및 개자리

① 구들 고래의 깊이는 불목에서40~50cm, 윗목에서 20~30cm 정도로 하고 경사는 1/15이상으로 한다.

② 굴뚝위치 벽 안쪽에 재모임 또는 연기정류(停留)를 위하여 깊이 판 도랑을 개자리라 한다.

③ 개자리는 고래바닥보다 20~30cm 정도 깊게 판다.

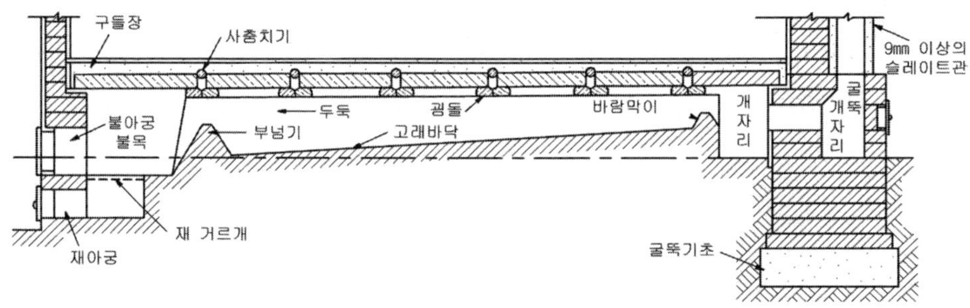

그림 11.1 구들 단면 상세도

④ 불아궁 불목에는 부넘기를 설치하고 고래의 끝부분에는 개자리, 앞에는 바람막이를 설치한다.

11.3.2 온수 온돌

① 바탕을 수평으로 하고 아스팔트 루핑·스티로폴 같은 것을 펴서 습기·냉기의 상승을 막고 열의 손실을 최대한으로 줄인다.

② 그 다음 온수배관을 하고 용적 배합비 1 : 8 정도의 모르타르를 방열관이 덮일 정도로 도포하고 관 위로는 용적배합비 1 : 3 정도의 모르타르로 바른다.

방열관
20cm

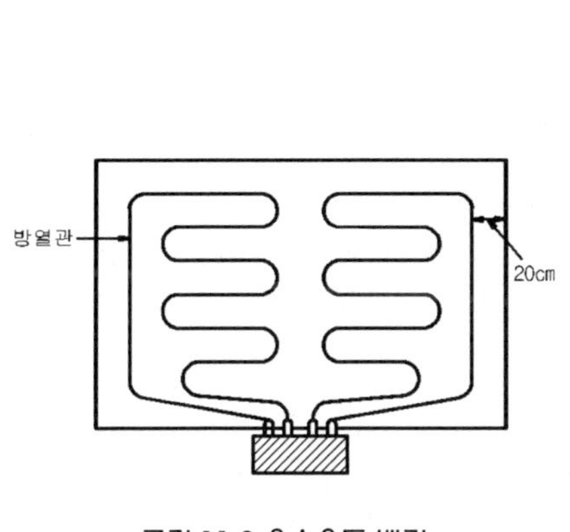

그림 11.2 온수온돌 배관

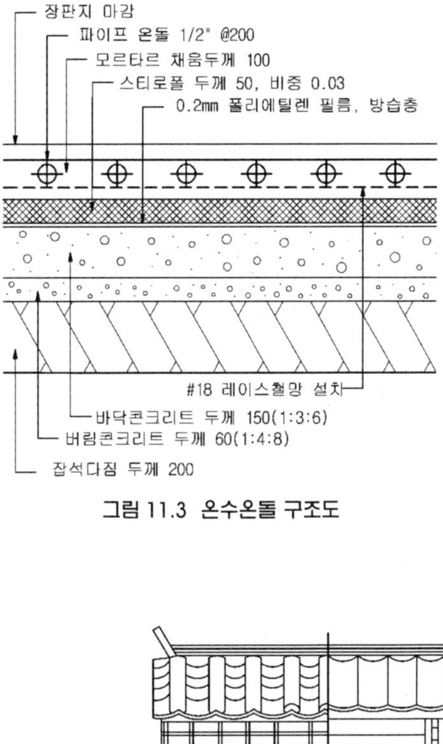

장판지 마감
파이프 온돌 1/2" @200
모르타르 채움두께 100
스티로폴 두께 50, 비중 0.03
0.2mm 폴리에틸렌 필름, 방습층
#18 레이스철망 설치
바닥콘크리트 두께 150(1:3:6)
버림콘크리트 두께 60(1:4:8)
잡석다짐 두께 200

그림 11.3 온수온돌 구조도

11.4 각종 구조물

11.4.1 대문 및 담장

(1) 대문 (大門, gate)

좌우에 대문기둥(門柱)을 세우고 문짝을 다는 것이 보통이다. 문주는 목조·벽돌조·석조·철근 콘크리트조·철제 등으로 하며, 문짝은 목제나 철제로 한다.

대문은 건물의 종류와 규모, 형식, 크기, 구조, 도로조건, 출입의 종류 및 수량 등에 의하여 결정한다.

문받이돌

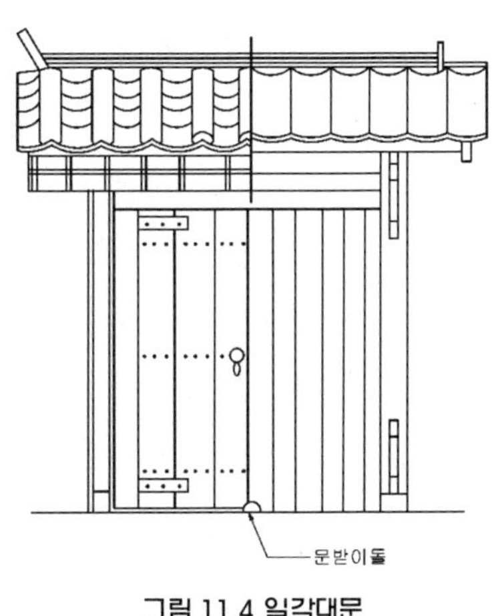

그림 11.4 일각대문

때로는 부속시설로 수위실(守衛室), 접수실, 대기실, 화장실, 자전거·자동차 주차(parking) 등을 대문 주위에 두기도 한다.

① 목조대문 : 문주, 문짝이 모두 나무로 된 것으로 문주의 형식에 의해 일각대문(一角大門), 심방대문(心枋大門), 기둥대문으로 분류한다.

② 석조, 벽돌조 문주 : 문주는 돌쌓기방법이나 벽돌쌓기방법과 같이 하고 기둥의 상부는 콘크리트나 석재로 장식을 한다. 문의 나비나 높이가 클 때는 철근콘크리트나 철골로 보강한다.

돌쩌귀, 문장부 등은 정확한 위치에 튼튼하게 매설하여 쌓는다. 문짝은 목재나 철제 등의 것을 사용한다.

③ 철근 콘크리트조 문주 : 문주를 철근콘크리트로 하고 그 위에 모르타르, 타일, 판석(板石), 인조석물 씻기 등으로 치장시킨 것이다.

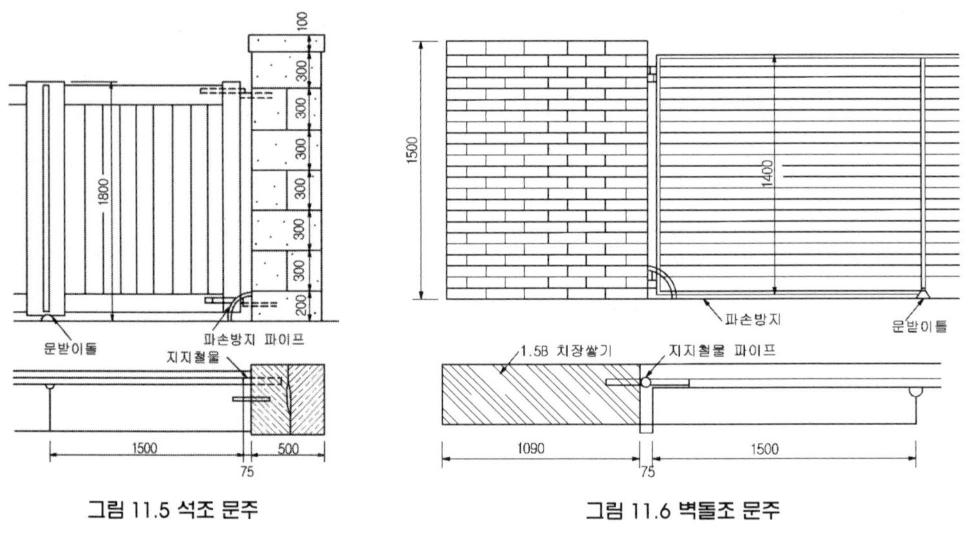

그림 11.5 석조 문주

그림 11.6 벽돌조 문주

(2) 담장 · 펜스(fence)

대지의 경계표시, 외부로부터의 통행 및 시선차단, 도난 방지를 위한 목적으로 설치하는 것으로 그 종류는 벽돌담, 블록담, 돌담, 철근콘크리트담, 기성콘크리트담, 토담, 각종 펜스 등이 있다.

① 벽돌담, 블록담, 돌담 : 담의 축조는 벽돌쌓기와 블록쌓기 및 돌쌓기에 준하여 쌓으며, 담의 높이는 3m이하로 하고 그 두께는 담높이의 1/10이상으로 하여야 한다. 담의 길이 4m이내마다 담두께의 1.5배 이상 돌출한 버팀벽을 설치하여야 한다. 단

담의 두께가 규정 벽두께의 1.5배 이상이 될 때에는 예외이다.

② 철근콘크리트 담 : 제자리 철근콘크리트 담과 공장 등에서 생산되는 조립식 철근 콘크리트 담이 있다.

③ 각종 펜스 : 망형철망 또는 철제파이프 및 금속제를 사용한 낮은 높이의 담장을 설치하여 내·외부공간의 시야(視野)를 개방시킨 울타리 형식의 담장이다.

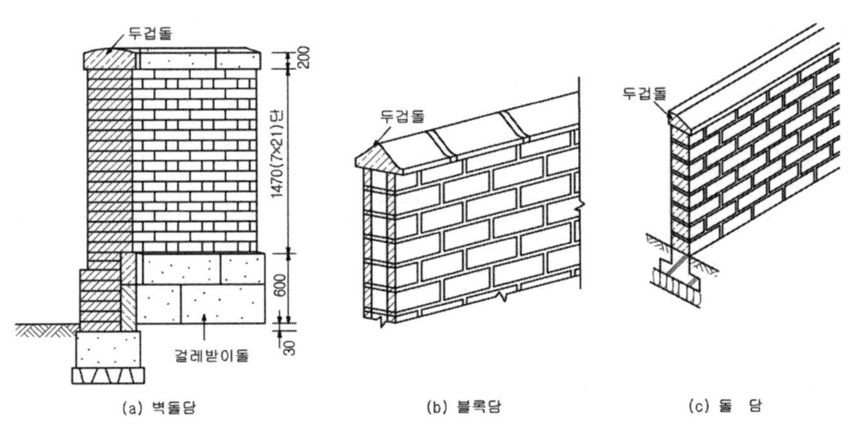

그림 11.7 벽돌담, 블록담, 돌담

11.4.2 카운터 · 벽난로 · 페치카

(1) 카운터(counter)

은행 · 상점의 사무실에, 공중실과 사무실 사이에 이것을 길게 만들어, 고객과 응대하는 탁자(卓子, table)로 사용한다.

(2) 벽난로(fire-place)

양식주택의 벽에 붙여서 설치한 난로로 실내장식의 중심으로 설치한다.

(3) 페치카(pechka)

벽돌을 쌓아 만든 일종의 난로로 벽체에 나열식으로 우회시키는 것이다. 열량(熱量)이 큰 연료를 쓰는데 이것은 러시아, 만주지방의 난방장치로써 지금은 쓰지 않는다..

11.4.3 외부 설비

(1) 루우버(louver)

원래는 외벽 창호에 비늘살처럼 대어 직사광선을 피하고 광선을 투과시키려는 목적으로 사용되는 것이나, 수직 또는 수평으로도 대어 건물의 외관을 아름답게 한다.

(2) 퍼어골라(pergola)

테라스 상부 등에 장식을 겸하여 설치하면서 여름 직사광선을 막기 위하여 휘장·발 또는 넝쿨 식물을 올리는 데에도 쓰인다.

(3) 테라스(terrace)

실내〈거실〉의 바닥과 지면과의 높이를 조절하고 정원을 연결하여 즐길 수 있는 장소이다.

(4) 지대(地臺)

한식 건물의 주위를 높게 한 기단부 바닥이다.

(5) 보도블록 깔기

보도블록 깔기는 기성제 평판을 강모래를 30㎜내외 두께로 고르게 편 다음 그 위에 콘크리트 블록판을 까는 것이다.

(6) 굴뚝(chimney)

굴뚝에는 독립형의 굴뚝과 건물에 부설되는 형식의 굴뚝이 있다. 건물에 부설되는 벽돌 굴뚝은 내부에 석면(石綿)슬레이트 관을 세우고 그 주위 벽돌과의 사이는 콘크리트로 사춤 한다. 하부에는 청소구멍을 내고 굴뚝과 지붕이 맞닿는 부분은 누수의 우려가 있으므로 동판, 물끊기 등을 사용하여 방수가 잘 되도록 해야 한다. 굴뚝의 옥상돌출부는 지붕면으로부터 90cm 이상으로 한다.

독립형의 철근콘크리트 굴뚝은 내부에 반장 내화벽돌을 콘크리트벽면으로부터 40㎜ 이상 떼어서 쌓으며, 네 구석에는 5~7단 간격으로 보강을 한다. 특히 콘크리트 벽면과 내화벽돌 사이의 공간부분에서 통기공(通氣孔)을 냄으로써 열전도의 방지조치를 취하도록 하며, 외벽에는 청소용 철제사다리를 설치한다.

참 고 문 헌

1. 장기인, 건축구조학, 보성문화사, 1998
2. 교재편찬위원회, 건축구조, 구민사, 1996
3. 정인구외, 건축구조학, 기문당, 2000
4. 김정수외, 건축일반구조학, 문운당, 2004
5. 정상진외, 건축일반구조학, 기문당, 2000
6. 이갑조외, 건축구조학, 산업도서, 1990
7. 김상식, 철근콘크리트 구조설계, 문운당, 2005
8. 김상식, 윤성기, 철골구조설계, 문운당, 2004
9. 김낙원외, 철근콘크리트 구조, 기문당, 2005
10. 염창열외, 건축구조, 한솔아카데미, 2006
11. 안형준외, 건축구법, 기문당, 2005
12. 권태웅, 알미늄과 건축(커텐월 중심), 홍익사, 2000
13. 권태웅, 커텐월 계획 시공, 기연사, 2001
14. 유원대외, NEW 건축적산, 한국이공학사, 2009
15. 유원대외, 최신 건축적산, 한국이공학사, 2011
16. 유원대외, 건축적산실무, 한국이공학사, 2010
17. 유웅교, 건축제도 및 환경설계, 한국이공학사, 2005

건축구조학

2026년 1월 20일 인쇄
2026년 1월 25일 발행

저자 : 유원대 · 이용재
펴낸이 : 이정일

펴낸곳 : 도서출판 **일진사**
www.iljinsa.com

(우)04317 서울시 용산구 효창원로 64길 6
대표전화 : 704-1616, 팩스 : 715-3536
이메일 : webmaster@iljinsa.com

등록번호 : 제1979-000009호(1979.4.2)

값 25,000원

ISBN : 978-89-429-2075-4